W. BÜCKMANN · U. TERLINDEN / STADT UND UMWELT

Stadt und Umwelt

Theoretische Grundlagen eines UVP-Modells zur
synoptischen Erfassung von Umweltbelastungsfaktoren

Von

Dr. Walter Bückmann
Ulla Terlinden

DUNCKER & HUMBLOT / BERLIN

Die Arbeit ist die erheblich erweiterte und weiterentwickelte Fassung von Beiträgen zum Forschungsprojekt: „Mitwirkung bei der Erstellung konkreter Belastungsbeschreibungen bzw. Modellen zur Umweltverträglichkeitsprüfung" — F+E-Vorhaben 10102015 Umweltforschungsplan des Bundesministers des Innern. Sie ist insoweit gleichzeitig Projektbericht Nr. 80 des Instituts für Zukunftsforschung GmbH. Berlin, Giesebrechtstraße 15, 1000 Berlin 12. Die Kapitel 1, 2, 4 und 5 sind von *Walter Bückmann*, das Kapitel 3 ist von *Ulla Terlinden* verfaßt.

Alle Rechte vorbehalten
© 1979 Duncker & Humblot, Berlin 41
Gedruckt 1979 bei Buchdruckerei Bruno Luck, Berlin 65
Printed in Germany
ISBN 3 428 04484 3

Vorwort

Die Erfolge, die auf die einzelnen Umweltmedien ausgerichtete Umweltpolitiken in den vergangenen Jahren erreicht haben, sind beachtlich. Grundlegende Gesetze wurden verabschiedet, Ausführungsvorschriften erstellt und teilweise bereits erfreuliche Verbesserungen in der Praxis erzielt.

Auf diese Weise wurden für einen als Schutz vor Gesundheitsgefährdung verstandenen Umweltschutz Pflöcke eingerammt, Grenzlinien gezogen. Zeitgemäße Umweltpolitik jedoch muß anspruchsvoller sein. Ziel über die Verhinderung gesundheitsgefährdender Umweltzustände hinaus muß die Sicherung möglichst großer Umweltqualität sein.

Nimmt man dieses Ziel ernst, benötigen wir neue Eckwerte des Umweltschutzes. Diese können — anders als bei den bisherigen, auf Gesundheitsgefährdung abgestellten Werten — nicht mehr Grenzwerte sein. Vielmehr muß es sich um „Hinweisgrößen" handeln, die die Bedeutung der jeweiligen Umweltqualität für Nutzungen unterschiedlicher Art, das Gewicht der sie bedrohenden Belastungen und im Ergebnis den deshalb zu befürchtenden Schaden signalisieren. Größen, die in die Abwägung zwischen höherer Umweltqualität und der Verfolgung anderer gesellschaftlicher Ziele das Umweltargument gestrafft einbringen können.

Für diese immer dringender werdende Aufgabenstellung ist die vorliegende Arbeit notwendig und hilfreich. Wir werden in Zukunft Werte benötigen, mit denen wir mehr oder weniger große Umweltqualität begrifflich fassen können; Werte auch, die uns nicht nur medizinisch-biologische Auswirkungen anzeigen, sondern die soziale und psychologische Bedeutung von Umweltqualität umfassen.

Und wir müssen Modelle entwickeln, die uns eine geordnete Abwägung all dieser Gesichtspunkte ermöglichen. Wir werden wissenschaftliche — auch sozialwissenschaftliche — Erkenntnisse nachvollziehbar in die umweltrelevanten Planungsvorgänge einbringen müssen.

Deshalb ist die Schilderung der Indikatordiskussion sowie von Modellansätzen, die inzwischen entwickelt wurden, außerordentlich nützlich. Nützlich ist die Arbeit aber auch bereits deshalb, weil sie die Aufmerksamkeit auf Erfordernisse und Nachholbedarf von Umweltplanung lenkt. Eine Aufgabe, die die gleichberechtigte Einbringung des ökologischen Moments in die raumrelevanten Entscheidungen der öffentlichen Hand zum Ziel hat.

Mit ihren Vorschlägen ist die Studie jedoch auch ein Angebot insbesondere an die Gemeinden. Sie müssen prüfen, ob sie ihren Bedürfnissen gerecht werden, ihre Umwelt politisch (wobei „Umwelt" hier sehr weit gefaßt ist und den Bereich des „Umweltschutzes" deutlich überschreitet) erleichtern. Vielleicht erfahren die Verfasser, erfährt die Wissenschaft auf diese Weise einen Rücklauf, der wiederum ihnen hilfreich ist. Umweltplanung kann nur Fortschritte machen, wenn diese Verbindung funktioniert.

Dr. Volker Hassemer

Inhaltsverzeichnis

Vorbemerkungen. 13

1.   Kommunalverwaltung, Umweltschutz und Kommunalpolitik. . . 14

1.1   *Verwaltungsprobleme der Gemeinden* 14

1.2   *Organisationsprobleme im örtlichen Bereich* 15

1.2.1   Organisationshemmnisse für Umweltplanungen 15
1.2.2   Planungskompetenz beim Vertretungsorgan 15
1.2.3   Planungskompetenz beim Verwaltungsorgan. 16
1.2.4   Kommunale Informationsproblematik. 17

1.3   *Ziel- und Aufgabenprobleme* 18
1.3.1   Kommunale Aufgabenstruktur. 18
1.3.2   Umweltpolitische Ziele im kommunalen Bereich 19

1.4   *Stadtentwicklungsplanungen und Stadtentwicklungsmodelle als Aktionsrahmen der Umweltschutzplanung* 20
1.4.1   Konzepte für Stadtentwicklungsplanung 20
1.4.2   Modelle der Stadtentwicklungsplanung 21
1.4.3   Kommunale Entwicklungsplanung und Umweltplanung 23
1.4.4   Empirische Aspekte 23

1.5   *Kommunale Entwicklungsplanung – Fachplanung*. 25

1.6   *Organisation und Planung des Umweltschutzes im kommunalen Bereich* 26
1.6.1   Kommunale Durchführungsaufgaben mit Umweltrelevanz 26
1.6.2   Umweltrelevante Planungsfunktionen 26
1.6.3   Organisation für Umweltverwaltung und Umweltplanung 27
1.6.4   Organisationsmodell des Umweltschutzes in kommunalen Systemen: Das UVP-Organisationsmodell. 30

1.7   *Die kommunale Umweltverträglichkeitsprüfung.* 32
1.7.1   Fragestellung 32
1.7.2   UVP-Konzept des Bundes. 32
1.7.3   UVP-Konzept der Stadt Berlin 33
1.7.4   Konzept der Umweltverträglichkeitsprüfung für Städte 35

1.8   *Zusammenfassung* 44

Inhaltsverzeichnis

2.	**Analyse- und Bewertungsansätze für kommunale Umweltbelastungen**	46
2.1	*Belastungsmodelle*	46
2.2	*Nutzen-Analysen*	46
2.3	*Ökologische Wirkungsanalysen*	49
2.4	*Sozialindikatorenansätze*	50
2.5	*Exkurs: Zum Begriffsrahmen des Umweltverträglichkeitsmodells*	52
2.5.1	Informationsprozeß	52
2.5.2	Begriff des Indikators	53
2.5.3	Modellbegriff	54
2.5.4	Indikatorenmodelle	55
2.5.5	Funktionale Systemtheorie als Basistheorie	59
2.5.5.1	Skizze des Ansatzes	59
2.5.5.2	Anforderungen an Modellkonzepte	61
2.5.6	Umweltbegriff	66
2.5.6.1	Überlegungen zu einem neuen Umweltbegriff	66
2.5.6.2	Lebensqualität	66
2.5.6.3	Umweltqualität	67
2.5.6.4	Neukonzipierung der Umweltqualität	68
2.6	*Zusammenfassung*	69
3.	**Sozialindikatoren und Umweltqualität**	70
3.1	*Vorbemerkungen*	70
3.2	*Subjektive Indikatoren*	72
3.2.1	Einführung	72
3.2.2	Systeme subjektiver Sozialindikatoren	74
3.2.3	Individuell-theoretische Bewertungsansätze	75
3.2.4	Gruppenspezifische Bewertung subjektiver Indikatoren	76
3.2.5	Methoden der Erhebung subjektiver Indikatoren	79
3.3	*Umweltrelevante Sozialindikatoren aus Indikatorensystemen*	80
3.3.1	Net National Welfare – level of living-index	80
3.3.2	Common social concerns – system of social and demographic statistics	81
3.3.3	Sozialpolitisches Entscheidungssystem	83
3.3.4	Gehrmann-Indikatorensystem	89
3.3.5	Katalog gesellschaftlicher Bewertungspakete	95

3.4	*Sozialindikatoren aus der Sicht der sozialwissenschaftlichen Stadtforschung*	99
3.4.1	Stadtsoziologische Ansätze	99
3.4.2	Sozialpsychologische Aspekte zur Umweltqualität	104
3.4.3	Wanderungsströme als Indikatoren für städtische Umweltbelastungszonen	106
3.5	*Bewertungsproblematik*	109
3.5.1	Bewertung in Zusammenhang von kumulierenden bzw. kompensierenden Belastungsfaktoren	109
3.5.2	Bewertung im Zusammenhang mit der arealen Erfassung	113
3.6	*Zusammenfassung*	114
4.	**Formalisierte kommunale Planungsansätze**	115
4.1	*Einführung*	115
4.2	*Vorläufer formalisierter Ansätze*	115
4.3	*Stadtentwicklungsmodelle im einzelnen*	117
4.3.1	Einführung	117
4.3.2	Simulationsmodell POLI	117
4.3.3	Planungsmodell SIARSSY	118
4.3.4	Berliner Simulationsmodell – BESI	119
4.3.5	Planungsmodell PRO-REGIO	120
4.3.6	Indikatorenmodell ZÜRICH	121
4.3.7	Attraktivitätsmodell UMWELT	121
4.4	*Erörterung der Sozialindikatorenkonzeption*	137
4.4.1	Systemtheoretische Modellanforderungen	137
4.4.2	Praxeologische Modellanforderungen	138
4.5	*Zusammenfassung*	140
5.	**Bausteine des Umweltverträglichkeitsmodells: das UVP-Modell**	141
5.1	*Informationsanforderungen*	141
5.2	*Modellkonstruktion*	144
5.2.1	Umsetzung der Modellanforderungen	144
5.2.1.1	Systemtheoretische Anforderungen	144
5.2.1.2	Anforderungen der Praxis	150
5.2.2	Zielspektrum des Modells	151
5.2.3	Gruppen der Bevölkerung	152
5.2.4	Moduln der Umwelt	152

5.3	*Natürliche Umwelt*.	153
5.4	*Soziale Umwelt als Interessenschwerpunkt des Umweltmodells*.	158
5.4.1	Problemstellung	158
5.4.2	Soziale Faktoren und Stadtplanung.	159
5.4.3	Konsequenzen aus dem Sozialstaatsprinzip.	159
5.4.4	Umweltrelevanz der Medien der sozialen Umwelt.	161
5.4.5	Umweltrelevanz der Faktoren und Indikatoren der sozialen Umwelt.	163
5.4.5.1	Wochenend- und Tageserholungseinrichtungen	163
5.4.5.2	Gewässer und Badeeinrichtungen	164
5.4.5.3	Kommunikationseinrichtungen	164
5.4.5.4	Wohnumfeld.	166
5.4.5.5	Wohnung und Wohnumgebung.	167
5.4.5.6	Verkehrsinfrastruktur und Sozialbeziehungen.	168
5.4.5.7	Ansehnlichkeit	168
5.5	*Umweltindikatoren*	169
5.6	*Modellübersicht und Zusammenfassung*	170

Anhang 175

Anlagen 177

Literaturverzeichnis 205

Sachwortverzeichnis 215

Verzeichnis der Schaubilder

Schaubild 1: WIBERA-Modell Aufbauorganisation für den Umweltschutz 29
Schaubild 2: Organisationsmodell kommunaler Umweltschutz........ 31
Schaubild 3: Umwelt des Menschen nach dem UVP-Verfahrensmuster des Bundes............................... 34
Schaubild 4: Gliederungsschema der Umweltverträglichkeitsprüfung für Städte.................................. 36
Schaubild 5: Checkliste für die Vorprüfung der Umwelterheblichkeit ... 38
Schaubild 6: Checkliste für die Schilderung der umweltbezogenen Randbedingungen................................ 41
Schaubild 7: Gliederung für die Durchführung der Sozialverträglichkeitsprüfung................................ 42
Schaubild 8: Faktoren des Dornier-Modells.................... 58
Schaubild 9: Reduktion von Komplexität..................... 60
Schaubild 10: Ausgrenzung von Subsystemen.................... 61
Schaubild 11: Synopse der Globalmodelle: Sozialindikatoren......... 122
Schaubild 12: Systembildung in der institutionellen Dimension....... 145
Schaubild 13: Subsysteme des kommunalen Systems............... 147
Schaubild 14: Grobschema des UVP-Modells (Moduln und Submoduln... 148
Schaubild 15: Zielspektrum................................ 149
Schaubild 16: Interventionen des politischen Systems – Übersicht über die für die UVP in Betracht kommenden Planungsaktivitäten .. 154
Schaubild 17: Faktoren und Indikatoren der physischen und sozialen Umwelt................................... 156
Schaubild 18: Matrix: Umwelterheblichkeit von Maßnahmen der kommunalen Stadtteilbereichsplanung.................... 157
Schaubild 19: UVP-Modell. Grobstruktur (Moduln, Submoduln, Faktoren) 173

Verzeichnis der Anlagen

Anlage 1: Synopse umweltrelevanter Sozialindikatoren aus Indikatorensystemen zur Bestimmung der Lebensqualität 177

Anlage 2: Sozialpolitisches Entscheidungs- und Indikatorensystem (SPES) – Indikatorentableau – Auszug 184

Anlage 3: Katalog gesellschaftlicher Bewertungsaspekte 188

Anlage 4: Auflistung der Sozialindikatoren des POLIS-Modells 192

Anlage 5: Auflistung der Sozialindikatoren des Planungsmodells SIARSSY 194

Anlage 6: Auflistung der Sozialindikatoren des Berliner Simulationsmodells BESI 196

Anlage 7: Auflistung der Sozialindikatoren des Attraktivitätsmodells Umwelt 200

Anlage 8: Auflistung der Sozialindikatoren des Indikatorensystems ZÜRICH 202

Anlage 9: Auflistung der Sozialindikatoren des Planungsmodells PRO-REGIO 203

Vorbemerkungen

Die Studie befaßt sich mit den theoretischen Grundlagen der Umweltverträglichkeitsprüfung für Städte, Kreise und Gemeinden und gibt dazu praktische Hinweise. Es geht darum, neben den Fragen der gefährdeten Umwelt und der physikalisch-technisch meßbaren Umweltbelastungen auch soziale und sozialpsychologische Randbedingungen in das Gesichtsfeld zu rücken, die mitberücksichtigt werden müssen.

Ein wesentliches Anliegen der Arbeit ist, Modelle und Organisationsformen zu prüfen und weiterzuentwickeln, die Umweltbelastungen in hochverdichteten Räumen erfassen und die in der Lage sind, Aufschluß darüber zu geben, ob und inwieweit kommunale Maßnahmen, Planungen und Projekte die Umweltbelastungen vermindern oder verstärken.

Dabei ist auch die Frage von Interesse, inwieweit Sozialindikatoren als Umweltindikatoren zu betrachten sind oder welche Sozialindikatoren umweltrelevant sind. Danach wird die Konzeption eines neuen Umweltmodells vorgestellt, das der Umweltverträglichkeits- und gleichzeitig der Sozialverträglichkeitsprüfung zugrunde liegt.

Zu einem solchen Modell gehören subjektive Indikatoren, die Einstellungen, Wünsche und Wahrnehmungen der Bevölkerung in bezug auf Umweltbedingungen anzeigen. Ein Modell, das subjektive Indikatoren in die Betrachtung einschließt, erhält gleichzeitig partizipatorischen Charakter.

Für diejenigen, die Umweltverträglichkeitsprüfungen in Kommunen auch in die Tat umsetzen wollen, enthält die Studie praktische Hinweise, nach denen Umweltverträglichkeitsprüfungen durchgeführt werden können.

1. Kommunalverwaltung, Umweltschutz und Kommunalpolitik

1.1 Verwaltungsprobleme der Gemeinden

Die ökologisch-soziale Belastungsproblematik ist vor allem im kommunalen Bereich brisant, in der Verwaltungsebene, in der Gesetze des Staates vollzogen und eigenständige kommunalpolitische Ziele verfolgt werden.

Hier trifft eine sich allgemein abzeichnende organisatorisch-administrative Fehlentwicklung mit einer deutlichen Zielunsicherheit in einem empfindlichen politischen Bereich zusammen[1]. Mit der Zielunsicherheit ist das verbreitete kommunale Zaudern gemeint, ernsthaft dem Umweltschutz mehr Priorität zu geben. Springpunkt ist die Frage, inwieweit kommunaler Umweltschutz eine restriktive kommunale Wirtschaftspolitik bedeutet, eine Einschränkung des wesentlichen Mitfinanzierers örtlichen Engagements durch Auflagen, Belastungen, Kontrollen oder durch Verhinderung konkreter Investitionen.

Dieses politisch umstrittene kommunale Entscheidungsproblem trifft auf eine wenig tragfähige organisatorische Basis. Der gesellschaftliche Wandel hat die überkommene Organisationsstruktur der Städte, Gemeinden und Kreise im wesentlichen unberührt gelassen. Unbeirrt haben es die Länderparlamente bisher trotz mancher Änderungsvorschläge bei der alten Grundsatzregelung belassen, nach der das politische Vertretungsorgan – wie schon nach der Städteordnung von 1808 – formal im Übergewicht gegenüber dem Verwaltungsorgan ist. Die kommunale Körperschaft soll nach den Richtlinien des gewählten Laiengremiums verwaltet werden. Diese im Rahmen der sonstigen Zuständigkeiten wichtige Richtlinienkompetenz ist schon bei den Beschlüssen über die Etats, die Fortsetzungsetats mit sehr wenig Spielraum und einer kärglichen Manipuliermasse sind, zweifelhaft. Das Höchstmaß an Entscheidungs- und Ermessensfreiheit, das die Städteordnung den Bürgerschaftsvertretungen zubilligen wollte, ist im Laufe von eineinhalb Jahrhunderten auf einen geringen Rest zusammengeschmolzen.

Trotz einiger engagierter Anläufe hat das Anpassungstempo kommunaler Reformen der gesellschaftlichen Entwicklung der Nachkriegszeit nicht entsprochen, so daß der in der Literatur mehrfach erörterte Reformstau zwischenzeitlich in einer Vielzahl von Bürgerinitiativen mit der Tendenz der exponentiellen Vervielfachung ihren Niederschlag findet.

---
[1] Vgl. Bückmann, Problemanalyse, S. 637 ff.

Die Dringlichkeit, inhaltliche, methodische und organisatorische Hilfen für den kommunalen Bereich zur Verfügung zu stellen, fließt nicht allein aus der Umweltproblematik. Aber hier ist ein aktueller Anlaß. Das schlägt sich auch in dem Umweltgutachten 1978[2] nieder. Dort wird festgestellt, daß sich mehr als zwei Drittel der Kommunen von Art und Mengen der Aufgaben, die sich aus der Bündelung hoch komplexer Umweltprobleme im städtischen Lebensraum ergeben, überfordert fühlen. Das Umweltgutachten 1978 führt aus, es gehe darum, die ökologischen Bezüge der städtischen Umweltplanung bewußt zu machen, um sie dann systematischer als bisher in die bisherige Stadtentwicklungsplanung integrieren zu können. Es komme darauf an, das Ganze der Stadt zu betrachten, denn eine Senkung der Umweltbelastung durch Stadtentwicklungsplanung müsse im Funktionsgefüge der Stadt ansetzen[3]. Hier wird ergänzt, daß auch die sozialen Bezüge deutlich und planbar gemacht werden müssen.

1.2 Organisationsprobleme im örtlichen Bereich

1.2.1 Organisationshemmnisse für Umweltplanungen

Das Umweltgutachten 1978 besagt richtig, daß auf der kommunalen Ebene einerseits die meisten Umweltprobleme verursacht werden, während andererseits hier die umweltpolitische Ebene ist, auf der die meisten Maßnahmen des Umweltschutzes ansetzen müssen. Zu optimistisch ist allerdings die Annahme, mit der am 1.1.1977 in Kraft getretenen Novelle des Bundesbaugesetzes sei vom Gesetzgeber eine wesentliche Voraussetzung dafür geschaffen worden, städtischen Umweltschutz wirksamer durchzusetzen. Die Novelle des Bundesbaugesetzes kann dazu wenig beitragen. Umweltschutz erfordert zunächst eine Verbesserung der verwaltungstechnischen Möglichkeiten, Aufbau und Organisation der Verwaltungen müssen die Anwendung systematischer Problemlösungsmethoden zulassen.

Hier wird von der Annahme ausgegangen, daß die politisch-organisatorische Struktur der Städte, Gemeinden und Kreise und auch die Struktur der politisch-parlamentarischen Organe eine systematische Stadtentwicklungsplanung und auch eine systematische Umweltplanung verhindert oder zumindest erschwert. Die Hypothese wird durch verwaltungswissenschaftliche und verwaltungsorganisatorische Untersuchungen gestützt[4].

1.2.2 Planungskompetenz beim Vertretungsorgan

Für diese Hypothese sprechen folgende Erwägungen: Die Grundstruktur der inneren Gemeindeverfassung mit ihrer Kompetenzverteilung auf zwei oder drei

---
[2] Der Rat von Sachverständigen für Umweltfragen, Umweltgutachten 1978.
[3] Umweltgutachten, S. 340, Tz. 1045.
[4] Vgl. Kommunale Gemeinschaftsstelle für Verwaltungsvereinfachung, Organisation des Umweltschutzes; Deutscher Städtetag, Umweltschutz; Küpper und Reiberg, Umweltschutz.

kommunale Organe bei unterschiedlicher länderspezifischer Ausgestaltung[5] bietet erste Schwierigkeiten. Bei allen Kommunalverfassungstypen sind die wesentlichen Entscheidungsbefugnisse beim Vertretungsorgan konzentriert. Damit liegt auch die Entscheidung über das Ob und Wie einer kommunalen Entwicklungsplanung und auch einer kommunalen Umweltplanung beim Vertretungsorgan. Da mit dieser Zuständigkeit viele Einzelaufgaben zusammenhängen, muß ein Mechanismus gefunden werden, die Bearbeitung auf einen anderen Aufgabenträger zu verlagern. Dazu müßte nach dem geltenden kommunalen Verfassungsrecht das Organisationsmuster der partiellen Delegation oder der auftragsweisen Übertragung einzelner Zuständigkeiten auf das Verwaltungsorgan Platz greifen. Bei Berücksichtigung der Funktionsweise der kommunalen Selbstverwaltung einerseits und eines integrierten Planungssystems andererseits ergibt sich dann aber, daß dieses Organisationsmuster nicht praktikabel ist. Es können nicht, wie etwa bei den sogenannten Geschäften der laufenden Verwaltung, die laufenden Planungsobliegenheiten durch die Verwaltung und die essentiellen Planungsentscheidungen durch das kommunale Vertretungsorgan vorgenommen werden. Denn die Entscheidung erfordert auch bei allen wesentlichen Fragen der Planung volle Information. Hinzu kommt: Planung als iterativer Prozeß läßt sich nicht in Vorbereitung, Entscheidung und Durchführung trennen, wie dies in der älteren betriebswirtschaftlichen und auch in der kommunalwissenschaftlichen Theorie weitgehend angenommen wird. Die alle Aufgabenbereiche umfassende Planung könnte im örtlichen Bereich nur dann praktikabel durchgeführt werden, wenn das Vertretungsorgan in den gesamten Planungsprozeß eingeschaltet wäre, indem es mit einem für die in Betracht kommende Planung betrauten Fachausschuß oder mit mehreren Fachausschüssen Herr der Angelegenheit und informationell auf dem laufenden bliebe.

1.2.3 Planungskompetenz beim Verwaltungsorgan

Die Organisation der kommunalen Verwaltungen ist durch die Organisations- und Aufgabengliederungsgutachten der kommunalen Gemeinschaftsstelle für Verwaltungsvereinfachung vorgezeichnet. Die Aufbauorganisation gliedert sich in Dezernate, Ämter, Abteilungen und Gruppen. Danach sind für die klassischen Aufgabenbereiche in den Kommunalverwaltungen jeweils Dezernate zuständig, wobei die Zuordnung von Ämtern zu den Dezernaten von Fall zu Fall verschieden und den jeweiligen örtlichen Größenordnungen und den sonstigen spezifischen Verhältnissen angepaßt ist.

Daraus ergibt sich das folgende Vollzugsproblem: mit den Dezernatsgrenzen ändern sich — bei den kommunalen Systemen jeweils unterschiedlich — die Informations- und Administrationsgrenzen. Denn in der kommunalen Verwal-

---

[5] Vgl. hierzu: Pagenkopf, Kommunalrecht, S. 214 ff.

tungswirklichkeit sind die Dezernate im wesentlichen faktisch selbständig operierende und in den meisten Fällen nicht oder nur minimal miteinander kooperierende Verwaltungsgebilde. Das ist eine Konsequenz der politischen Auswahl- und Besetzungsverfahren für die Spitzenbeamten. Dies führt zu einer Verteilung der Stelleninhaber auf unterschiedliche Parteien, zu politischer Auseinandersetzung und vielfacher Konkurrenz und der Einbeziehung der Dezernatsarbeit in die parteipolitische Auseinandersetzung. Die dem Dezernat zugeordneten Ämter sind davon nicht unbetroffen. Es ist nicht so, daß unterhalb der Dezernatsebene eine parteipolitisch unabhängige Beamtenschaft in der Ämterorganisation sachbezogen tätig sein kann. In der kommunalen Verfassungswirklichkeit werden deswegen auch die den Dezernenten nachgeordneten Laufbahnbeamtenstellen und fast alle Angestelltenstellen nach politischen Auswahlkriterien besetzt. Damit beschränkt sich die Zusammenarbeit zwischen den Dezernaten häufig auf Pflicht- oder Mindestkontakte.

Eine kontinuierliche Zusammenarbeit des Umfangs, wie sie ein systematischer dezernatsübergreifender Planungsprozeß erfordert, ist bei diesen Randbedingungen unmöglich. Machbar und in der Praxis häufig anzutreffen sind demgegenüber solche Planungssysteme, die allein einem Dezernat der kommunalen Verwaltung zugeordnet sind und die wenig oder überhaupt keine Hilfe von anderen Dezernaten (Personal, Mittel, Daten) benötigen; Beispiel: Verkehrsplanung. So ergeben sich gravierende Realisierungsprobleme für alle Planungen und Planungshilfsmittel, die dezernatsübergreifend angewandt werden müssen.

1.2.4 Kommunale Informationsproblematik

Das gleiche Problem wird auf einer höheren Abstraktionsstufe in der politischen Kybernetik kommunaler Systeme erörtert. Hier wird davon ausgegangen, daß die Verselbständigung der kommunalen Systeme die Entropie des Gesamtsystems, seinen Ordnungsgrad, reduziert. Das hat eine Organisationsentwicklung zur Folge, die zu einer zunehmend geringeren Flexibilität des Systems führt. Das Problem spitzt sich in seinem informationstheoretischen Bezug weiter zu, weil alle schlecht definierten Problemsituationen, wie dies für globale Planungsprobleme gilt, ein offenes Kommunikationsnetz benötigen, um die erforderlichen Problemlösungsmechanismen und Informationen zu stimulieren. Das Gegenteil ist Praxis: Aus Gründen der besseren Informationskontrolle neigen große Organisationssysteme dazu, Kommunikationsnetze so zu strukturieren, daß politisch gewünschte Verbindungen aufrechterhalten und ungewünschte ausgeschlossen sind. Die Kommunikationsstruktur wird von der formalen und informalen Systemstruktur beeinflußt, wobei vor allem die vertikale Kommunikation von der systematischen Ausdifferenzierung betroffen wird. Konsequenzen sind fehlerhafte, ungenaue und unvollständige Informationsübertragungen, die Überlastung von Kommunikationskanälen mit Kontrollinformationen und sekundären Informationen[6], Willkür und Schwerfälligkeit der Informationsvermittlung und Vetomacht, die einzelne Systemelemente haben, soweit sie sich an strategisch günstigen Stellen des Kommunikationsnetzes befinden. Verwaltungen entwickeln mit zunehmender Größe Strukturen, die dazu in der Lage sind, die Systemkapazität im Sinne administrativer Effizienz besser auszunutzen. Dies geschieht auf Kosten der Systemflexibilität. Vor allen ergeben sich reduzierte Feedbacks zur Umwelt und insbesondere die Erscheinung, daß die systeminterne Ausdifferenzierung die Subsysteme auf immer kleinere Umweltausschnitte verweist und ihnen die Sensibilität für gesamtsystemische Krisensymptome nimmt. Weder nimmt das System genügend Information auf, um sein Bild der Umwelt an die neuesten Bedingungen der Umwelt anzupassen, noch antizipiert es genügend scharf drohende Umweltveränderungen, noch kann es seine eigenen Intentionen der Umwelt genügend verständlich machen[7].

Diese Überlegungen haben praktische Relevanz für den örtlichen Problemkreis. Denn das praktische Arbeiten mit Planungshilfsmitteln, insbesondere mit quantitativen Verfahren, mit Modellen und Sozialindikatoren ist ein Problem der Gewinnung, Übertragung und Verarbeitung von Informationen. Sobald an diesem Prozeß mehrere Ämter, Abteilungen und vor allem unterschiedliche Dezernate beteiligt sind, entstehen gravierende systemstrukturbedingte Störungen der Informationsprozesse.

1.3 Ziel- und Aufgabenprobleme

1.3.1 Kommunale Aufgabenstruktur

Einige weitere Probleme stecken in der kommunalen Aufgabenstruktur. Es geht nicht darum, die kommunalen Umweltaufgaben aufzulisten und festzustellen, inwieweit sie nicht oder nur unzulänglich erfüllt werden. Es geht vielmehr darum, auf einige Probleme hinzuweisen, die sich hinter dem Aufgabenproblem verbergen. Eine kommunalrechtliche Klassifikation differenziert den örtlichen Aufgabenbestand in Auftragsangelegenheiten, Selbstverwaltungsangelegenheiten, Gemeinschaftsaufgaben und Aufgaben der verfassungsmäßigen Ordnung. Dabei ergibt sich, daß Umweltzuständigkeiten in allen Aufgabenklassen anfallen. Die kommunalrechtliche Analyse der Aufgabenklassen zeigt, daß nur bei einem kleinen Teil der kommunalen Aufgaben auch die Letztentscheidungszuständigkeit bei kommunalen Organen liegt. Für die Vollzugsproblematik im Umweltschutz ergibt sich, daß die endgültigen Entscheidungen bei Um-

---

[6] Primäre Informationen betreffen das Thema selbst, sekundäre Informationen betreffen lediglich den Sender; vgl. Kirsch, Entscheidungsprozesse, Bd. 3, S. 168 ff.
[7] Fürst, Kommunale Entscheidungsprozesse.

weltaufgaben der örtlichen Ebene letztlich höheren Entscheidungsebenen — Land, Mittelinstanz, Kreis — vorbehalten sind, abgesehen davon, daß wesentliche umweltrelevante Entscheidungen staatlichen Sonderbehörden im örtlichen Bereich, den Gewerbeaufsichtsämtern, obliegen.

Eine weitere Klassifikation markiert die Aufgabengliederung, die als eine feingliedrige Struktur alle Kommunalverwaltungen durchzieht: die Systematik nach dem Aufgabengliederungsgutachten der kommunalen Gemeinschaftsstelle für Verwaltungsvereinfachung[8]. Aus dem Aufgabengliederungsplan ergibt sich, daß die Aufgaben, die dem Umweltschutz zuzurechnen sind, nicht als abgrenzbarer Aufgabenbereich ausgewiesen sind, weder als eine fachlich begrenzbare und sachlich einer bestimmten Aufgabengruppe zugeordnete Einzelaufgabe noch als selbständige Aufgabengruppe. Vielmehr folgt aus der Organisationssystematik, daß Umweltschutz lediglich als globaler Oberbegriff verstanden wird. Es wäre eine genaue Überprüfung zweckmäßig, unter welchen Aufgabengruppen und Aufgabenziffern dieser Aufgabensystematik Aufgaben aufgeführt sind, die zur Zeit als kommunale Umweltschutzaufgaben erfüllt werden oder die Aufgaben der Umweltschutzplanung sind. Sie sind, da sie nicht zu einer Gruppe zusammengefaßt sind, auf das kommunale Aufgabensystem aufgesplittet.

Das ergibt für die einzelne Kommune kaum überwindbare Schwierigkeiten, wenn sie die politische Absicht haben sollte, Umweltschutz systematischer und effektiver zu betreiben, denn sie kann die von der kommunalen Gemeinschaftsstelle vorgegebene Aufgabensystematik, die wiederum der Organisations- und der Haushaltssystematik zugrundeliegt, nicht durchbrechen.

1.3.2 Umweltpolitische Ziele im kommunalen Bereich

Wenn von umweltrelevanten Zielen im kommunalen Bereich die Rede ist, sind nicht punktuelle Zielsetzungen, wie die Verhinderung umweltbelastender Industrieanlagen oder die Vermeidung weiterer Verkehrsinvestitionen gemeint. Umweltschutz erschöpft sich nicht darin, gegen alle Investitionen mit Bodenverkehr zu sein, gegen Straßenbau, gegen Industrieanlagen oder gegen Kraftwerke. Es geht vielmehr um ein alle Bereiche umfassendes, vollständiges und systematisches Umweltschutzkonzept. Ein Beispiel hierfür ist das Umweltschutzzielsystem, das die SPD-Fraktion des Rates der Stadt Essen erarbeitet und zur Diskussion gestellt hat[9]. Im weiteren Verfolg derartiger Ansätze muß es darum gehen, im Zusammenhang mit anderen kommunalpolitischen Entwicklungszielen alle Umweltschutzbelange im örtlichen Raum zu systematisie-

---
[8] KGST, Verwaltungsorganisation der Gemeinden.
[9] Vgl. SPD im Rat der Stadt Essen, Programmentwurf für Umweltschutz in Essen.

ren, in die fachlichen Zielsetzungen zu integrieren und zu operationalisieren. Insoweit kann man von den gegebenen umweltschutzrechtlichen Normen überörtlicher Art und den vorfindlichen Zielaussagen ausgehen, muß sie allerdings im Umweltplanungsprozeß weiterentwickeln und aktualisieren.

Ausgangspunkt der notwendigen theoretischen Aufbereitung sind verwaltungswissenschaftliche Untersuchungen zur Problematik kommunaler Entwicklungsziele, die bisher allerdings zu unterschiedlichen Ergebnissen geführt haben. Es wird die Meinung vertreten, es bestehe ein genügend konkretes und öffentlich verkündetes Zielsystem für die Stadtentwicklung und die Städtebaupolitik, wobei das geltende Gesamtsystem der Stadtentwicklung zahlreiche komplementäre Ziele enthalte und in sich weitgehend widerspruchsfrei sei[10]. Andererseits wird angenommen, daß die derzeitigen Zielfindungs- und Zielbildungsprozesse inhaltlich und methodisch verbesserungsbedürftig sind[11].

Nach den Erhebungen in der Praxis trifft die letztere Aussage zu. Eine Erfassung der Umweltschutz-Berichte in den Kommunen[12] hat ergeben, daß die meisten Ansätze zu Zielsystemen des Umweltschutzes in wenig systematischer Art und Weise an diese Frage herangehen.

1.4 Stadtentwicklungsplanungen und Stadtentwicklungsmodelle als Aktionsrahmen der Umweltschutzplanung

1.4.1 Konzepte der Stadtentwicklungsplanung

Kommunale Entwicklungsplanung wird normativ als integrierte Globalplanung von Selbstverwaltungssystemen verstanden. Sie ist umfassende Planung durch Stadt, Kreis oder Gemeinde.

Der Begriff der kommunalen Entwicklungsplanung wird uneinheitlich und unter Einschub unterschiedlicher Inhalte verwendet, obwohl er in die Gesetzgebung, in die Theorie und in die Praxis Eingang gefunden hat[13]. Nach ihrem normativen Anspruch ist kommunale Entwicklungsplanung zielorientierte und zielbestimmende, konzeptionelle, aktiv gestaltende Planung im Sinne eines langfristigen systematischen politischen Prozesses[14]. Diese Planung ist ein Kern-

---

[10] Wagener, Ziele der Stadtentwicklung.

[11] Battelle-Institut, Studie zur Erarbeitung eines Ziel- und Bewertungssystems für umweltrelevante Maßnahmen; Hesse, Zielfindungsprozesse und Zielvorstellungen; Brösse, Ziele in der Regionalpolitik; Dehler, Zielprognosen; vgl. auch die sehr umfangreiche Arbeit von: Nage, Ziellehre.

[12] Coplan, Muster zur Aufstellung von Umweltschutz-Berichten in den Kommunen.

[13] Schmidt-Aßmann, Stadtentwicklungsplanung, S. 101 ff.; Wagener, Instrumentarium, S. 23 ff.

[14] Ossenbühl, Planende staatliche Tätigkeit.

stück der kommunalen Selbstverwaltung. Sie hat die ganzheitliche, alle Fachbereiche umfassende Bewältigung der Entwicklung des Systems zum Gegenstand und hebt sich von der bisherigen, zumeist als Auffangplanung bezeichneten Version der Planung ab. Sie soll strategische oder konzeptionelle Planung sein, Grundsatz- oder Rahmenplanung öffentlicher Organe, mit der langfristig Maßnahmen nach einheitlichen Zielvorstellungen vorweggenommen und gesteuert werden sollen. Mit der Entwicklungsplanung ist die quasi-technische, soziotechnische Gestaltung der künftigen Gesellschaft in die Diskussion gebracht[15].

Aus verwaltungswissenschaftlicher Sicht prägen die verfassunggestaltenden Grundentscheidungen die Entwicklungsplanung[16]. Leitlinien der Verfassung, die Leitziele und Maßnahmen der inneren Reformen binden, geben den Ausschlag für die Richtung der kommunalen Entwicklungsplanung. Planung unter dem Aspekt der Sozialstaatlichkeit meint Verbesserung der Lebensverhältnisse, Verbesserung der materiellen, geistigen, seelischen und physischen Lebensqualität. Bei dieser Planung hat das Gemeinwohlprinzip und haben die verfassunggestaltenden Grundentscheidungen ein größeres Gewicht, als das Leitziel des Wirtschaftswachstums.

Die immer noch häufig verwendete, auf die räumliche Ordnung beschränkte, Begriffsfassung der kommunalen Entwicklungsplanung ist zu eng. Zentraler Aspekt der kommunalen Entwicklungsplanung ist nicht der Raum, sondern die je individuelle Lebenssituation der unterschiedlichen sozialen Gruppen des jeweiligen Systems mit unterschiedlichen Bedürfnislagen.

1.4.2 Modelle der Stadtentwicklungsplanung

Die unterschiedlichen Ansatzpunkte der Entwicklungsplanung schlagen bei Stadtentwicklungsmodellen durch. Das sind quantifizierte logische Konstrukte, die den Zweck haben, das kommunale System abzubilden und die Folgen von Eingriffen durch Planungsmaßnahmen erkennbar zu machen. In der Überzahl sind ökonomisch orientierte Modelle; typisch ist das Modell von Heuer[17].

Unter Entwicklungsplanung wird hier das Instrument zur Verwirklichung entwicklungspolitischer Ziele im Rahmen einer kommunalen Wirtschaftspolitik verstanden, die sich nicht damit begnügt, wirtschaftliche Aktivitäten zu unterstützen, sondern ein optimales Wachstum des Sozialproduktes bei bestmöglicher Kombination der gegebenen Produktionsfaktoren und einer annähernd gleichmäßigen Verteilung des Einkommens in Teilräumen herbeiführen will. Insoweit kann man von einer kommunalen Wirtschaftsentwicklungsplanung

---

[15] Luhmann, Zweckbegriff.
[16] Bückmann, Gebietsreform und Entwicklungsplanung.
[17] Heuer, Bestimmungsfaktoren.

sprechen. Alle entscheidenden Faktoren der Stadtentwicklung liegen hier im ökonomischen Bereich[18].

Breiter angesetzt, aber dennoch ökonomischen Kategorien verhaftet, sind die raumbezogenen Stadtteilentwicklungsmodelle, unter denen das RUHR-SIM-Modell[19] typisch ist. Das hier zugrundeliegende Verständnis der Raumentwicklungsplanung geht von der Notwendigkeit aus, die räumliche Planung mit finanz- und zeitbezogenen Planungskomponenten zu verbinden. Raumbezogene Planungsmodelle dieser Art sind jedoch nicht hinreichend in der Lage, die umweltqualitative Entwicklung zu steuern. Sie sind vielmehr darauf angewiesen, sich an die Entwicklung der raumbezogenen Faktoren anzupassen und Fehlentwicklungen aufzufangen.

Nach der heute im Vordergrund stehenden Auffassung geht es um die Verschmelzung der räumlichen Planung mit der Fach- und Investitionsplanung unter Einbeziehung des Zeitfaktors. Es besteht jedoch ein ungeklärtes Streitfeld zwischen den Befürwortern der herkömmlichen Raumplanung und den Verfechtern einer raum-, zeit- und finanzbezogenen umfassenderen Entwicklungsplanung[20].

Die aktuelle und dem Stand der heutigen verwaltungspolitischen und verwaltungswissenschaftlichen Diskussion entsprechende Form der kommunalen Entwicklungsplanung will alle sozialen und ökonomischen Aspekte aus den verschiedenen Bereichen der Verwaltung unter Einbeziehung der politischen Prioritäten integrieren. Eine integrierte Entwicklungsplanung soll alle Planungen für die verschiedenen Aktivitäten der kommunalen Verwaltung in einem Gesamtsystem vereinigen.

Das Modell der globalen Entwicklungsplanung macht die Vielzahl der konkurrierenden Funktionen, die Zahl und das Gewicht der Entscheidungsvariablen und Entscheidungsfaktoren und deren Kombinationsmöglichkeiten transparent. Dabei wird deutlich, wie sehr in der Praxis weitgehend Entscheidungen auf der Basis ungesicherter Erkenntnisse, mangelhafter Informationen und undeutlicher Planungsziele getroffen werden.

Modellkonzepte einer Entwicklungsplanung nach diesem Verständnis[21] sind bei Nowak[22] und in dem weiter unten behandelten BESI-Modell zu finden.

Bei der modellmäßig erfaßten Stadtentwicklungsplanung geht es um die Simulation des Systems Stadt, eines räumlich, sozial, wirtschaftlich und kultu-

---

[18] Heuer, Bestimmungsfaktoren, S. 39.
[19] Siedlungsstruktur im Ruhrgebiet, Systemanalytische Untersuchung zur künftigen räumlichen Verteilung von verdichteten Wohnsiedlungs-, Gewerbe- und Industrieansiedlungsbereichen. Gutachten der StadtBauPlan.
[20] Wagener, Instrumentarium, S. 23 ff.
[21] Bückmann, Entwicklungsplanung, S. 112 ff.
[22] Nowak, Simulation, insbes. S. 111 ff.

rell vielfach verflochtenen Gebildes, dessen Komplexität es erschwert, Folgewirkungen stadtentwicklungsplanerischer Entscheidungen eindeutig zu bestimmen. Nur als gegenständliches und insoweit konkret faßbares Gebilde von Gebäuden, Straßen, Freiflächen und Verkehrsverbindungen hat es eine gewisse Überschaubarkeit. Das ist aber nur die äußere Ausprägung eines sich ständig wandelnden komplizierten gesellschaftsstrukturellen Prozesses, der sich außerhalb des Rahmens der gegebenen materiellen und institutionellen Struktur vollzieht und der durch Aktivitäten einzelner Individuen, gesellschaftlicher und politischer Gruppen und des Gesamtsystems innerhalb eines integrativen politischen Prozesses in Gang gehalten wird.

1.4.3 Kommunale Entwicklungsplanung und Umweltplanung

Kommunale Umweltplanung trägt alle wesentlichen Merkmale der kommunalen Entwicklungsplanung. Sie ist zielorientiert, indem sie nicht Anpassung an unbeeinflußte und als unbeeinflußbar betrachtete Variablen vollzieht, sondern Steuerung der Entwicklung des kommunalen Systems nach selbstbestimmten Vorgaben anstrebt. Sie ist integrativ, indem sie unterschiedliche Fachbezüge, die finanziellen Aspekte und die Bindung an den Raum umfaßt. Denn kommunale Umweltplanung, die nicht von einem engen Umweltverständnis, sondern von einem weiten, auch soziale Faktoren umfassenden Umweltbegriff ausgeht, läßt sich nicht auf einen der bisherigen klassischen Aufgabenbereiche der kommunalen Verwaltung festlegen. Sie umfaßt Aufgabenbereiche und Problemstellungen, die nach der heutigen Verwaltungsgliederung in allen Dezernaten der Verwaltung anfallen und in allen Fachausschüssen der Vertretungsorgane relevant sind. Gleichzeitig umfaßt sie Problemstellungen und Lösungsmechanismen aus unterschiedlichen Fachdisziplinen, so daß der Planungsprozeß eine weitgehende institutionelle und personelle Kooperation voraussetzt. Kommunale Umweltplanung enthält auch den Zeitbezug, weil sie nicht nur die gegenwärtige Situation und die Bewältigung anstehender Fragen im Auge hat, sondern auch die künftige Entwicklung der wesentlichen Einflußgrößen und Randbedingungen des Planungsfeldes einbezieht. Hierzu ist zutreffend zum Ausdruck gebracht worden, daß Stadtentwicklungs- und Umweltschutzplanung substantiell und funktional zu einer einheitlichen Planung integriert werden müßten[23].

1.4.4 Empirische Aspekte

Alles das gehört allerdings in den Bereich der normativen Betrachtungen. Sollvorstellungen und auch Modelle spiegeln Anschauungen über gewünschte Zustände wieder, wie sie theoretischen Konzepten und politischen Zielvor-

---
[23] Göb, Von der Krise zur Reform, S. 113.

stellungen entsprechen. Kommunale Entwicklungsplanung im Sinne der dargestellten Ansprüche, kommunale Entwicklungsmodelle und ihre Implikationen und auch integrierte kommunale Umweltplanungen sind nicht ohne erhebliche Schwierigkeiten zu verwirklichen, weil die Voraussetzungen der bereichsübergreifenden Kooperation in den Verwaltungen im allgemeinen nicht vorliegen und auch nicht ohne weiteres geschaffen werden können.

Die empirische Dimension der Entwicklungsplanung bietet ein völlig anderes Bild. Empirische Befunde verweisen die integrierte kommunale Entwicklungsplanung zum Teil in den Bereich der Ideologie[24] und konstatieren einen multiorganisatorischen Planungskontext[25], ein System, in dem es kein Gesamtsubjekt des Planungshandelns gibt, sondern nur eine Vielzahl mehr oder weniger voneinander unabhängiger Organisationseinheiten, wobei jede Einheit an den in ihren Zuständigkeitsbereich fallenden Planungen nicht allein beteiligt ist.

Nach den Ergebnissen einer Forschungsarbeit stellt die kommunale Entwicklungsplanung erhöhte Anforderungen an die Problemverarbeitung der Kommunen unter Randbedingungen, die eine effektive Planung verhindern. Daher haben sich die Hoffnungen auf eine Erweiterung des Handlungsspielraums der Kommunen, die in der These vom Wandel von der Auffang- zur Entwicklungsplanung formuliert sind, nicht erfüllt. Je mehr die Gemeinden von zentralen Zuweisungen abhängig sind, desto mehr sind ihre Planungen mit Unwägbarkeiten behaftet. Auch verunmöglicht die Konjunktursteuerung eine langfristige Disposition im kommunalen Bereich. Zudem bedingt die Abhängigkeit der Kommunen von privaten Investitionen einerseits vorab Anpassung und Aufweichung, andererseits nachträgliche Durchbrechung und Änderung von Planungen. Die Schere zwischen Ressourcen und Anforderungen öffnet sich immer weiter. Die Beseitigung akuter Engpässe hat Priorität vor innovativen Planungen. Das Mißverhältnis zwischen kurzfristiger Krisenbewältigung und langfristiger Strukturveränderung wird auch durch wachsende Beteiligung der höheren Verwaltungsebenen an kommunalen Planungen nicht aufgehoben. Schließlich sind die Möglichkeit der Kommunalpolitik, die Interessen und Bedürfnisse aller sozialen Gruppen gleich und angemessen zu berücksichtigen, strukturell beschränkt. Gemessen an den frei verfügbaren Mitteln, der innovativen Reichweite und dem Grad der Selbstbestimmtheit ist kommunale Entwicklungsplanung nach alledem Anpassungsplanung[26].

---

[24] Entwicklungstendenzen kommunaler Planung, Schriftenreihe: Städtebauliche Forschung des Bundesministers für Raumordnung, Bauwesen und Städtebau, S. 34.

[25] Organisationsstrukturen planender Verwaltungen, dargestellt am Beispiel von Kommunalverwaltungen und Stadtplanungsämtern, Schriftenreihe: Städtebauliche Forschung des Bundesministers für Raumordnung, Bauwesen und Städtebau.

[26] Vgl. auch Siebel, Handlungsspielraum.

1.5 Kommunale Entwicklungsplanung – Fachplanung

Der Gegenbegriff der kommunalen Entwicklungsplanung ist die kommunale Fachplanung. In allen organisatorisch verfestigten Aufgabenbereichen der kommunalen Planung hat sich die Tendenz verstärkt, Fachpläne zu entwickeln. Schulentwicklungspläne, Krankenhausplanungen, Sportstättenplanungen, Verkehrsplanungen sind Beispiele. In allen Aufgabengruppen der Kommunalverwaltung besteht ein spezifischer und auch unterschiedlichen politischen Gesichtspunkten folgender Planungsbedarf, der über die laufende Vollzugsvorbereitung hinausgeht.

In der Praxis wird, entgegen den Intentionen einer integrierten Planung, in unterschiedlichen Aufgabenbereichen isoliert geplant, mit unterschiedlichen Zielsetzungen, Planungszeiträumen und -methoden. Dabei bleiben wechselseitige Abhängigkeiten der Programme und Pläne ungeklärt. Die Praxis begnügt sich mit der nach dem geltenden Recht zwingenden Einordnung der Pläne in den jährlichen Haushalts- und Stellenplan und in die mittelfristige Finanzplanung und Investitionsplanung. Diese unter dem Zwang der knappen Mittel und bei politischen Zufälligkeiten zustandekommenden Entscheidungen über vielfältige Planungskonzepte sind in der Regel unsystematisch und daher unbefriedigend, sie widersprechen dem Anspruch einer rationalen, wirtschaftlichen und zukunftsorientierten Verwaltungsführung. Sie genügen erst recht nicht dem Anspruchsniveau einer integrierten Entwicklungsplanung.

Für kommunale Fachplanungen sind zwischenfachliche Zusammenhänge typisch. Zwischen zahlreichen Fachplanungen und Fachaufgaben bestehen Übereinstimmungen oder Ähnlichkeiten in der Zielsetzung. Infrastruktureinrichtungen können mehrfach genutzt werden. Für die standörtliche Verteilung ergeben sich Parallelprobleme, die der Abstimmung zwischen den Dezernaten bedürfen.

Für bereichs- oder dezernatsbezogene Teilentwicklungsplanungen, etwa die Sozialentwicklungsplanung, sind unterschiedliche Bezeichnungen in Gebrauch: Bereichsplanung, Rahmenplanung, teilkomplexe Planung. Die fachübergreifenden Planungen sind nicht als Addition mehrerer Teilbereiche aufzufassen, sondern als integrierte Planungen. Die erheblichen organisatorischen Restriktionen, die kommunalen Entwicklungsplanungen entgegenstehen, greifen dann nicht ein, wenn solche integrierte Planungen Dezernatsgrenzen nicht überschreiten.

Die sonstigen Restriktionen kommunaler Planungen schlagen auch hier durch. Der für die Entwicklungsplanung erforderliche Bezug auf ein explizites Zielsystem ist in der kommunalen Praxis oft nur in Ansätzen hergestellt. Zumeist wird die bereichsübergreifende Stadtentwicklungsplanung technokratisch durch die Bereitstellung von Handlungsmustern zur Lösung von Entwicklungsproblemen angegangen.

Damit unterbleibt der Übergang von der Auffangplanung zu einem zielgerichteten alle Einzelprogramme integrierenden Planungstypus. Die Ablösung einer input- durch eine output-Orientierung, wie sie bei der Entwicklung neuer Planungstechniken im Vordergrund steht, wird bei der teilintegrierten Planung nicht vollzogen.

1.6 Organisation und Planung des Umweltschutzes im kommunalen Bereich

1.6.1 Kommunale Durchführungsaufgaben mit Umweltrelevanz

Kommunaler Umweltschutz ist weitgehend Gesetzesvollzug. Kommunale Durchführungsaufgaben mit Umweltrelevanz stehen im Bereich der Auftragsangelegenheiten bzw. der Pflichtaufgaben zur Erfüllung nach Weisung auf der Grundlage von Vorschriften des Bundes, der Länder und übergeordneter Gebietskörperschaften an. In der Hauptsache ist dies der Tätigkeitsbereich der Gewerbeaufsicht, der Bau-, Gesundheits-, Verkehrs-, Wasser- und Straßenaufsicht. Diese Aufgaben lassen, wie überhaupt bei der Auftragsverwaltung, nur einen geringen kommunalen Ermessens- und Handlungsspielraum offen, weil die Entscheidung nicht im kommunalen Bereich liegt[27].

Im einzelnen handelt es sich nach dem Aufgabengliederungsplan um umweltrelevante Aufgaben aus den Aufgabenbereichen der öffentlichen Sicherheit und Ordnung, der Ordnungsaufgaben auf dem Gebiet der Gesundheits- und der Veterinäraufsicht, der Straßenverkehrsaufsicht, der Medizinalaufsicht, der Bauaufsicht, der Abwasserbeseitigung, der Straßenreinigung, der Müllbeseitigung und -verwertung, der Beseitigung und Verwertung von Fäkalien und der Betreibung des Schlachthofes.

1.6.2 Umweltrelevante Planungsfunktionen

Die zweite Gruppe von umweltschutzrelevanten Tätigkeiten bilden umweltrelevante Fachplanungen. Darunter werden solche Fachplanungen verstanden, die nicht in den Kompetenzbereich des kommunalen Planungsamtes fallen oder instrumentelle Planungen oder Haushaltsplanungen sind. Nach der Auffassung der kommunalen Gemeinschaftsstelle für Verwaltungsvereinfachung — KGSt — soll Umweltschutz und Umweltschutzplanung nicht einer selbständigen Organisationseinheit, einem Dezernat oder einem Amt zugeordnet, sondern als Querschnittsaufgabe betrachtet werden. Nach dieser Auffassung ist Umweltschutzplanung die Summe aller umweltrelevanten kommunalen Planungen und Bereichsplanung, da der Umweltschutz zwischenfachliche Zusammenhänge be-

---
[27] KGSt, Organisation des Umweltschutzes.

1.6. Organisation und Planung des Umweltschutzes im kommunalen Bereich 27

gründet. Diese Bereichsplanung, so die KGSt, ist nicht die bloße Addition der Ziele mehrerer Fachplanungen, sondern geht von übergeordneten Zielvorstellungen aus; deren Entwicklung kann nur nach umfassender Analyse der gesamten örtlichen Umweltsituation erfolgen; die Auswertung der Analyse kann ergeben, wo die Schwerpunkte der Umweltschäden liegen und welche Planungen in Angriff zu nehmen sind[28].

Umweltschutz, so meint die KGSt weiter, sei Entwicklungsziel der kommunalen Entwicklungsplanung neben Zielen wie die Verbesserung der Lebensqualität in den Bereichen Bildung und Kultur, Sozialhilfe und Gesundheitswesen. Es müsse sichergestellt werden, daß die Umweltschutzplanung in die kommunale Entwicklungsplanung integriert werde[29]. Dies sind wiederum normative Aussagen. Die eigentliche Schwierigkeit verbirgt sich hinter der Aussage: „Deren Entwicklung (der übergeordneten Zielvorstellungen) kann nur nach umfassender Analyse der gesamten örtlichen Umweltsituation erfolgen. Die Auswertung der Analyse wird ergeben, wo die Schwerpunkte der Umweltschäden liegen und welche Planungen in Angriff zu nehmen sind." Genauer betrachtet setzt die Analyse voraus, Klarheit über den Umfang des Umweltschutzes zu haben, darüber, welche Bereiche in die Umweltschutzplanung einbezogen werden sollen. Dabei reicht es allein nicht aus, Zielvorstellungen des kommunalen Umweltschutzes zu entwickeln, vielmehr kommt es entscheidend auf politische Prioritätssetzungen an, denn es ist keiner kommunalen Einheit zur Zeit möglich, alle wünschenswerten Umweltschutzziele in überschaubaren Zeiträumen zu erfüllen, weil hierzu die verfügbaren Mittel nicht ausreichen. Infolgedessen ist Zielbestimmung und Prioritätensetzung erforderlich und die Abstimmung dieser Prioritäten mit den anderen Fach- und Bereichsplanungen.

1.6.3 Organisation für Umweltverwaltung und Umweltplanung

Organisationsvarianten des Umweltschutzes und der Umweltplanung sind in einigen Arbeiten[30], sehr ausführlich vor allem von Küpper und Reiberg, untersucht und daraus praktische Vorschläge abgeleitet worden[31].

Der Organisationsalternative der kommunalen Gemeinschaftsstelle, die eine besondere Organisationseinheit für den kommunalen Umweltschutz nicht befürwortet, steht der Organisationsvorschlag der WIBERA und das Modell Küpper, Reiberg gegenüber.

---
[28] KGSt, Organisation des Umweltschutzes, S. 11.
[29] Küpper und Reiberg, Umweltschutz, S. 308 ff.
[30] Wibera – Wirtschaftsberatungs Aktiengesellschaft, Umweltmodellvorhaben am Beispiel der Stadt Wuppertal. Otto, Umweltpolitik der Städte. Bückmann, Fischer und Terlinden, Belastungsbeschreibungen.
[31] Küpper und Reiberg, Umweltschutz, S. 290 ff.

Der Organisationsvorschlag der WIBERA sieht bei Beibehaltung der Aufgabengliederung der kommunalen Einheiten auf der Basis der Aufgabenstruktur der kommunalen Gemeinschaftsstelle und der darauf aufbauenden Musterorganisation vor: eine Arbeitsgruppe und eine Planungsgruppe der Verwaltung, einen Ausschuß für Stadtentwicklung und Umweltschutz des Vertretungsorgans und einen Beirat als Koordinierungsgremium für alle Organisationseinheiten für den Umweltschutz und die Öffentlichkeit[32]. Die Arbeitsgruppe koordiniert Umweltschutzmaßnahmen und umweltrelevante Verwaltungsvorgänge zwischen den zuständigen Stellen der kommunalen Selbstverwaltung und der staatlichen Verwaltung. Die Planungsgruppe erarbeitet und koordiniert umweltrelevante Planungen. Der Fachausschuß des Rates trifft die dem Vertretungsorgan obliegenden Entscheidungen. Der Beirat ist ein Forum der Meinungsbildung und Auseinandersetzung zwischen den Verwaltungen und den organisierten Interessen.

Das Organisationsmodell Küpper, Reiberg[33] sieht eine deutlichere Institutionalisierung des Umweltschutzes vor, die jedoch gleichfalls Aufgabengliederung und Organisationsstruktur der kommunalen Gemeinschaftsstelle beibehält. Organe sind: der Umweltschutzbeauftragte, eine Stabsstelle, die, je nach Größenklasse, aus einer oder mehreren Planstellen besteht, eine Arbeitsgruppe Umweltschutz der Verwaltung, die in größeren Städten die Untergruppen Umweltplanung und Umweltkontrolle einrichten soll, ein Umweltausschuß des Rates mit Beschlußkompetenz und Bürgerforen, die Koordinations- und Informationsaufgaben übernehmen. Der Umweltschutzbeauftragte ressortiert in Großstädten im Gesundheitsdezernat und untersteht direkt dem Dezernenten. Die Arbeitsgruppe Umweltschutz soll bei der Erstellung von Rahmenplänen von Fachressorts und bei konkreten Projekten eingeschaltet werden. Die Arbeitsgruppe führt die Umweltverträglichkeitsprüfung durch oder fördert die Durchführung. Sie hat nicht die Aufgabe, Umweltplanungen zu erarbeiten, sondern sich als Innovationspool zu verstehen. Der für den Umweltschutz zuständige Fachausschuß des Vertretungsorgans soll ein Ausschuß mit Beschlußkompetenz sein, dessen Ergebnisse nicht nur empfehlenden Charakters sind. Er soll beratende Stellungnahmen zu Fragen der Prioritäten, zu Vorgaben und Rahmenzielen der kommunalen Entwicklung erlassen und alle umweltrelevanten Vorgänge der Verwaltung auf die Einhaltung der Ziele der Umweltpolitik überwachen.

---

[32] Wibera, Modell für die Aufbauorganisation des Umweltschutzes in einer Großstadt (siehe nachfolgende Abbildung 1).
[33] Küpper und Reiberg, Umweltschutz, S. 299 ff.

Schaubild 1: WIBERA-Modell Aufbauorganisation für den Umweltschutz

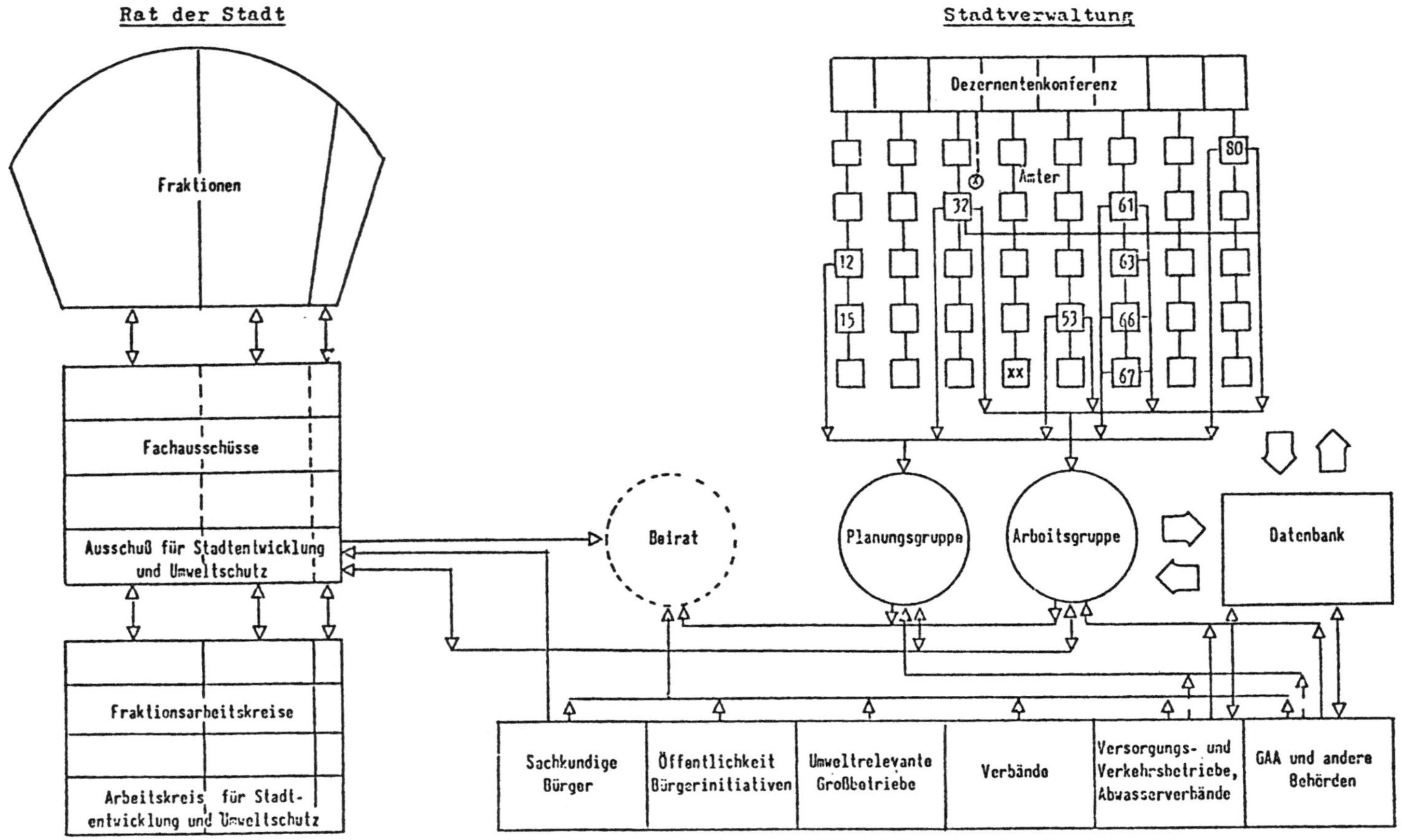

1.6.4 Organisationsmodell des Umweltschutzes in kommunalen Systemen: Das UVP-Organisationsmodell

Die vorgestellten Modelle machen den Versuch, Formen der Umweltorganisation auf die unveränderte kommunale Organisationsstruktur aufzusetzen. Versuche dieser Art scheitern jedoch an den organisatorischen Restriktionen, die skizziert wurden. Jede Organisationseinheit nimmt ihre Zuständigkeiten in der Regel unter extensiver Interpretation der eigenen Befugnisse wahr und schützt diese gegenüber Zugriffen durch andere Organisationseinheiten. Die Durchschlagkraft einer Organisationseinheit ist davon abhängig, in welcher Ebene der Organisationshierarchie sie angelagert ist. Daraus folgt, daß die Arbeitsgruppe und die Planungsgruppe im WIBERA-Modell und der Umweltbeauftragte und die Arbeitsgruppe Umweltschutz im Modell Küpper, Reiberg, nicht die in sie gesetzten Erwartungen erfüllen können: Sie können ihre Intentionen noch nicht einmal innerhalb der Verwaltung durchsetzen. Dazu ist nur ein Umweltdezernat in der Lage, eine Organisationseinheit der ersten Klassifikationsstufe[34].

Umweltschutz in der kommunalen Ebene ist nur durch ein Umweltdezernat effektiv zu gestalten, das sich gleichgewichtig gegenüber den anderen Fachdezernaten mit ihren zum Teil gegenläufigen Interessen durchsetzen kann. Dem Fachdezernat für Umweltschutz sind alle umweltrelevanten Planungs- und Durchführungsaufgaben der Verwaltung, die zur Zeit auf alle Dezernate verstreut sind, zuzuordnen. Dem Umweltdezernat entspricht auf der Seite der Vertretungskörperschaft ein Fachausschuß für den Umweltschutz, dem alle Entscheidungs- und Kontrollaufgaben des parlamentarischen Bereichs obliegen. Ferner bedarf es der Einrichtung einer Koordinationsgruppe Umweltschutz, die Umweltschutzaufgaben mit umweltrelevanten Aufgaben anderer Dezernate koordiniert. Daneben wird ein Umweltbeirat gebildet, dem alle umweltinteressierten Gruppen und Kräfte angehören. Er hat die Aufgabe, die Interessen der Öffentlichkeit gegenüber dem Vertretungsorgan und der Verwaltungseinheit zu vertreten. Die Umweltplanung liegt nicht beim Umweltdezernat, sondern beim Fachausschuß für den Umweltschutz, der den Planungsprozeß in einem jährlichen Durchlauf steuert und mithilfe der Koordinierungsgruppe vorantreibt. Jeder Durchlauf muß rechtzeitig bis zum Beginn der jährlichen Etatberatungen beendet sein, um die Vorhaben der Umweltplanung jeweils in die Haushaltsberatungen einzuspielen. Nach den Unterlagen des Umweltdezernats und mit dem jeweiligen Einzelfall angepaßten methodischen Hilfsmitteln hat der Fachausschuß für den Umweltschutz die jeweiligen örtlichen Umweltschutzziele zu bestimmen und zu konkretisieren und sie in greifbare Maßnahmenaussagen umzusetzen.

---

[34] Vgl. das nachfolgende Schaubild des Organisationsmodells.

1.6. Organisation und Planung des Umweltschutzes

Schaubild 2: Organisationsmodell Kommunaler Umweltschutz

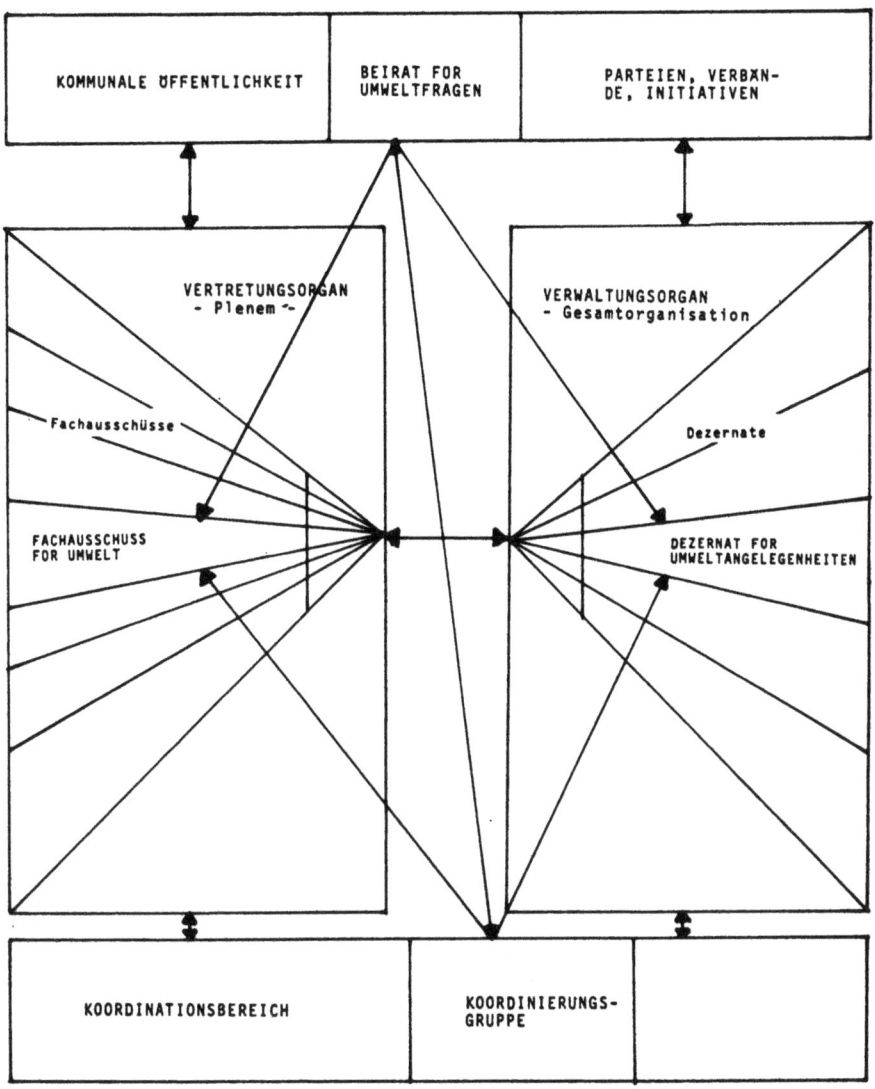

32 1. Kommunalverwaltung, Umweltschutz und Kommunalpolitik

1.7 Die kommunale Umweltverträglichkeitsprüfung

1.7.1 Fragestellung

Ein Instrument der Umweltplanung ist die Umweltverträglichkeitsprüfung. Die kommunale Umweltverträglichkeitsprüfung muß aus den Ansätzen zur Umweltverträglichkeitsprüfung im staatlichen Bereich entwickelt werden.

Umweltverträglichkeitsprüfung ist die systematische Prüfung der Frage, ob und inwieweit eine Maßnahme der öffentlichen Hand umweltschädigend ist. Dies setzt eine umweltpolitische Zielkonzeption und für die Anwendung durch Mitarbeiter der öffentlichen Verwaltung, einen Prüfungsrahmen voraus. Nachstehend wird die Konzeption des Bundes und diejenige der größten Stadt – Berlins – erörtert und – weiter unten – ein genereller Vorschlag für Städte gemacht.

1.7.2 UVP-Konzept des Bundes

Für die Beurteilung kommunaler Ansätze der Umweltverträglichkeitsprüfung (UVP) ist das Verfahrensmuster zur Umweltverträglichkeitsprüfung des Bundes[35] von Interesse. Die Umweltverträglichkeitsprüfung nach dem Verfahrensmuster der Bundesregierung hat folgende Arbeitsschritte:

0 überschlägige Orientierungsanalyse
1 Darstellung der Aufgabe
2 Darstellung der fachlichen Maßnahmen
3 Prüfung der Erheblichkeit für die Umwelt
4 Ermitteln der Auswirkungen auf die Umwelt
5 ökologische und gesundheitliche Bewertung der Auswirkungen
6 Suche und Prüfung von Abhilfen und Alternativen
7 gegenseitige Abwägung der Bewertungsaspekte
8 Entscheidung über die zu treffenden Maßnahmen.

Das Ablaufschema der am 12. September 1975 erlassenen Grundsätze[36] entspricht dem 1974 veröffentlichten Verfahrensmuster, verzichtet allerdings auf die Darstellung der Schritte 0 und 8. Das Verfahrensmuster ermöglicht eine systematische Abfolge einer überschlägigen Überprüfung der Umweltsituation.

Beim Arbeitsschritt 3 geht es um die Prüfung der Beziehungen zwischen fachlichen und umweltpolitischen Zielen. In den Erläuterungen wird ausgeführt, für Entwürfe zu Rechts- und Verwaltungsvorschriften, Programmen und

---

[35] Bundesministerium des Innern, Verfahrensmuster für die Prüfung der Umweltverträglichkeit öffentlicher Maßnahmen.
[36] Grundsätze für die Prüfung der Umweltverträglichkeit öffentlicher Maßnahmen des Bundes, RdErl. vom 12.9.1975, U I 1 – 500 110/9.

Plänen seien die Beziehungen der fachlichen Ziele mit den umweltpolitischen Zielen zu ermitteln, Zielkonkurrenzen erforderten eine vertiefte Prüfung. Ob sie erheblich seien, lasse sich im einzelnen nur prüfen, wenn ermittelt werde, ob das Mindestniveau für die Umweltbelange gewährleistet werde. Auch sollten zur Ermittlung der Folgen unmittelbar umweltbeeinflußender Maßnahmen, aber auch zur Ermittlung von Tendenzauslösungen alle Teilaspekte der geplanten Maßnahmen daraufhin überprüft werden, ob sie prinzipiell über ihre Wirkungsketten bestimmte Umweltbereiche erheblich nachteilig beeinflussen könnten. Ein nicht erheblicher Nachteil für die Umwelt könne dann angenommen werden, wenn mit hinreichender Sicherheit nachhaltige Beeinträchtigungen für Gesundheit und Wohlbefinden des Menschen, für die natürlichen Lebensgrundlagen und für bedeutende Sachgüter auszuschließen seien.

Soweit hier auf Zielkonkurrenz und Tendenzauslösungen hingewiesen wird, umfaßt dieser Hinweis gleichzeitig eine Konsequenz der dem zugrundeliegenden Auffassung, daß mit Umweltschutzzielen konkurrierende sonstige politische und fachliche Ziele hinsichtlich ihrer Zielauswirkungen miteinander verglichen und gegeneinander abgewogen werden müssen. Diese Zielverknüpfungen ergeben Verknüpfungen zu sozialpolitischen Zielen, wie sie auf Faktoren der sozialen Umwelt bezogen sein müssen. Das ergibt sich ganz deutlich aus dem Übersichtsschema[37]: „Umwelt des Menschen (ökologische Aspekte)", das in dem nachfolgenden Schaubild wiedergegeben wird.

1.7.3 UVP – Konzept der Stadt Berlin

Die Stadt Berlin hat ebenfalls ein Prüfkonzept für die Umweltverträglichkeitsprüfung entwickelt. Die vom Senat 1978 beschlossene allgemeine Anweisung über die Prüfung der Umweltverträglichkeit von Maßnahmen der Berliner Verwaltung bringt zum Ausdruck, daß die öffentliche Hand durch ihre Maßnahmen in vielfältiger Weise unmittelbar oder mittelbar auf die Umwelt einwirke. Da der Umfang und die Schädlichkeit dieser Einwirkungen im voraus nicht immer ohne weiteres erkennbar wäre, soll es notwendig sein, schon im Frühstadium öffentlicher Fachplanungen mögliche schädliche Einwirkungen auf die Umwelt zu prüfen. Die Berliner Verwaltungsvorschrift soll nach ihrer Darstellung nicht nur in abstrakter Form die Durchführung einer Umweltverträglichkeitsprüfung vorschreiben, sondern der fachlich zuständigen und damit für die öffentlichen Maßnahmen ebenso, wie für die Umweltverträglichkeitsprüfung verantwortlichen Stelle eine möglichst konkrete Hilfestellung für die Durchführung der Prüfung bieten.

Anstelle eines Ablaufschemas, wie es im Falle der Regelung des Bundes vorgegeben ist, wird die Durchführung der UVP verbal umschrieben. Im einzelnen

---

[37] Verfahrensmuster für die Prüfung der Umweltverträglichkeit öffentlicher Maßnahmen.

Schaubild 3: Umwelt des Menschen nach dem UVP-Verfahrensmuster des Bundes

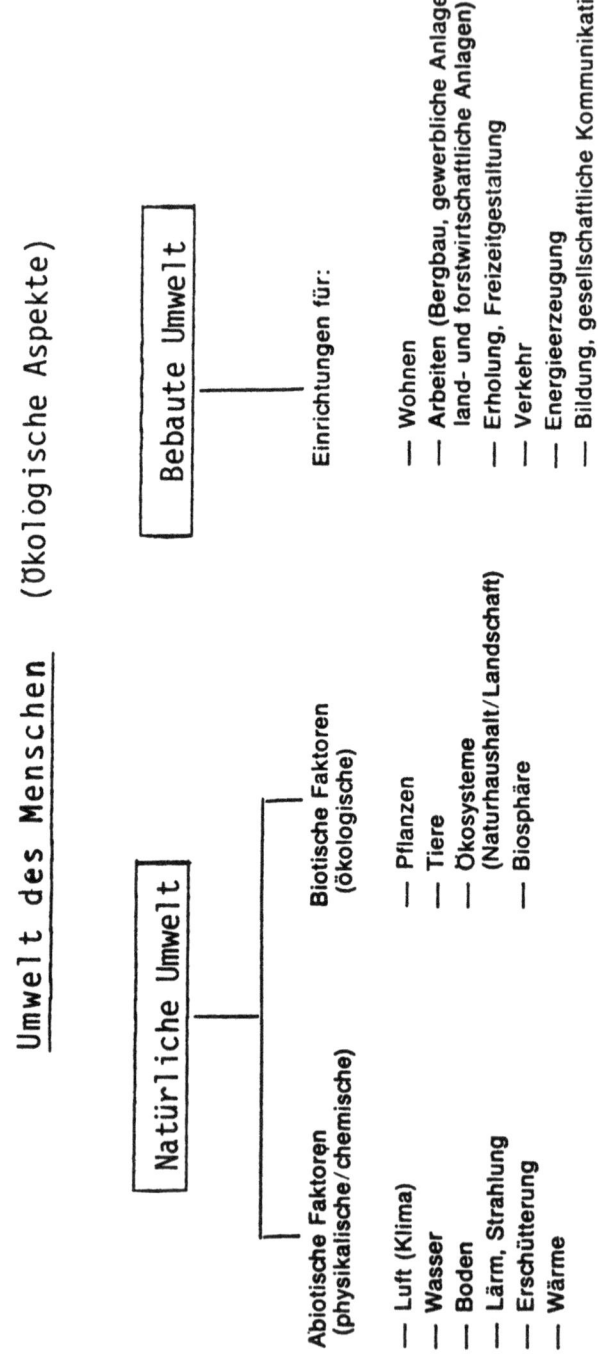

wird gesagt, daß die für die Durchführung der Maßnahme zuständigen Stellen so früh wie möglich zu prüfen haben, ob schädliche Umwelteinwirkungen ausgeschlossen oder welche Auswirkungen zu erwarten sind, wie sie zu bewerten sind und welche Abhilfe oder andere Lösungen möglich sind, um schädliche Umwelteinwirkungen zu vermeiden, auszugleichen oder zu mindern.

Die Umweltverträglichkeitsprüfung wird, wie weiter dargelegt wird, in den Entscheidungsprozeß einbezogen. Bei Maßnahmen, die die zuständigen Stellen häufig und mit im wesentlichen gleichen Einwirkungen auf die Umwelt durchführen, wird die Umweltverträglichkeit nur einmal in grundsätzlicher Weise geprüft. In diesem Falle ersetzt die Gesetzessprache die ablauforientiert prozeßhafte Darstellung. Das schließt freilich nicht aus, daß der Prüfungsablauf im einzelnen Falle dennoch schematisiert oder methodisch besser unterlegt wird.

1.7.4 Konzept der Umweltverträglichkeitsprüfung für Städte

Im Anschluß an die vorangegangenen Überlegungen wird für den Gebrauch in mittleren, größeren und großen Städten, Gemeinden und Kreisen ein Gliederungsschema der Umweltverträglichkeitsprüfung mit vier Phasen vorgeschlagen. Die Phasen der Umweltverträglichkeitsprüfung sind:

1. Darstellung des Projekts
2. Darstellung der Ziele und der Randbedingungen
3. Darstellung der sozialen Umweltverträglichkeit (Sozialverträglichkeit)
4. Prüfung der Umweltverträglichkeit

Die Übersicht über die Phasen-Arbeitsschritte ergibt sich aus dem nachfolgenden Schaubild[38].

Nachfolgend werden die vier Phasen-Arbeitsschritte kurz erläutert:

Schritt 1: Darstellung des Projekts

Der Arbeitsschritt faßt die Arbeitsschritte 0, 1, 2 und 3 des Verfahrensmuster für die Prüfungen der Umweltverträglichkeit öffentlicher Maßnahmen des Bundes zusammen. Die Straffung ist im Interesse der Handhabbarkeit im kommunalen Bereich geboten. Je nach Prüfungstiefe kann der Arbeitsschritt weiter ausdifferenziert werden.

---

[38] Vgl. Schaubild 4: Gliederungsschema der Umweltverträglichkeitsprüfung für Städte.

**Schaubild 4: Gliederungsschema
der Umweltverträglichkeitsprüfung für Städte**

1. Darstellung des Projekts	1.1 Schilderung u.Einordnung des Projekts in Planungsbereich/-ebene 1.2 Darstellung der Projektalternativen 1.3 Prüfung der Umwelterheblichkeit (Vorprüfung)
2. Darstellung der Ziele und der Randbedingungen	2.1 Einschlägige Zielaussagen zum Projekt in Gesetzen, Plänen, Programmen und sonstigen Vorgaben 2.2 Einschlägige Umweltziele 2.3 Schilderung der Randbedingungen in bezug auf die natürliche Umwelt, Belastung der natürlichen Umweltmedien: Luft, Wasser, Boden-Flora-Fauna, Landschaft
3. Darstellung der sozialen Umweltverträglichkeit (Sozialverträglichkeit)	3.1 Einschlägige Zielaussagen zur sozialen Umweltsituation in Programmen, Plänen und sonstigen Vorgaben 3.2 Schilderung der sozialen Randbedingungen im Einwirkungsbereich des Projekts 3.3 Darstellung der Änderung der sozialen Randbedingungen durch Projekt und Alternativen
4. Prüfung der Umweltverträglichkeit	4.1 Auswirkung des Projekts und von Projektalternativen auf die natürlichen Umweltrandbedingungen 4.2 Bewertung der Auswirkungen für jede Alternative 4.3 Vergleich und Bewertung der Auswirkungen auf die natürlichen und die sozialen Randbedingungen unter Berücksichtigung aller einschlägigen Zielaussagen 4.4 Dokumentation der Umweltverträglichkeitsprüfung

1.1. Schilderung und Einordnung des Projekts in den Planungsbereich-Ebenen

Im ersten Teil des Arbeitsschrittes erfolgt eine überschlägige Orientierungsanalyse, in der in einem einleitenden Überblick über die für die konkrete Aufgabe bedeutsame Gesamtsituation berichtet wird. Gleichzeitig erfolgt die Einordnung des Projekts in den zuständigen Planungsbereich und die zuständige Planungsebene.

1.2. Darstellung der Projektalternativen

Im Anschluß daran wird das Projekt selbst und seine möglichen Alternativen eingehend vor allem unter umweltrelevanten Gesichtspunkten geschildert. Hier wird ausgehend von dem sachlichen Handlungsspielraum aufgezeigt, welche alternativen Möglichkeiten des Handelns zur Verfügung stehen, um die konkrete Planungsaufgabe zu lösen.

1.3. Prüfung der Umwelterheblichkeit (Vorprüfung)

Nach der Schilderung der Projektalternativen erfolgt eine überschlägige Vorprüfung der Folgen der geplanten Maßnahme bezüglich der Umwelterheblichkeit. Zur Ermittlung dieser Folgen sind alle Teilaspekte der geplanten Maßnahme darauf hin zu überprüfen, ob sie prinzipiell über ihre Wirkungsketten die verschiedenen Umweltbereiche in erheblicher Weise nachteilig beeinflussen können. Ein nicht erheblicher Nachteil für die Umwelt kann angenommen werden, wenn mit hinreichender Sicherheit nachhaltige Beeinträchtigungen für Gesundheit und Wohlbefinden des Menschen, für die natürlichen Lebensgrundlagen und für bedeutende Sachgüter auszuschließen sind.

Dabei sind nacheinander die hauptsächlichen Kategorien — Medien — der Umwelt zu behandeln. Es sind Auswirkungen der Maßnahme auf folgende Umweltmedien darzustellen:

> Luft
> Boden
> Wasser
> Boden
> Natur/Landschaft
> Kommunikation und Freizeit
> Wohnungsumfeld
> Ansehnlichkeit des Wohngebiets

Die Vorprüfung kann nach der nachfolgenden Checkliste für die Vorprüfung durchgeführt werden[39].

Schritt 2: Darstellung der Ziele und der Randbedingungen

Im Arbeitsschritt 2 geht es um die Ziele und Randbedingungen der Maßnahme oder des Projekts, das sich in der Vorprüfung als umwelterheblich herausgestellt hat.

2.1. Einschlägige Zielaussagen zum Projekt in Gesetzen, Plänen, Programmen und sonstigen Vorgaben

Alle in Betracht kommenden Maßnahmen und Projekte haben einen mehr oder weniger konkreten Bezug zu Zielaussagen, wie sie in Gesetzen und Verordnungen, im kommunalen Bereich auch in örtlichen Satzungsnormen, enthalten sind und wie sie sich aus politischen Programmen der Bundesebene, der Landesebene oder der Kommune ergeben. Diese Vorgaben haben insbesondere

---
[39] Vgl. Schaubild 5: Checkliste für die Vorprüfung der Umwelterheblichkeit.

Schaubild 5: Checkliste für die Vorprüfung der Umwelterheblichkeit

LUFT/KLIMA

Hat die geplante Maßnahme Auswirkungen auf Luft und Klima (SO_2-Emmissionsmengen; Grobstaubemmissionsmengen; Nebelhäufigkeit)?

WASSER

Hat die Maßnahme Auswirkung auf die Qualität des Grund- und Oberflächenwassers (Gewässergüte)?

BODEN

Hat die geplante Maßnahme Einwirkungen auf die Qualität des Bodens (Bodenverbrauch; Boden-versiegelung durch Bebauung)?

NATUR / LANDSCHAFT

Hat die geplante Maßnahme Auswirkungen auf Natur und Landschaft, besteht insbesondere die Gefahr, daß die ökologische Gesamtsituation des Bereichs oder eines Teilbereiches verschlechtert oder gar ein einzelnes Ökosystem zerstört wird?

KOMMUNIKATION UND FREIZEIT

Hat die Maßnahme zur Folge, daß das soziale Umfeld des Bereichs in Bezug auf Kommunikation und Freizeit verschlechtert wird, führt sie insbesondere zu einer Verringerung der Grün-, Frei- und Erholungsflächen, Beeinträchtigung von Sport-, Spiel-und Badeanlagen?

WOHNUNGSUMFELD

Hat die Maßnahme zur Folge, daß die Qualität des Wohnungsumfeldes beeinträchtigt wird, wird insbesondere der Wohnwert des Bereichs und seine Anbindungen an Einrichtungen der INfrastruktur und der Versorgung mit Gütern und Diensten berührt?

ANSEHNLICHKEIT DES WOHNBEREICHS

Führt die Maßnahme zu einer Verringerung der Ansehnlichkeit des Wohnbereichs (Verschandelung) Werden insbesondere wichtige Orientierungs- und Identifikationspunkte des Wohnbereichs zerstört, beeinträchtigt, überbaut oder sonstwie berührt?

ENTSCHEIDUNGSREGEL:

Ergibt die Schilderung der Projektalternative - Maßnahme, daß keiner der sieben Bereiche berührt wird, führt die Umwelterheblichkeitsvorprüfung zu einem negativen Ergebnis, mit der Folge, daß auf die Umweltverträglichkeitsprüfung verzichtet werden kann.

dann Bedeutung für das Projekt und seine Alternativen, wenn sie in konkreter Form vorliegen oder wenn sie darüber hinaus quantifizierte Aussagen enthalten. Das wird allerdings nur in den seltensten Fällen so sein. Daher muß hier im allgemeinen eine sorgfältige Abwägung der in Frage kommenden Ziele stattfinden und, soweit es sich um die raumbezogene Planung handelt, auch der Aussagen in inhaltlich benachbarten Plänen und Programmen.

2.2. Einschlägige Umweltziele

Neben der Prüfung der fachbezogenen Vorhaben ist die Überprüfung der einschlägigen Umweltziele notwendig. Soweit eine konkrete Formulierung von Umweltzielen vorliegt, kann ohne Schwierigkeiten beurteilt werden, welche Teilziele für das Projekt und seine Alternativen relevant sind. Soweit Umweltziele in konkreter Form nicht verabschiedet sind, kann auf das weiter unten wiedergegebene Umweltzielspektrum zurückgegriffen werden. Dabei wird sich herausstellen, daß sich unterschiedliche Beziehungen zu den fachbezogenen Zielsetzungen ergeben können. Die Zielbeziehungen können komplementär, positiv beeinflussend, indifferent, ohne positive oder negative Beeinflussung oder auch konkurrierend sein.

2.3. Schilderungen der Randbedingungen in bezug auf die natürliche Umwelt

Von den einschlägigen Zielen des Projekts sind die Randbedingungen scharf zu scheiden. Diese stellen die konkreten Bezugspunkte in der kommunalen Wirklichkeit dar, zu denen das Projekt eine reale räumliche Beziehung gewinnt. Im einzelnen handelt es sich um diejenigen Objektbereiche der physischen und sozialen Umwelt, die in den unten folgenden Ausführungen mit Faktoren bezeichnet sind. Es geht also um den Luftzustand, den Geräuschzustand und das Bioklima, um den Zustand des Grundwassers und des Oberflächenwassers, den Bodenzustand und den Zustand der Biotope. Was die Bereiche der sozialen Umwelt anbelangt, geht es um die Faktoren Gebäudealter, Wohnungsgrößen und Ausstattung, Anzahl und Erreichbarkeit und Vielfalt des Waren- und Dienstleistungsangebots im Wohnquartier. In bezug auf die Kommunikationsstruktur geht es um Grünanlagen und Sporteinrichtungen, Wasserflächen und Badeeinrichtungen, Gemeinschaftshäuser und zugängliche Gemeinschaftseinrichtungen, Gaststätten, Restaurants und Clubs. Schließlich geht es im Bereich der Ansehnlichkeit um das Aussehen, die Vielfalt und Schönheit der Gebäude bzw. der Wohngegend, sowie um städtebaulich interessante Punkte, Gebäude und Baugebiete. Die Gliederung für die Schilderung der umweltbezogenen Randbedingungen in dem Einwirkungsbereich des Projekts ergibt sich aus dem nachfolgenden Schaubild[40].

---

40 Vgl. das Schaubild 6: Checkliste für die Schilderung der umweltbezogenen Randbedingungen.

Schritt 3: Darstellung der sozialen Umweltverträglichkeit

Beim Arbeitsschritt 3 geht es um die Überprüfung der Frage, inwieweit das Projekt und seine Alternativen die soziale Umweltsituation im Einwirkungsbereich der Maßnahme, des Planes und/oder des Projekts tangiert.

3.1. Einschlägige Zielaussagen zur sozialen Umweltsituation

Umweltprobleme beschränken sich nicht auf die natürliche Umwelt, sondern umfassen auch Gegenstandsbereiche der sozialen Wirklichkeit, wie weiter unten noch eingehend geschildert wird. Für die Umweltverträglichkeitsprüfung müssen die entsprechenden Zielaussagen geprüft werden.

Zur Orientierung in bezug auf Gesetze, Pläne und Programme bedarf es zunächst einer Analyse der einschlägigen normativen Vorgaben zur sozialen Umweltsituation, wie vorher zur natürlichen Umweltlage. Insoweit interessieren soziale Planungen der höheren Planungsebene und des kommunalen Systems auch sozialpolitische Programme und Vorschriften in Gesetzen und Verordnungen. Dazu gehören Aussagen über die Planung der sozialen Infrastruktur ebenso wie politische Programme zur Verbesserung der Situation sozialer Randgruppen oder auch andererseits Grundsätze zum Sozialplan in Sanierungsgebieten nach dem Städtebauförderungsgesetz. Die Abfolge der Prüfung kann aus der nachfolgenden Gliederung für die Durchführung der Sozialverträglichkeitsprüfung entnommen werden.

3.2. Schilderung der sozialen Randbedingungen im Einwirkungsbereich des Projekts

Im Anschluß an die Zielanalyse zur sozialen Umweltsituation sind die umweltrelevanten sozialen Randbedingungen im Einwirkungsbereich des Projekts zu prüfen. Hierzu gehört die Attraktivität des Planungsbereichs, das für den Planungsbereich relevante Kommunikationsangebot und die visuelle Ansehnlichkeit des Bereichs. Die Überprüfung kann der Gliederung für die Durchführung der Sozialverträglichkeitsprüfung entnommen werden, die in dem nachfolgenden Schaubild dargestellt ist[41].

3.3. Darstellung der Änderung der sozialen Randbedingungen

In einem weiteren Teilschritt ist danach zu überprüfen und zu dokumentieren, inwieweit die im einzelnen dargestellten sozialen Randbedingungen für das Projekt berührt, geändert oder auch verbessert werden. Ergibt sich dabei keine

---

[41] Vgl. Schaubild 7: Gliederung für die Durchführung der Sozialverträglichkeitsprüfung.

1.7. Die kommunale Umweltverträglichkeitsprüfung

Schaubild 6: Checkliste für die Schilderung der umweltbezogenen Randbedingungen

LUFT / KLIMA

2.3.1 Luftzustand

2.3.1.1 SO_2-Immission
2.3.1.2 CO_2-Immission
2.3.1.3 NO_x-Immission
2.3.1.4 Gróbstaubimmission

2.3.2 Geräuschzustand im Planungsbereich

2.3.2.1 Straßen- und Schienenverkehrslärm
2.3.2.2 Industrie-/Gewerbelärmimmission

2.3.3 Bioklima im Planungsbereich

2.3.3.1 Nebelhäufigkeit
2.3.3.2 Inversionshäufigkeit

WASSER

2.3.4 Grundwasserzustand im Planungsbereich

2.3.4.1 Gewässergüte
2.3.4.2 Höhe des Grundwasserspiegels

2.3.5 Oberflächenwasserzustand

2.3.5.1 Gewässergüte

BODEN

2.3.6 Bodenbeschaffenheit

2.3.6.1 Schadstoffanreicherung - Bodenverunreinigungen
2.3.6.2 Verbrauch und Versiegelung durch Bebauung

2.3.7 Abfallbelastung

2.3.7.1 Menge des Abfallaufkommens
2.3.7.2 Deponierung auf Hausmülldeponien

NATUR / LANDSCHAFT

2.3.8 Zustand der Biotope

2.3.8.1 Gebiets- und Flächenzerschneidung

negative Auswirkung auf die sozialen Randbedingungen, dann ist das Projekt für die soziale Umwelt verträglich.

Schritt 4: Prüfung der Umweltverträglichkeit

Der Arbeitsschritt 4 umfaßt die eigentliche Umweltverträglichkeitsprüfung im klassischen Sinne. Sie knüpft an die Schilderung der Randbedingungen in bezug auf die natürliche Umwelt, wie sie im Arbeitsschritt 2.3 geleistet worden ist, an und beginnt mit der Prognose der Entwicklung der Randbedingungen der natürlichen Umwelt, wie sie ohne den planerischen Eingriff zu erwarten ist.

Schaubild 7: Gliederung für die Durchführung der Sozialverträglichkeitsprüfung

3.1 Einschlägige Zielaussagen zur sozialen Umweltsituation	3.1.1 Zielaussagen zur Attraktivität des Planungsbereichs	
	3.1.2 Zielaussagen zu Kommunikation und Freizeit	
	3.1.3 Zielaussagen zur Ansehnlichdes Wohnbereichs	
3.2 Schilderung der sozialen Randbedingungen	3.2.1 Attraktivität des Planungsbereichs - quartiersbezogen -	3.2.1.1 Gebäudealter, Wohnungsgrößen und -ausstattung 3.2.1.2 Anzahl, Erreichbarkeit und Vielfalt des Waren- und Dienstleistungsangebots 3.2.1.3 Verkehrsverhältnisse im Wohnquartier
	3.2.2 Kommunikationsangebot im Planungsbereich - quartiersbezogen -	3.2.2.1 Grünanlagen und Sporteinrichtungen 3.2.2.2 Wasserflächen und Badeeinrichtungen 3.2.2.3 Gemeinschaftshäuser und zugängliche Gemeinschaftseinrichtungen 3.2.2.4 Gaststätten, Restaurants, Clubs 3.2.2.5 Verbands-, Vereinsleben und Sozialbeziehungen
	3.2.3 Ansehnlichkeit des Planungsbereichs	3.2.3.1 Aussehen (Gestaltung und Pflegezustand), Vielfalt und Schönheit der Gebäude bzw. der Wohngegend 3.2.3.2 Städtebaulich interessante Punkte, Gebäude, Baugebiete
3.3 Darstellung der Änderung der sozialen Randbedingungen	3.3.1 Einflüsse auf die Attraktivität des Planungsbereichs	3.3.1.1 Gebäudealter, Wohnungsgrößen und -ausstattung 3.3.1.2 Anzahl, Erreichbarkeit und Vielfalt des Waren- und Dienstleistungsangebots 3.3.1.3 Verkehrsverhältnisse im Wohnquartier
	3.3.2 Einflüsse auf das Kommunikationsangebot des Planungsbereichs	3.3.2.1 Grünanlagen und Sporteinrichtungen 3.3.2.2 Wasserflächen und Badeeinrichtungen 3.3.2.3 Gemeinschaftshäuser und zugängliche Gemeinschaftseinrichtungen 3.3.2.4 Gaststätten, Restaurants, Clubs 3.3.2.5 Verbands-, Vereinsleben und Sozialbeziehungen
	3.3.3 Einflüsse auf die Ansehnlichkeit des Planungsbereichs	3.3.3.1 Aussehen (Gestaltung und Pflegezustand), Vielfalt und Schönheit der Gebäude bzw. der Wohngegend 3.3.3.2 Städtebaulich interessante Punkte, Gebäude, Baugebiete

1.7. Die kommunale Umweltverträglichkeitsprüfung

4.1. Auswirkungen des Projekts und von Projektalternativen auf die natürlichen Umweltrandbedingungen

Im Arbeitsschritt 4.1 muß die Auswirkung des Projekts und seiner Alternativen auf die natürlichen Umweltrandbedingungen zur Darstellung gelangen. Nach Möglichkeit soll dabei für jeden einzelnen Faktor die künftige Änderung der Umweltsituation infolge der geplanten Maßnahmen gekennzeichnet werden. Das setzt eine Aussage der Entwicklung jedes einzelnen Faktors unter Berücksichtigung der geplanten Maßnahme voraus. Damit ergibt sich dann eine Gegenüberstellung des Umweltzustands ohne Durchführung des Projekts und mit Durchführung des Projekts und seiner Alternativen.

4.2. Bewertung der Auswirkungen für jede Alternative

In einem weiteren Arbeitsschritt sind die Auswirkungen der Alternativen auf die einzelnen Umweltfaktoren zu bewerten. In einer ersten Anforderungsstufe kann diese Bewertung verbal erfolgen, indem ausführlich dargetan und begründet wird, für wie schwerwiegend die Beeinträchtigung einzelner Umweltfaktoren gehalten wird. Stellt man höhere methodische Anforderungen an den Arbeitsschritt, so sollte die Bewertung mit Hilfe eines numerischen Analyseverfahrens erfolgen, möglicherweise mit Hilfe der Nutzwertanalyse.

4.3. Vergleich und Bewertung der Auswirkungen auf die natürlichen und die sozialen Randbedingungen

In einem weiteren Arbeitsschritt muß geschildert werden, wie die Auswirkungen des Projekts und seiner Alternativen auf die natürlichen und die sozialen Randbedingungen wechselseitig beurteilt werden. Dabei kann sich ergeben, daß Projekte, die zur Umweltverbesserung eingeführt werden, so wenig sozialverträglich sind, daß sie bei der hier geforderten Gesamtbewertung keinen verbessernden Effekt für die Umweltqualität haben. In einem solchen Falle muß die Maßnahme unterbleiben.

4.4. Dokumentation der Umweltverträglichkeitsprüfung

Die Durchführung der gesamten Umweltverträglichkeitsprüfung muß in geeigneter Form dokumentiert werden. Hierzu eignen sich die teilweise exemplarisch dargestellten Übersichtsschemata und Checklisten.

Damit ist der Ablauf der kommunalen Umweltverträglichkeitsprüfung kurz und überschlägig dargestellt und die mögliche Durchführung anhand einiger beispielhaften Checklisten erläutert. Das sind Überlegungen zum Gesamtrahmen. Sie müssen für die konkrete Anwendung in der jeweiligen Stadt ergänzt und modifiziert werden.

1.8 Zusammenfassung

Die kommunale Aufgaben- und Organisationsstruktur bereitet für die alle Sachbereiche umfassende integrierte örtliche Umweltschutzplanung ähnliche Schwierigkeiten wie für die integrierte Stadtentwicklungsplanung. Aus den Erfahrungen der Praxis ist erkennbar, daß die Bereitschaft der Dezernate und/ oder Abteilungen der Kommunalverwaltungen, gemeinsam dezernatsübergreifende Planungsprobleme in Angriff zu nehmen und durchzuführen, gering ist. Hindernisse bilden die Nebenfolge, dabei Zuständigkeiten abgeben zu müssen und sich Kooperationserfordernissen unterwerfen zu müssen, die in der Realität der Kommunalpolitik große Schwierigkeiten machen und teilweise nicht möglich sind. Da auf eine grundlegende Änderung der Kommunalverfassungen in den Bundesländern, die solche Mängel ausräumen könnte, vorerst nicht zu rechnen ist, wird eine systemangepaßte Umweltorganisation empfohlen. Die optimale Möglichkeit, umweltrelevante Aufgaben weitgehend zu bündeln, bietet ein Umweltdezernat als selbständige Organisationseinheit. Bei dieser Organisationseinheit können alle Zuständigkeiten angelagert werden, die zur Zeit auf die diversen Ämter der Kommunalverwaltung, das Planungsamt, das Gartenamt bis hin zum Ordnungsamt verstreut sind. Darüber hinaus sollte das Umweltdezernat die Aufgabe erhalten, jährlich Umweltschutzplanungen zu fertigen.

Neben der Einrichtung dieser Organisationseinheit in der kommunalen Verwaltung ist die Bildung eines entscheidungsbefugten kommunalen Fachausschusses für Umweltschutz erforderlich, soweit dies nicht bereits geschehen ist. Dem Fachausschuß obliegt die Leitung und inhaltliche Bestimmung der örtlichen Umweltschutzplanung, die in einem jährlich zu wiederholenden Durchlauf stets bis zu den kommunalen Etatberatungen auf den neuesten Stand zu bringen ist. Nach den Vorbereitungen der Verwaltungsorgane und mit dem jeweiligen Einzelfall angepaßten methodischen Hilfsmitteln soll der Fachausschuß insbesondere die örtlichen kommunalen Umweltschutzziele bestimmen, konkretisieren und versuchen, sie in konkrete Maßnahmeaussagen umzusetzen.

Zur weiteren Koordination der umweltrelevanten Tätigkeiten, soweit sie nicht dem Umweltdezernat obliegen, wird eine Koordinationsgruppe der Verwaltung eingerichtet, die Entscheidungen und Planungen für die Bereiche der physischen und sozialen Umwelt initiiert und steuert. Ein wichtiges Instrument der Umweltplanung ist die kommunale Umweltverträglichkeitsprüfung, die in allen Städten, Gemeinden und Kreisen durch Beschluß des kommunalen Verrtretungsorgans verbindlich festgelegt werden sollte.

Die Umweltverträglichkeitsprüfung (UVP) sollte in vier Phasen gegliedert werden: Die Darstellung des Projekts, die Darstellung der Ziele und der Randbedingungen für das Projekt, die Darstellung der sozialen Umweltverträglichkeit und die Prüfung der Umweltverträglichkeit in bezug auf die natürliche Umwelt.

1.8. Zusammenfassung

Grundsätzlich gilt die Umweltverträglichkeitsprüfung für alle wesentlichen Maßnahmen, Planungen und Projekte der Verwaltung. Sie kann nur dann entfallen, wenn Umwelteinwirkungen offensichtlich nicht in Frage kommen, wie zum Beispiel bei der Beschlußfassung über organisatorische Maßnahmen – Einrichtung eines neuen Amtes. Im übrigen muß jeweils die planende Stelle der Verwaltung oder auch der planende Ausschuß des Rates eine Umweltverträglichkeitsprüfung durchführen und nachweisen, wenn er eine neue Initiative, die Umweltbelange berühren könnten, anbringt. Ergibt die Umwelterheblichkeitsprüfung, also die Vorprüfung der Umweltverträglichkeit, daß Umweltbelange tangiert sind, so muß das Dezernat für Umweltangelegenheiten und der Fachausschuß für Umwelt mit der Frage befaßt werden. Im Vorfeld der Behandlung des Umweltproblems im Fachausschuß für Umwelt empfiehlt sich die Einschaltung des Beirats für Umweltfragen und der Koordinierungsgruppe Umwelt.

Die umweltgerechte Organisation der Kommunalverwaltung nach dem UVP-Organisationsmodell und die Einführung des Instruments der kommunalen UVP führen mittel- und langfristig zu einer Verbesserung der Umweltsituation im örtlichen Bereich.

2. Analyse- und Bewertungsansätze für kommunale Umweltbelastungen

2.1 Belastungsmodelle

Die langfristig geplante Stabilisierung und Verbesserung der Umweltqualität erfordert neue methodische Ansätze[1]. Sie müssen die synoptische Beurteilung des Umweltzustandes eines abgegrenzten räumlichen Bereichs leisten können und darauf aufbauend die ganzheitliche Einschätzung der Umweltverträglichkeit von Maßnahmen und Projekten.

Für alle Ansätze, die eine synoptische Beurteilung der Umweltsituation erlauben, spricht, daß sie die notwendige Voraussetzung einer kommunalen Umweltpolitik sind, die der Erwähnung wert ist. Wenn die Gewichtigkeit des Umweltschutzes und seine angemessene Berücksichtigung Thema der Kommunalpolitik werden soll, wenn denkbare Alternativen der Umweltpolitik und potentielle ökonomische und soziale Wirkungen in stärkerem Maße als bisher zum Objekt öffentlicher und demokratischer Auseinandersetzungen aller betroffenen gesellschaftlichen Gruppen werden sollen[2], bedarf es dazu, neben neuen politischen Inhalten und einer veränderten Einstellung aller Beteiligten, systematischer Methoden.

Eine bedeutende Rolle bei der Diskussion geeigneter Methoden spielen Ansätze der Kosten-Nutzen-Analyse, die, wenn man so will, den wirtschaftswissenschaftlichen Beitrag zur Umweltbelastungsmessung repräsentieren[3]. Die Regionalplanung nähert sich dem Problem der Belastungsmessung mit dem Instrument der ökologischen Wirkungsanalyse[4]. Die Verwaltungs- und Sozialwissenschaften bevorzugen den Einsatz von Sozialindikatorenmodellen. Modelle dieser Art zur synoptischen Beurteilung der Umweltbelastung sollen als Umweltindikatorenmodelle[5] bezeichnet werden.

In allen Fällen geht es um Methoden und Modelle, die nicht nur eine einzelne Belastungserscheinung alleine oder eine kleine Gruppe von ihnen, wie

---

[1] Menke-Glückert, Langfristplanung.
[2] Ewringmann und Zimmermann, Umweltpolitische Interessenanalyse, S. 66 ff.
[3] Vgl. Jarre, Umweltbelastungen.
[4] Vgl. schon Kiemstedt, Bewertung der Landschaft.
[5] Vgl. Bückmann und Terlinden, Umweltindikatorenmodelle.

etwa die Belastung der Luft durch Chemikalien, analysieren können, sondern die komplexe Belastungssituation insgesamt.

2.2 Nutzen-Analysen

Die Kosten-Nutzen-Analyse gehört zu den systemtechnischen Methoden, die in der öffentlichen Verwaltung einen hohen Bekanntheitsgrad erreicht haben, einerseits wegen des Gewichts der Wirtschaftswissenschaften und ihrer Methoden als Hilfsdisziplin für die Verwaltungspraxis, andererseits wegen ihrer Bedeutung in der Verwaltung der Vereinigten Staaten und der nachfolgenden Übertragung auf die deutschen Verhältnisse. So ließ die Kommission für wirtschaftlichen und sozialen Wandel diese Methode auf ihre Anwendbarkeit zur Analyse von Umweltbelastungen untersuchen[6]. Sozial- und verwaltungswissenschaftliche Untersuchungen waren allerdings schon früher zu dem Ergebnis gelangt, daß die Kosten-Nutzen-Analyse für Problemstellungen der öffentlichen Verwaltung nur begrenzt einsetzbar sind, insbesondere auch für die Stadtentwicklungsplanung[7]. Die Kosten-Nutzen-Analyse basiert auf wohlfahrtsökonomischen Theorie-Ansätzen und wird als spezielle Wohlfahrtsökonomik betrachtet[8]. Orientierungspunkte sind der Markt und Marktpreise und, soweit solche nicht ableitbar sind, Schattenpreise. Inzwischen ist die Erkenntnis durchgedrungen, daß der Markt und seine Effizienzkriterien nicht der Maßstab für öffentliche Entscheidungen sein können. Zudem liegt der Methode im allgemeinen ein starres Zielsystem ökonomischer Prägung zugrunde. Die ökonomische Effizienz ist das Leitziel der Beurteilung alternativer Aspekte. Hinzu kommt die kaum überwindbare Schwierigkeit, die sogenannten Opportunitätskosten zu erfassen und der nicht vertretbare Rückgriff auf Markt- und Schattenpreise, insbesondere, soweit es sich um Faktoren der sozialen Umwelt handelt[9]. Die Methode ist nach alledem für heutige Verhältnisse nicht mehr problemadäquat. In der politisch-administrativen Planung der Gegenwart kommt es nicht mehr allein auf ökonomische Ziele, Kriterien und darauf abgestellte Problemlösungsmethoden an[10].

Das kosten-nutzen-analytische Modell der Umweltbelastung, das darauf angelegt werden sollte, vornehmlich schichtenspezifische Gesichtspunkte, die Verteilung von Umweltbelastungen auf soziale Schichten, zu untersuchen, hatte

---

6 Jarre, Umweltbelastungen.
7 Sellnow, Kosten-Nutzen-Analyse.
8 Jochimsen, Wohlstandsökonomik, insbes. S. 99 ff.
9 Zur Problematik der Kosten-Nutzen-Analyse wird im übrigen verwiesen auf: Sellnow, Kosten-Nutzen-Analyse, und die dort verwendete Literatur. Vgl. auch Self, Hochtrabender Unsinn, S. 461 ff.
10 Vgl. auch Hübler, Grenzen des Landschaftsverbrauchs, der darauf hinweist, daß ökologischer Nutzen monetär nicht quantifiziert werden kann.

somit modellimmanente Restriktionen, die zu negativen Ergebnissen führen mußten. Gleichwohl werden die Verteilungseffekte von Umweltbelastungen mit Techniken der monetären Bewertung eingehend diskutiert[11]. Im Ergebnis ist der Vermögenswertansatz nicht geeignet, alle Umweltbeeinträchtigungen, denen die Wirtschaftssubjekte ausgesetzt sind, zu reflektieren. Das gilt erst recht für immaterielle Umweltschäden. Der Versuch einer Umrechnung realer Schäden in monetäre Größen als Basis für Aussagen über die Verteilung realer Schadenspositionen trägt nicht dem Umstand Rechnung, daß die errechneten monetären Größen und damit gleichzeitig die Ergebnisse der Verteilungsanalyse unter der Einschränkung der ohnehin bestehenden Einkommens- und Vermögensverhältnisse zu ermitteln sind[12].

Als Weiterentwicklung kosten-nutzen-analytischer Modelle sind kosten-wirksamkeitsanalytische oder nutzwertanalytische Modelle[13] zu betrachten, die bereits in die Diskussion um Methoden der Umweltplanung gelangt sind[14]. Die Nutzwertanalyse verzichtet auf die monetäre Bewertung der Alternativen, sondern verwendet normative Kriterien, die zur Beurteilung herangezogen werden sollen. Damit besteht die Möglichkeit der Voranstellung eines multidimensionalen Zielspektrums. Ein Vorteil dieses Ansatzes besteht darin, bei genügender Operationalität den Nutzen von Maßnahmen oder Maßnahmealternativen durch die jeweiligen Zielerreichungsgrade bestimmen zu können. Dabei liegen die subjektiven Werturteile der Bewertenden weitgehender offen, als bei der Kosten-Nutzen-Analyse. Dafür treten jedoch eine Reihe neuer ungelöster Probleme zutage, die an der Tragfähigkeit des Ansatzes einige Zweifel aufkommen lassen[15]. Der Versuch, eine objektive Wertstruktur widerzuspiegeln, sie subjektiv innerhalb der Verfahrensregeln sogar konsensfähig werden zu lassen, läßt sich theoretisch nicht rechtfertigen[16]. Ein Beispiel für den nutzwertanalytischen Ansatz in der Umweltplanung ist eine Studie von Dornier[17], die sich an einer heuristisch-pragmatischen Verfahrensweise orientieren und der speziellen Aufgabenstellung der Raumplanung angepaßt sein möchte. Der Ansatz erhebt den Anspruch, eine systematisierte Bestandsaufnahme der Umweltprobleme, eine fundierte Vorauswahl geeigneter Standorte und Flächen, eine vergleichende Bewertung alternativer Vorhaben und Standorte und eine Abschätzung der ökologischen Folgen geplanter Maßnahmen zu ermöglichen. Die Dornier-Methode kann das jedoch schon deswegen nicht einlösen, weil das der Nutzwertanalyse zu-

---

[11] Zu verschiedenen Ansätzen kosten-analytischer Erwägungen zum Umweltschutz vgl. ECE, The Benefit-Cost Analysis of Environmental Pollution, S. 169 ff.
[12] Jarre, Umweltbelastungen.
[13] Zangemeister, Nutzwertanalyse.
[14] Draub, Möglichkeiten.
[15] Sellnow, Kosten-Nutzen-Analyse, S. 122 ff.
[16] Huber, Bedeutung von Prognosemodellen, S. 79 ff.
[17] Dornier System-GmbH, Handbuch zur ökologischen Planung, Umweltforschungsplan des Bundesministers des Innern.

grundegelegte Kategoriensystem in sich unschlüssig ist und deswegen zu falschen Ergebnissen führen dürfte.

2.3 Ökologische Wirkungsanalysen

Die Landschaftsplanung hat Methoden der ökologischen Eignungsbewertung einzelner oder mehrfaktorieller Nutzungen entwickelt. Für den hier interessierenden Aspekt der Beurteilung von Maßnahmen in bezug auf den globalen Umweltzustand steht die ökologische Wirkungsanalyse zur Diskussion. Ökologische Planung solcher Art ist querschnittsorientiert, weil sie mehrere Verwaltungszuständigkeitsbereiche berührende Fragestellungen im Rahmen der räumlichen Gesamtplanung abdeckt[18].

Ökologie als die Wissenschaft, deren Aufgabe die Untersuchung der naturgesetzlich faßbaren Wechselwirkungen zwischen lebendigen Systemen und deren Außenwelt ist[19], bemüht sich um die Aufklärung der Belastbarkeit von Ökosystemen als grundlegende Voraussetzung für eine die Umwelt berücksichtigende Planung. Ökosysteme sind systemische Wirkungsgefüge aus biotischen und abiotischen Elementen mit der Fähigkeit der Selbstregulation[20]. Die Ökosystemforschung hat die Aufgabe, die Grenzen der Belastbarkeit wichtiger Ökosysteme synoptisch darzustellen. Dazu wird es für erforderlich gehalten, das Funktionieren der Ökosysteme gründlicher aufzuklären und nach Möglichkeit ihr Verhalten rechnerisch zu simulieren, um ökologisch optimale Planungslösungen aufzuzeigen[21].

Die ökologische Wirkungsanalyse bildet den methodischen Rahmen für die räumlich differenzierte Quantifizierung von Beeinträchtigungen natürlicher Ressourcen durch menschliche Aktivitäten. Zentrales Problem ist die Aggregation einzelner Indikatoren zu einem Gesamturteil über die Intensität potentieller Beeinträchtigungen[22].

Nach dem heutigen Stand der Erkenntnisse ist die Ökologie noch weit davon entfernt, Resultate solcher Art, etwa für urbane Agglomerationsräume, zu liefern[23]. Hinzu kommt, daß die Frage der Belastbarkeit von der theoretischen Ökologie alleine nicht zu lösen ist. Die Belastbarkeit von Ökosystemen ist vielmehr auch von sozialen und ökonomischen Faktoren abhängig, die in ihrem Zusammenwirken von nicht überschaubarer Komplexität sind und exakte Aus-

---

18 Der Rat der Sachverständigen für Umweltfragen, Umweltgutachten 1974, S. 224 ff.
19 Vgl. Schmithüsen, Geosynergetik.
20 Vgl. Ellenberg, Ökosysteme der Erde.
21 Deutsche Forschungsgemeinschaft, Beiträge zur Umweltforschung, S. 132 ff.
22 Bachfischer und David, ökologische Risikoanalyse, S. 234 ff.
23 Müller, Belastbarkeit.

sagen erschweren, ebenso aber auch plausible Darstellungen als Planungshilfen für alle Ebenen der Entwicklungsplanung bis hin zur Bebauungsplanung[24].

Die ökologische Wirkungsanalyse ist immerhin ein besserer Ansatzpunkt als die ökonomische Kosten-Nutzen-Analyse. Aber auch dieser Ansatz ist zu monodisziplinär. Er ist zu sehr einer einzelnen Fachdisziplin verhaftet. Darüber hinaus wird die erforderliche Zieldiskussion und Schwellenwertfestlegung bezüglich der wünschenswerten Landschaft vermißt[25].

2.4 Sozialindikatorenansätze

Von den Sozialwissenschaften intendiert sind Sozialindikatorenansätze zur Lösung genereller Umweltplanungsprobleme. Die theoretische Diskussion um die Aussagefähigkeit von Indikatorenkonzepten ist allerdings kontrovers.

Die Befürworter dieser Ansätze vertreten die Auffassung, Indikatorenmodelle eigneten sich für Simulationsverfahren, es könnten verschiedene Maßnahmekombinationen im experimentellen Rahmen auch mit Hilfe von EDV-Anlagen durchgespielt werden[26]. Indikatorenmodelle gestatteten die Evaluierung von politischen Programmen und Maßnahmen; es sei möglich, auf diese Weise zu prüfen, ob Maßnahmen die gewünschte Wirkung hätten. Die grafische Veranschaulichung von Indikatorenmodellen gestatte eine überschaubare Darstellung komplexer Kausalbeziehungen zwischen Maßnahmen, Zielen, Zwischenzielen und Nebenwirkungen. Dies erleichtere die Diskussion über politische Sachverhalte und könne zu einer Erhöhung der Rationalität der Diskussion über geplante Maßnahmen führen. Die Übertragbarkeit solcher Argumentationsketten auf die Umweltplanung liegt auf der Hand.

Allerdings gibt es in den Sozialwissenschaften auch eine verbreitete Gegenposition. Sie argumentiert, das Konzept der rationalen Planung mit Hilfe von Indikatoren meine zu unrecht, daß eine eindeutige Ausrichtung von Maßnahmen auf angestrebte Ziele möglich sei. Tatsächlich werde niemals die ganze Zielsituation in einzelnen Theorien erfaßt, sondern nur ein Ausschnitt, so daß sich Nebenwirkungen ergeben könnten, die nicht mit den Indikatoren, die den betreffenden sozialen Bereich beschreiben, erfaßbar seien.

Die Bereicherung der Umweltplanung mit Hilfe von Sozialindikatoren im Sinne der Ausgangsfragestellung könnte darin liegen, daß soziale Dimensionen in operationalisierter Form die bisher weitgehend technisch-physikalisch und chemisch orientierten Umweltkategorien ergänzen, erweitern oder kompensie-

---
[24] Kaule, Ökologische Aspekte.
[25] Vgl. Hübler, Grenzen des Landschaftsverbrauchs.
[26] Die folgenden Ausführungen folgen dem folgenden Beitrag des Verfassers: Bückmann, Politik, Planung und Indikatoren, S. 1002 ff.

ren. Auch können sie sozialstrukturelle Differenzierungen in die Umweltbeurteilung und Umweltplanung einführen, die zur Zeit von Gesamtbevölkerungsstandards ausgeht.

Die Diskussion über die Verwendbarkeit von sozialen Indikatoren ist dadurch unfruchtbar geworden, daß bei der Wahl von Sozialindikatorenansätzen als Ausgangspunkt für einen Rationalisierungsdiskussion zu unrecht lediglich der instrumentelle Aspekt in den Vordergrund gerückt wurde. Zu wenig ins Blickfeld gerückt wurden die inhaltlichen Aspekte, die sozialrelevanten Erkenntnisgewinne, die beim Einsatz von Sozialindikatoren erwartet werden können. Allerdings sind Sozialindikatoren nicht isoliert, sondern nur im Kontext mit einem theoretischen Rahmenkonstrukt, einem systemischen Modell, einem Zielsystem und einer transformationsfähigen Praxis — das war das oben behandelte organisationstheoretische Problem — diskutabel.

Unter diesen Voraussetzungen wird der Einsatz von indikatorisierten Modellen für die kommunale Umweltplanung befürwortet, weil mit Hilfe dieses Ansatzes Umweltprobleme am besten im Zusammenhang mit Parallelproblemen angegangen werden können. Der Indikatorenansatz in der Umweltplanung ist im Gegensatz zur Kosten-Nutzen-Analyse nicht auf eine enge ökonomische Sichtweise der Problematik oder eine normative Sichtweise, wie bei der Nutzwertanalyse eingeengt. Er ist auch weiter, als die ökologische Wirkungsanalyse, weil er sie umfassen und die soziale Dimension mit einbeziehen kann. Indikatorenansatz wird dabei verstanden als indikatorisiertes systemisches Modell, das sich vom Nutzwertanalysemodell, das auch indikatorisiert sein kann, durch seine modellistische Geschlossenheit unterscheidet. Das schließt nicht aus, daß die Nutzwert-Analyse im Rahmen der Modellkonstruktion für Bewertungsprobleme eingesetzt werden kann.

Ein umfassendes systemisches Indikatorenmodell ist das integrierte sozioökonomisch-ökologische Gesamtmodell der Projektgruppe Thoss[27]. Dem Modell geht es um die Abbildung von Stretegien einer umweltunschädlichen Gestaltung des Wachstumsprozesses. Es maximiert Indikatoren der wirtschaftlichen Aktivität unter der Nebenbedingung, daß die Umwelt nicht über ein vertretbares Maß hinaus beeinträchtigt wird. Das Thoss-Modell repräsentiert einen umfassenden Ansatz, wie er für die globale Umweltplanung unerläßlich ist. Es hat jedoch eine andere Fragestellung als das hier beschriebene Modell.

Ein auf der gleichen theoretischen Basis beruhender Ansatz ist das MAB-Modell, das zum Ziel hat, das komplexe Zusammenwirken und die gegenseitige Beeinflussung der Elemente des sozio-ökonomischen Systems und des Umweltsystems überschaubar zu machen. Es geht um ein Hilfsmittel, das es dem Planer erlauben soll, einen Lebensraum als biokybernetisches System zu verstehen und

---

[27] Thoss und Brasse, Umweltbilanzen.

daraus Entscheidungshilfen zu gewinnen[28]. Die damit umrissene Fragestellung steuert schon deutlicher in die Richtung des Erkenntnisinteresses dieser Studie. Sie geht jedoch von globaleren Modellvariablen aus und ist für größere Agglomerationen angelegt.

Nachstehend folgen einige theoretische Bemerkungen zum Verständnis des vorgestellten Ansatzes.

2.5 Exkurs: Zum Begriffsrahmen des Umweltverträglichkeitsmodells

2.5.1 Informationsprozeß

Zum besseren Verständnis des UVP-Modells sollen nachstehend die wichtigsten Begriffe des theoretischen Bezugsrahmens erläutert werden[29]. Bei der Problematik der umfassenden Umweltplanung geht es um die Analyse der uns umgebenden Wirklichkeit, der Realität. Diese Realität wird verstanden als die objektiv sich darstellende Welt der Gegebenheiten und Zustände[30]. Das ist die natürliche Landschaft oder die bebaute Fläche, das ist auch das soziale Gefüge, bestehend aus Individuen und sozialen Gruppen oder aus Einwohnern der Kommune nach der Sprache der Verwaltung.

Zum Zwecke der wissenschaftlichen Erkenntnis über die Realität wird sie in Bestandteile, in Merkmale oder Elemente, zerlegt, es werden ihr in kleinste Bestandteile aufgespaltene Angaben über Objekte und Ereignisse entnommen. Solche Angaben sind Daten. Das Datum ist die Abbildung von Elementen der Realität in der Form von Zeichen[31]. Sie bilden das Grundmaterial der Informationstätigkeit[32]. Informationen sind solche Daten, die eine Beziehung zum Empfänger haben, die ihn informieren und seinen Wissensstand erhöhen. Sie sind eine durch theoretische Anschauung geordnete Zusammenstellung von Angaben über die Realität. Daten haben nicht eine solche Zielrichtung, sie sind lediglich Atome der Realität. Sind sie mit systematischen Methoden transformiert in ordnende und/oder wertende Sinnzusammenhänge, werden aus ihnen Informationen. Ein Transformationsmedium sind Indikatoren.

Der daran anknüpfende pragmatische Informationsbegriff stellt eine Verbindung zwischen Informationssender und Informationsempfänger her, stellt also

---

[28] Vester, Entwicklung eines Sensitivitätsmodells, S. 45 ff.
[29] Zweck ist die Vermeidung begrifflicher Mißverständnisse.
[30] Popper, Objektive Erkenntnis. Hier muß eine für das Allgemeinverständnis erschließbare Kurzdefinition ausreichen. Auf die wissenschaftstheoretische Diskussion soll nicht eingegangen werden.
[31] Vgl. Kritz, Statistik, S. 26 ff.
[32] Das Informationsbankensystem; Bericht der interministeriellen Arbeitsgruppe beim Bundesministerium des Innern an die Bundesregierung, Band 1, S. 7.

ab auf die Beziehung eines Zeichens zum Benutzer. Dieser Informationsbegriff berücksichtigt sozio-psychologische Faktoren, durch die sich ein Kommunikationsereignis von einem anderen unterscheidet und untersucht die jeweilige Absicht des Benutzers, die praktischen Ergebnisse und den Wert des Zeichens für den Benutzer[33].

Ein anderer Interpretationsversuch der Information stellt auf die Wirkung der Information ab. Informationen wirken auf gesellschaftliche Systeme ein, indem sie entweder Ungewißheit über die Realität reduzieren oder über systeminterne Lernvorgänge das Verhalten des Systems beeinflussen[34]. Die Information ist danach das Datum, das nach erfolgter Übermittlung eine Veränderung des Empfängersystems herbeiführt[35]. Damit ergibt sich, daß Informationen ein verbindendes Element darstellen zwischen der Realität und dem die Realität erklärenden Menschen oder dem Planer, dem Politiker oder dem planenden System. Es bleibt festzuhalten, daß Informationen Daten sind, die im Rahmen eines theoretischen Erklärungszusammenhangs (möglicherweise mittels eines Indikatorensystems) systematisiert und interpretiert werden und geeignet sind, bestehende Unsicherheit oder Ungewißheit über die Realität zu vermindern.

Der Zusammenhang von Planung und Information ist darin zu sehen, daß Informationen die Aufschlüsse und auch die Rückkopplung leisten, die zur Planung oder zur Steuerung von Systemen notwendig sind. Sie ermöglichen unter anderem den Vergleich zwischen dem angestrebten und erreichten Zustand und sind die entscheidenden Medien bei partiellen und globalen Planungs- und Regelungsprozessen[36]. Im Prozeß der Informationsgewinnung ist es von Bedeutung, was gemessen werden soll und von welchen Objekten Informationen abgeleitet werden sollen. Insoweit geht es um Meßgrößen, die festlegen, welche Daten verwendet werden sollen und welche Auswahlkriterien bei ihrer Erhebung anzuwenden sind.

2.5.2 Begriff des Indikators

Das führt zum Indikator, speziell zum Sozialindikator. Mit Sozialindikatoren sind solche Indikatoren bezeichnet, die der Messung sozialer Problembereiche dienen. Sie sollen gesellschaftliche Verhältnisse manifest und transparent machen. Es sollen Phänomene aus dem gesellschaftlichen Bereich angezeigt werden.

---

[33] Naschold, Systemsteuerung, S. 17.
[34] Naschold, Systemsteuerung, S. 19.
[35] Haak, Computergestützte Informationssysteme, S. 8.
[36] Vgl. im übrigen zu den hier zugrunde liegenden informationstheoretischen, kybernetischen und kommunalwissenschaftlichen Ansätzen: Maiminas, Planungsprozesse; Wille, Planung und Information; Wersig, Information.

Der Begriff Sozialindikator wird uneinheitlich verwendet[37]. Sozialindikatoren werden als gerichtete Größen zwischen einem positiven und einem negativen Pol bezeichnet[38], als Hilfsmittel zur Messung der gesellschaftlichen Wohlfahrt[39] oder als das empirische Äquivalent einer bestimmten Merkmaldimension eines Objekts[40]. Eine andere Meinung definiert soziale Indikatoren als quantifizierte gesellschaftliche Information, die für Zwecke der öffentlichen Diskussion, der wissenschaftlichen Analyse und der politischen Systemsteuerung gewonnen werden[41].

Allerdings muß die zusätzliche Begriffskomponente „sozial" dahin verstanden werden, daß der Indikator sich auf Bereiche der Realität bezieht, die den Zustand des sozialen Systems betreffen, auf Fragen, die für eine gestaltende Sozialpolitik relevant sind[42]. Danach wird der Sozialindikator definiert als: eindeutig bestimmbare Meßgröße, nach der im Zusammenhang eines theoretischen Erklärungsansatzes Daten erhoben und Tatbestände der gesellschaftlichen Realität dargestellt werden sollen.

Der Umweltindikator unterscheidet sich vom Sozialindikator durch seinen Kontext. Er kann mit einem Sozialindikator identisch sein, jedoch sind die Aussagen, die er im Zusammenhang mit anderen Indikatoren abwirft, auf Problemstellungen, Fragenbereiche und Ziele der Umwelt abgestellt.

Unabhängig von der Definition des Indikators ist die Frage, in welchem theoretischen Erklärungszusammenhang ein Indikator als Meßinstrument eingesetzt wird[43]. Dieser führt zu der Frage nach dem Modell.

2.5.3 Modellbegriff

Die Vielfalt der Vorstellungen zum Begriff Modell erschweren eine Definition. Nahezu jede Fachdisziplin arbeitet unter dem Gesichtspunkt ihrer Erkenntnisinteressen mit einem für ihre spezifische Problemstellung adäquaten Modellbegriff. Eine zu eng gefaßte Definition würde in dem interdisziplinären Feld der Umwelttheorie zu Schwierigkeiten führen. Es soll deshalb von einer weiten Definition des Modells als Analogon eines natürlichen oder gedachten Systems ausgegangen werden, sei es struktureller oder funktioneller Art.

---

37 Vgl. Bormann, Soziale Indikatoren; Bückmann, Sozialindikatoren, S. 371 ff.
38 Vgl. Sheldon und Freemann, Sozialindikatoren, S. 245 ff.
39 Brück, Sozialindikatoren, S. 42 ff.
40 Mayntz, Einführung, S. 40 ff.
41 Werner, Indikatoren.
42 Bormann, Soziale Indikatoren, S. 5 ff.
43 Auf die Einzelheiten der Anwendung von Indikatoren kann hier nicht eingegangen werden. Eine Einführung gibt Werner, Methodische Ansätze, S. 192 ff.; ferner Gehrmann, Sozialindikatoren.

2.5. Exkurs: Zum Begriffsrahmen des Umweltverträglichkeitsmodells

Der Begriff soll im folgenden im wesentlichen unter Rückgriff auf die Modelltheorie Stachowiaks erläutert werden[44]. Danach ist ein Modell eine abstrahierende Abbildung der Realität bzw. eines ihrer Teilbereiche, die, nach Beseitigung zufälliger Einzelheiten, fundamentale, relevante oder interessante Aspekte der Wirklichkeit in generalisierter Form darstellt. Danach sind Modelle stets Modelle von etwas, Abbildungen und/oder Repräsentationen natürlicher oder künstlicher Originale, die häufig mit der jeweils interessierenden Realität identisch sind.

Modelle sind einerseits durch das Verkürzungsmerkmal gekennzeichnet, weil sie im allgemeinen nicht alle Faktoren des durch sie repräsentierten Originals erfassen, sondern nur diejenigen, die den jeweiligen Modellerschaffern und/oder Modellbenutzern relevant erscheinen. Modelle sind weiterhin durch ein pragmatisches Merkmal ausgezeichnet. Sie sind Modelle für jemanden, eine Gruppe oder einen künstlichen Modellbenutzer. Sie erfüllen ihre Funktion in der Zeit, innerhalb eines Zeitintervalls. Und sie sind schließlich Modell zu einem bestimmten Zweck. Daher gibt es niemals *das* in jedem Fall richtige Modell, sondern immer nur das für einen bestimmten Zweck in einer bestimmten Situation zutreffende Modell. Das ist wesentlich als Einschränkung für die Möglichkeiten der späteren Beurteilung von Modellen. Original und Modell bestehen aus Faktoren und Faktorklassen (Moduln). Dabei sind Faktoren sowohl die Grundbauelemente des Gegenstandsbereichs als auch Merkmale und Eigenschaften des Modells[45].

Der Modellbegriff soll hier der Einfachheit halber auf sozio-technische Modelle[46] beschränkt werden. Demzufolge ergibt sich als Definition: Abbildung der sozio-kulturellen Realität oder Teilen derselben durch Faktoren und Moduln, die für die Abbildung relevant sind und Ersetzungsfunktionen für bestimmte Modellbenutzer haben und die Objekte und Vorgänge der Realität auf bestimmte gedankliche Operationen konzentrieren. Ein Faktor ist ein Element und/oder Teilelement der Realität und/oder des Modells der Realität, ein Modul eine Klasse von Faktoren[47].

2.5.4 Indikatorenmodelle

Modelle entstehen aus unterschiedlichen Intentionen und auf der Grundlage unterschiedlicher Theorien. Zunächst lassen sich zwei Gruppen von Ansätzen

---

[44] Stachowiak, Modelltheorie, insbes. S. 131 ff.
[45] Für die vorliegende Darstellung steht Faktor für Attribut, gleichzeitig aber auch für Prädikat. Die Unterscheidung zwischen Attributen mehrerer Stufen und Prädikaten mehrerer Stufen, wie sie bei Stachowiak eingehend erläutert wird, braucht im Zusammenhang dieser Erörterung nicht nachvollzogen zu werden, weil dies in diesem Stadium der Untersuchung zu weit führen würde; zu den Einzelheiten Stachowiak, Modelltheorie, S. 134 ff.
[46] Stachowiak, Modelltheorie, S. 195.
[47] Der Submodul ist eine Teilmenge der im Modul zusammengefaßten Faktoren.

bei der Verwendung von Modellen für politisch-administrative Entscheidungsprozesse unterscheiden.

Nach dem normativen Ansatz sollen Indikatorenmodelle wertgebundene Zustandsanalysen des politischen Systems liefern und im Prozeß der politischen Willensbildung eine informative Funktion übernehmen. Die Arbeiten der Organisation For Economic Cooperation And Development (OECD) und das Züricher Indikatoren-System sind diesem Ansatz zuzuordnen. Einem Ansatz solcher Art geht es meist um eine oder mehrere global definierte Zieldimension, die in kleinere Einheiten zerlegt und durch die Zuordnung von Indikatoren operationalisiert wird.

Übertragen auf die Diskussion über integrierte Systeme von Umweltstandards bedeutet dies, daß normativ — also durch eine gesetzliche oder programmatische Bestimmung — Zielwerte in bezug auf Umweltmedien festgelegt und durch Indikatoren meßbar und damit nachprüfbar gemacht werden. Mehr kann ein normatives Indikatorensystem nicht leisten. Die Indikatorisierung von Zielprogrammen begegnet Bedenken. Das Problem der Konzeptualisierung politischen Wollens, die Herstellung eines wissenschaftlich abgesicherten politisch-sozialen Gesamtzusammenhangs der Betrachtung, aus dem der Ausgleich aller Interessen abgeleitet wird, kann durch die Indikatorisierung globaler Zielaussagen nicht geleistet werden. Normen, über deren Gesamtzusammenhang via Modell keine Klarheit herrscht oder über die etwa auch kein Konsens zu erzielen ist, können auch durch Daten nicht verifiziert werden. Das Problem der Systematisierung politischen Wollens und der rationalen Lösung normativer Konflikte läßt sich nicht auf die Datenebene verlagern[48].

Ein Anwendungsfall, der ähnlich in die Irre führt, ist das naive Indikatorensystem, das eine willkürliche Klassifikation eines Teils der Realität indikatorisiert. Ein Beispiel ist das Social-Assessment-System, das in den Vereinigten Staaten zur Bewertung sozialer Folgen verwendet wird. Es soll dem Ziel dienen, dem Entscheidungsträger strukturierte Informationen über die sozialen und psychologischen Konsequenzen von Maßnahmen zu liefern[49]. Darin soll es sich von anderen Planungsverfahren unterscheiden.

Bei kritischer Betrachtung zeigt sich, daß dem Ansatz nur ein Schein-Modell zugrundeliegt. Die gesellschaftliche Realität, die bezüglich ihrer Empfindlichkeit für Maßnahmen durch soziale und sozial-psychologische Faktoren dargestellt werden soll, wird durch ein plausibles Klassifikationsschema interpretiert. An die Stelle des vorgeblichen Modells rückt eine inhaltlich angreifbare Gliederung.

---

[48] Sheldon und Freemann, Sozialindikatoren, S. 245 ff.
[49] Abt Associates GmbH. Ein Verfahren zur Abschätzung und Bewertung sozialer und sozialpsychologischer Auswirkungen von Infrastrukturprojekten unter besonderer Berücksichtigung von Umweltschutzerfordernissen.

2.5. Exkurs: Zum Begriffsrahmen des Umweltverträglichkeitsmodells

Ein zweiter Beispielsfall ist das oben bereits erwähnte Dornier-Modell. Der Ansatz unterschiedet sich vom Social-Assessment-Ansatz dadurch, daß er gar nicht erst behauptet, auf einem systematischen Erklärungsmodell zu beruhen, sondern meint, es seien geschlossene Theorien oder Modelle nicht verfügbar und es müßten daher heuristisch-pragmatische Methoden zur Anwendung kommen, ohne daß erläutert wird, was unter solchen Methoden verstanden wird. Als Scheinbegründung wird angeführt, dieses Instrumentarium müsse sich an den Problemfeldern und Aufgabenbereichen der Raumordnungs- und Umweltpolitik orientieren. Verschwiegen wird, daß sich das theoretisch abgesicherte Modell an solchen Vorgaben gleichfalls orientieren muß[50].

Wie bei dem Social-Assessment-System wird auch beim Dornier-Modell das Modell durch eine Problemklassifikation ersetzt, die übrigens in sich brüchig ist, weil sie zum Teil aus Umweltbelastungsfaktoren und zum Teil aus Faktoren der Realität besteht[51].

In der Anwendungspraxis der Sozialindikatoren-Modelle wird häufig fälschlich angenommen, daß bereits die Zusammenfassung von mehreren Indikatoren zu irgendwie gegliederten Oberbegriffen analytische und prognostische Ergebnisse abwerfen könne. Auch wird unterstellt, daß Indikatoren, die mit demselben Gegenstandsbereich zusammenhängen, deswegen auch analytisch zusammengehören. Klassifikatorische Zusammenhänge werden als Ersatz für Wirkungszusammenhänge, die eben gerade nachgewiesen werden müßten, in die Diskussion eingeführt. Die noch am wenigsten schädliche Folge ist die Überbetonung von einzelnen Aspekten des Problems oder die Verkennung von Zusammenhängen. Der Wirkungsbereich jedes Phänomens muß aber grundsätzlich als ein System von mehrdimensionalen Zusammenhängen betrachtet werden. Ein solches System mit mehrdimensionalen Wirkungsketten kann nur im Rahmen eines systemischen Modells adäquat wiedergegeben werden.

In dem hier interessierenden Bereich der physischen und sozialen Umwelt, ihren Faktoren und Wechselbeziehungen gibt es gut begründete Annahmen. Dennoch fehlen weitgehend empirisch abgesicherte Erkenntnisse über die Zusammenhänge. Sie können daher nur hypothetisch definiert und später in der Modellanwendung verifiziert werden. Das Problem der Darstellung eines abgesicherten Zusammenhanges der Faktoren, der dem Indikatorsystem zugrundezuliegen hat, spitzt sich somit wieder auf die Modellkonstruktion zu. Sie bedarf einer theoretischen Basis, wenn sie sich dem Vorwurf der pragmatischen Willkürlichkeit entziehen will.

---

[50] Dornier, Handbuch, S. 16.
[51] Die Modellfaktoren ergeben sich aus der nachfolgenden Abbildung.

Schaubild 8: Faktoren des Dornier-Modells

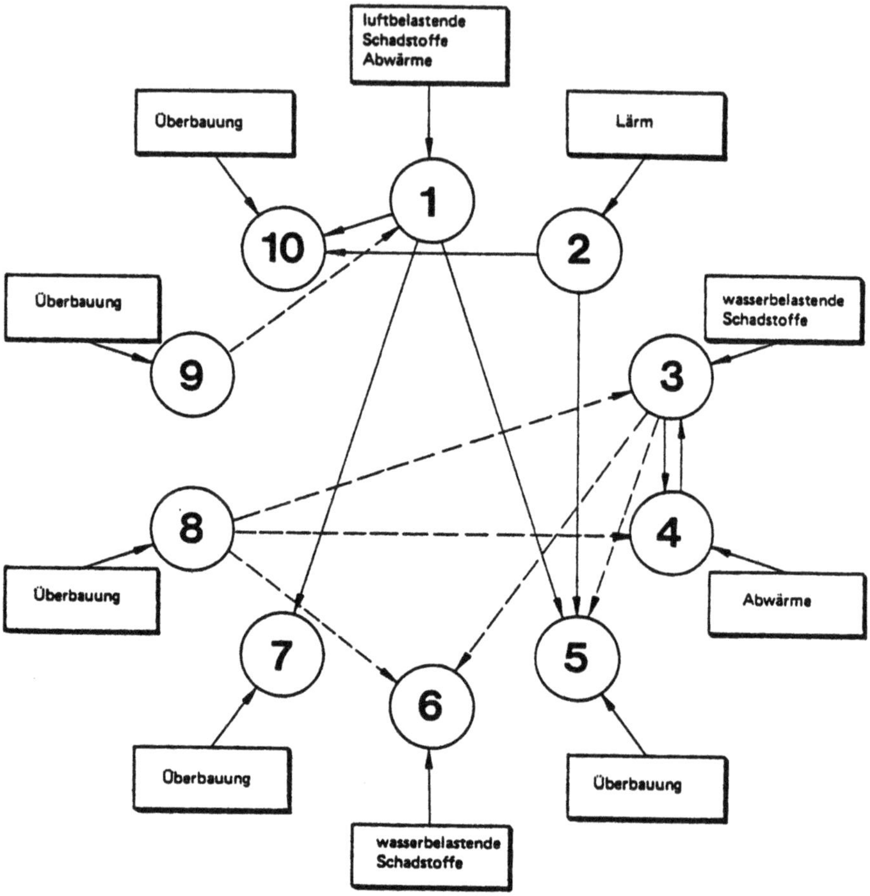

1. Luftbelastung
2. Lärmbelastung
3. Abwasserbelastung der Oberflächengewässer
4. Wärmebelastung der Oberflächengewässer
5. Flächen für die Erholung
6. Flächen für die Gewinnung von Grundwasser
7. Flächen für die landwirtschaftliche Produktion
8. Regenerationsflächen des Wasserhaushalts
9. Regenerationsflächen des Lufthaushalts
10. Regenerationsflächen für Tier- und Pflanzenwelt

2.5.5 Funktionale Systemtheorie als Basistheorie

2.5.5.1 Skizze des Ansatzes

Basistheorie des Gruppen-Umwelt-Interventions-Modells, auf das sich diese Erörterungen zuspitzen und das später näher erläutert wird, ist die funktional-strukturelle Systemtheorie[52]. Dieser Theorieansatz problematisiert die Funktion aller Phänomene, einschließlich des Systems und seiner Subsysteme[53]. Letztes Bezugsproblem des Funktional-Strukturalismus ist die Welt, die nicht unter dem Gesichtspunkt ihres Seins, sondern unter dem Aspekt ihrer Komplexität zum Problem wird. Die Welt als Inbegriff aller Ereignisse und Zustände ist selber kein System, sondern die Gesamtentität des Überkomplexen. Zum Problem wird diese deshalb, weil dem Menschen nur ein begrenztes Potential für aktuell-bewußte Wahrnehmung, Informationsverarbeitung und Handlung zur Verfügung steht[54].

Die Überfülle des Möglichen überschreitet das, was handlungsmäßig erreicht und erlebnismäßig aktualisiert werden kann. Mechanismus der Reduktion der Komplexität ist die Systembildung. Systeme sind auf Zeit invariant strukturierte Einheiten, die sich in einer komplexen und veränderlichen Umwelt durch Stabilisierung einer Innen/Außen-Differenz erhalten. Damit wird der Systembegriff von der Tradition des Teil-Ganzen-Denkens, welcher der Struktur-Funktionalismus noch verhaftet war, abgelöst und mit der Aufrechterhaltung einer Sektionsleistung gleichgesetzt. Durch die Selektion von Möglichkeiten aus der äußersten Weltkomplexität wird die notwendige Innen/Außen-Differenzierung geschaffen, ohne die menschliches Handeln nicht möglich wäre[55]. Auf den Komplexitätsbegriff muß noch eingehender eingegangen werden: Luhmann versucht, diesen mit Hilfe der Vorstellung eines Komplexitätsgefälles zwischen System und Umwelt zu verdeutlichen. Das wird mit zwei Schritten erreicht, durch Abstraktion der Begriffe Komplexität und Selektivität und durch Auffassung der Komplexität als Problem für Systeme, zu dem funktional vergleichende Analysen durchgeführt werden können. Trägt man dem Rechnung, dann muß nicht mehr nur zwischen der Komplexität des Systems und der Komplexität seiner Umwelt, sondern zusätzlich noch zwischen unbestimmter bzw. unbestimmbarer und bestimmter bzw. bestimmbarer Komplexität unterschieden werden[56]. Daraus ergeben sich vier Kombinationen und vier Anwendungen des Begriffs[57].

---

[52] Schmid, Funktionsanalyse und politische Theorie; Röhrich, Neuere politische Theorie, Luhmann, Moderne Systemtheorien. Luhmann, Argumentationen.
[53] Luhmann, Soziologie, S. 615 ff.
[54] Luhmann, Rechtssoziologie, S. 31.
[55] Schmid, Funktionsanalyse und politische Theorie, S. 111.
[56] Luhmann, Argumentationen, S. 300 ff.
[57] Vgl. das nachfolgende Schaubild 9: Reduktion von Komplexität.

Schaubild 9: Reduktion von Komplexität

	Umwelt		System
	Reduktion		
unbestimmt/ unbestimmbar	unbestimmte/unbestimmbare Umweltkomplexität (Welt)	Bestimmung	unbestimmte/unbestimmbare Systemkomplexität (Bereich latenter Strukturen und Prozesse)
bestimmt/ bestimmbar	bestimmte/bestimmbare Umweltkomplexität (systemrelativer Umweltentwurf)	Bestimmung	bestimmte/bestimmbare Systemkomplexität (Bereich manifester Strukturen und Prozesse)
	Reduktion		

Ersatzprobleme für Komplexität sind in der Zeitdimension das Problem des Bestandes, in der Sachdimension das Problem der Knappheit und in der Sozialdimension das Problem des Dissenses. Diese Bezugseinheiten müssen für konkrete Analysen verkleinert werden, wenn sie lösbar sein sollen. Das Bestandsproblem muß reduziert werden durch die Bestimmung konkreter Systemeigenschaften bei zunehmender Begrenzung des Zeithorizonts, innerhalb dessen deren Erhaltung Problem ist. Damit vollzieht sich die funktionale Analyse in einer Sequenz von Strukturbildungen. Das sind Entscheidungsvereinfachungen durch entlastende Strukturbildung, Auswahl von Informationen und Handlungen aus den durch die Umwelt dargebotenen Möglichkeiten[58]. Dabei ergibt sich das Problem, die von außen einströmenden Informationen in der Weise zu verarbeiten, daß sie auf einem gemeinsamen Problemhorizont der beteiligten Personen reduziert werden können. Damit wird die Komplexitätsreduktion zu einer Ordnung des Handelns, die gegenüber der Umwelt relativ einfach und konstant erhalten wird. Dieser Vorgang wiederholt sich systemintern durch Innendifferenzierung; für jedes entstehende Subsystem ist das übergeordnete System Umwelt. Die Welt-Systembeziehung ergibt sich aus dem nachfolgenden Schaubild ‚Ausgrenzung von Subsystemen'[59].

Stellt man die Modellkonstruktion auf Luhmanns Konzept, so ist das Gruppen-Umwelt-Interventions-Modell der fast ideale Fall eines Mechanismus, der zur Reduktion von Komplexität dient, ebenso wie Macht, Recht, Sprache und Sinn[60]. Erkenntnisgewinn ist die Feststellung von Äquivalenten, die Auffindung austauschbarer Mechanismen oder Substitutionsmöglichkeiten[61]. Die komplexitätsabbauenden Strukturen bilden Moduln, die ihrerseits zwar noch komplex, aber im Vergleich zu ihrer Umwelt weniger komplex sind[62].

---

[58] Luhmann, Theorie, S. 65 ff.
[59] Vgl. das Schaubild 10.
[60] Luhmann, Rechtssoziologie, S. 31.
[61] Luhmann, Theorie, S. 103 ff.

2.5. Exkurs: Zum Begriffsrahmen des Umweltverträglichkeitsmodells

Schaubild 10: Ausgrenzung von Subsystemen

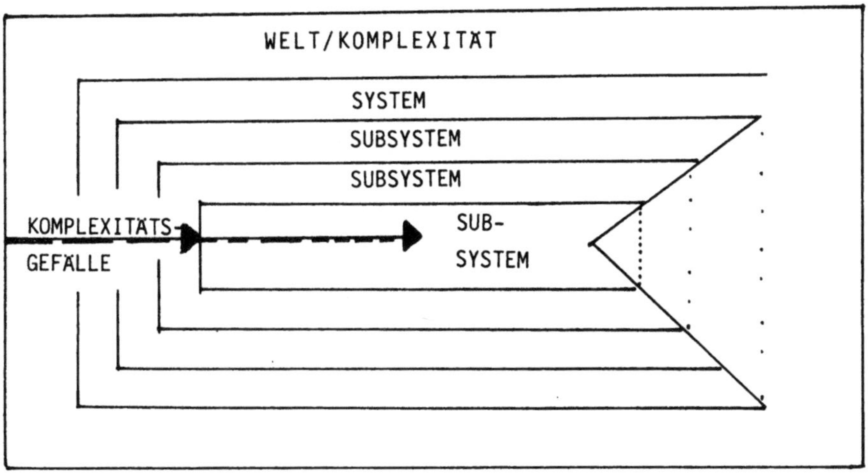

```
WELT/KOMPLEXITÄT
    SYSTEM
      SUBSYSTEM
        SUBSYSTEM
KOMPLEXITÄTS-        SUB-
GEFÄLLE              SYSTEM
```

Der funktionale Systembegriff, der für die Modellkonstruktion zugrundegelegt wird, ist so neutral, daß er einerseits indifferent gegenüber unterschiedlichen sozialwissenschaftlich-planungstheoretischen Ansätzen ist und andererseits auch nicht unerwünschte a-priori's der klassischen Planungs- und Systemtheorie, wie Systemstabilität und/oder zentralisierte Hierarchien der Planungs- und Verwaltungssysteme mit linearen Strukturen impliziert. Die Systemmüdigkeit als weitverbreitete Ideologie der Praxis kann im übrigen kaum den Systemansatz im allgemeinen und den Teilbereich der algorhythmischen Systemtechniken im speziellen treffen. Er weist vielmehr auf eine generelle Voreingenommenheit gegenüber rationalistischen Planungstheorien — und erst in der Folge — gegenüber algorhythmischen Systemtechniken hin[63]. Auch sind die Vorbehalte gegenüber systemisch-systematischen Planungstheorien in gewisser Weise identisch mit einer gesellschaftlich breit gelagerten Animosität gegenüber allen großen und kleinen Reformen. Alles das ist nicht mehr als politische Wertung und kann nicht dazu führen, systematische und logisch-rational angelegte Techniken für die Problembewältigung gänzlich auszuschließen.

2.5.5.2 Anforderungen an Modellkonzepte

Die funktionale Systemtheorie kommt als Basistheorie für ein Umweltmodell in Betracht, das die Auswirkungen unterschiedlicher Interventionen des

---

[62] Luhmann, Funktionale Methode, S. 1 ff.
[63] Fehl, Systemmüdigkeit, S. 1 ff.

politischen Systems auf Umweltmedien und darüber hinausgehend auf spezifische Gruppen des Sozialsystems vorhersehbar macht. Der funktionale Ansatz scheint dafür besonders geeignet zu sein, weil er auf die für das Umweltmodell wichtige Frage der funktionalen Äquivalente besonderen Wert legt. Im folgenden sollen eine Reihe von Modellanforderungen spezifiziert werden, zunächst systemtheoretische Modellanforderungen, danach modelltheoretische und schließlich Forderungen der Anwendungspraxis umfassende praxeologische Modellanforderungen.

Drei Kategorien der funktionalen Theorie sind es, die als Modellanforderungen herausgearbeitet werden können. Im einzelnen handelt es sich um: Reduktion von Komplexität, Ausdifferenzierung funktionaler Äquivalente und Offenheit für koordinierende Generalisierungen.

Reduktion von Komplexität erfolgt strukturell durch Systembildung, durch Identifikation von Sinnzusammenhängen, die geeignet sind, Bestandsprobleme der Umwelt kleinzuarbeiten auf Ausmaße, die sinnvolles menschliches Handeln, Planen und politisches Entscheiden ermöglichen, auf Ausmaße, die verhaltensmäßig getragen werden können[64]. Das läuft für die praktische Anwendung darauf hinaus, daß die Vielfalt der Wirklichkeit in solche Subsysteme ausdifferenziert wird, die für das konkrete Bezugsproblem von Interesse sind. Das Arbeiten mit und das Denken in Modellen ist ohne eine derartige strukturelle Reduktion nicht möglich und auch bei komplizierten Planungsproblemen technisch nicht anders lösbar. Bei der Umsetzung der Modellanforderung im einzelnen wird zu prüfen sein, inwieweit die Unterscheidung bei der strukturellen Betrachtung zwischen sozialen, sachlichen und zeitlichen Umwelthorizonten fruchtbar gemacht werden kann. Das System soll nach der Auffassung Luhmanns in diesen drei Orientierungsrichtungen Einrichtungen ausbilden, mit deren Hilfe Umweltkomplexität und -veränderlichkeit reduziert wird. In der Sozialdimension werden dabei mehrere Umwelten unterschieden, die das System je verschieden behandelt. In der Sachdimension werden mehrere Ebenen der Generalisierung des Umweltverkehrs getrennt und nebeneinander benutzt, indem das System sich zum Beispiel mit einer besonderen Umwelt teils relativ generell abstimmt, teils konkrete Vorteile und Nachteile tauschweise aushandelt. In der Zeitdimension werden Vergangenheit und Zukunft nach dem Input/Output-Modell auseinandergezogen, so daß das System sich teils von vergangenen Umweltdaten bestimmen, teils durch künftig zu erstrebende Wirkungen in der Umwelt inspirieren lassen kann. Bei den künftig zu erstrebenden Wirkungen, von denen hier die Rede ist, handelt es sich um koordinierende Generalisierungen, Zwecke, von denen weiter unten bei den pragmatischen Modellanforderungen die Rede sein wird.

---

[64] Luhmann, Theorie, S. 65 ff.

2.5. Exkurs: Zum Begriffsrahmen des Umweltverträglichkeitsmodells

Bei der Hauptanforderung für die Modellkonstruktion ist das Selektionsproblem beachtlich. Systeme haben zur Welt ein selektives Verhältnis insofern, als sie als Systeme nur Ausschnitte aus einer überkomplexen Welt sind, und als solche nur bestehen können, wenn der Ausschnitt nicht beliebig gewählt ist. Luhmann stellt hierzu fest, auf allen Ebenen der Systembildung werde die Welt durch Selektion sozusagen erst erzeugt. Das Woraus der Selektion entstehe in den Selektionsprozessen selbst. Sinnkonstituierende Systeme gewinnen mit Hilfe von Negationen und Virtualisierungen eine gewisse Kontrolle über diesen Vorgang; für sie wird Welt ein vorstellbares Woraus möglicher Selektion[65].

Das zweite Modellmerkmal ist die Bildung funktionaler Äquivalenzen. Die Funktion ist nicht im Sinne des allgemeinen Verständnisses die zu bewirkende Leistung, sondern ein regulatives Sinnschema, das ein Vergleichsspektrum äquivalenter Leistungen umfaßt[66]. Jeder Vergleich von Problemlösungen setzt voraus, daß ein Bezugsproblem ausgewählt ist. Von dieser Vorentscheidung bleiben die funktionalen Gleichheiten bzw. Ungleichheiten abhängig. Der funktionale Vergleich ist unabhängig von den Gründen, aus denen bestimmte Bezugsprobleme als relevant ausgewählt werden[67]. Die Gründe sind abhängig von politischen Prioritätsentscheidungen. Sie können auf unmittelbar praktischen und wertgebundenen Interessen beruhen. Das Auswechseln der Prioritäten auf der gemeinsamen Basis einer identischen Problemstellung und einer gleichen Methode kann allerdings einen fruchtbaren Gedankenaustausch zwischen Theorie und Praxis strukturieren[68].

Im einzelnen umfaßt die funktionalistische Analyse kausaler Faktoren nicht nur die Untersuchung der Beziehungen zwischen Ursachen und Wirkungen. Eine solche Beziehung wird zwar im Ansatz der Analyse vorausgesetzt. Sie dient als methodisches Hilfsmittel, nicht aber als Gegenstand der Feststellung. Die funktionale Analyse konzentriert sich entweder auf die Erforschung möglicher Ursachen unter dem Leitgesichtspunkt einer Wirkung oder auf die Erforschung von Wirkungen unter dem Leitgesichtspunkt einer Ursache. Beides zugleich durchzuführen, ist unmöglich, weil die funktionalistische Analyse den Bezugsgesichtspunkt voraussetzt, der im konkreten Falle nicht geändert, der allerdings bei mehreren Analysen variiert werden kann[69].

Die dritte Anforderung an das Modell besteht in der notwendigen Offenheit für Ziele und Prioritäten, für koordinierende Generalisierungen. Zwecke dienen als Prinzip der internen Differenzierung. Sie dienen auch der Spezifikation von Konsens zwischen System und Umwelt und reduzieren dadurch die Umwelt-

---
[65] Luhmann, Argumentationen, S. 307 ff.
[66] Luhmann, Funktion und Kausalität, S. 617 ff.
[67] Luhmann, Theorie, S. 105.
[68] Luhmann, Theorie, S. 105.
[69] Luhmann, Funktion und Kausalität, S. 617.

komplexität und die Änderungsaussichten, die ein System beachten muß. Auf eine kürzere Formel gebracht, haben Zwecke eine mehrfach vermittelte Funktion für das Problem der Absorption von Komplexität. Sie dienen dieser Funktion auf verschiedene Weise. Auf dem Bildschirm seiner Zwecke gewinnt das System für das tägliche Verhalten ein stark vereinfachtes Umweltbild und eine Kooperationsgrundlage, die rasche Verständigung gestattet. Es verdeckt sich dabei sein Bestandsproblem und muß deshalb in der Lage sein, in Krisenfällen die ursprüngliche Problematik zu reaktualisieren und auf sie zurückzugreifen, um gegebenenfalls seine Zwecke zu modifizieren. Trotz ihrer Programmfunktion, die konstante Geltung während des Entscheidungsvorgangs erfordert, sind Zwecke keine allein durch ihren Wertgehalt gültigen Entscheidungsmaßstäbe; sie werden vielmehr durch politische Entscheidungsprozesse geschaffen, als vorläufig akzeptierte Präferenzen konstant gesetzt und gegebenenfalls geändert[70].

Das hat zur Folge, daß Modellkonstruktionen und Modellbewertungen Ziele und Zwecke nicht modellimmanent entscheiden dürfen. Je nach politischem Wertsystem haben einzelne Subsysteme und Faktoren des Modells im Gesamtzusammenhang unterschiedliches Gewicht und haben einzelne Indikatoren unterschiedliche Bedeutung. Das gilt besonders für Grenz- und Schwellenwerte einzelner Indikatoren, insbesondere deswegen, weil sie im Umweltmodell gruppenspezifisch unterschiedlich definiert werden müssen. Die Modellkonstruktion muß Raum für politische Entscheidungen solcher Art geben. Das bedeutet, daß der politische Entscheidungsträger in geeigneter Form in die Modellkonstruktion einbezogen werden muß. Dabei muß darauf hingewiesen werden, daß im konkreten Falle Entscheidungen solcher Art für jede Stadt unterschiedlich ausfallen müssen, je nachdem, wie die Stadtstruktur, Rang und Bedeutung der Umweltprobleme und die politische Landschaft im einzelnen beschaffen sind.

Was die Diskussion modelltheoretischer Anforderungen an das Umweltmodell angeht, kommen insbesondere die Kategorien der Homomorphie und der Verkürzung in Frage. Die Anforderung der Homomorphie entspricht dem bereits oben erwähnten Abbildungsmerkmal des Modells. Modelle sind Abbildungen, Repräsentationen natürlicher oder künstlicher Originale[71]. Im Gegensatz zur Isomorphie, die von wechselseitigen Beziehungen zwischen Modell und Original ausgeht, bedeutet Homomorphie, daß die beiden in bezug stehenden Strukturen der Realität und des Modells nicht umkehrbar sind, weil die Realität komplexer ist als das Modell, so daß mehreren Elementen der komplexen Struktur nur jeweils eines in der einfachen zugeordnet ist. Darin liegt gleichzeitig das Verkürzungsmaterial der Modelltheorie, nach dem nicht alle Faktoren des repräsentierten Originals erfaßt werden, sondern nur diejenigen, die für Modellerschaffer und/oder Modellbenutzer relevant sind.

---

[70] Luhmann, Zweckbegriff, S. 129 ff.
[71] Stachowiak, Modelltheorie, S. 131.

2.5. Exkurs: Zum Begriffsrahmen des Umweltverträglichkeitsmodells

Aus beiden Modellmerkmalen ergeben sich keine zusätzlichen Modellanforderungen, weil sie in der Anforderung der Reduktion von Komplexität bereits enthalten sind. Abbildungsmerkmal und Verkürzungsmerkmal sind lediglich die modellpraktische Seite der Komplexitätsreduktion durch Selektion von Umweltaspekten und problemspezifizierende Systembildung, bei der die grundsätzliche strukturelle Übereinstimmung zwischen Modell und Original im Sinne des relevanten Wirklichkeitsausschnitts beachtlich ist.

Praxeologische Modellanforderungen bilden die Kategorien der Dezision und Transparenz. Dezision bedeutet die Verwendung des Konstrukts als praktische Entscheidungshilfe, als Instrument, funktionale Aspekte von Interventionsalternativen deutlich zu machen. Der systemtheoretische Bezug dieser Anforderungen ergibt sich aus folgenden Überlegungen: Das Modell ist ein Konstrukt, das der Herstellung von Entscheidungen dient. Das erfordert als Grundlage der Informationsverarbeitung eine interne Struktur von Entscheidungsprämissen, die das Entscheiden programmieren, das heißt die Gesichtspunkte der Selektion und Verarbeitung von Informationen definieren. Das hängt eng mit dem Aspekt der Setzung koordinierender Generalisierungen zusammen, der als dritte Modellanforderung herausgestellt wurde. Das System tritt seiner Umwelt auf zwei verschiedenen Ebenen der Generalisierung gegenüber. Es entscheidet generell über seine Entscheidungsprogramme und im Rahmen dieser Programme speziell über Einzelfälle. Es kann sich bei der Programmierung seiner Entscheidungsprozesse langfristig der Umwelt anpassen und zugleich im Rahmen dieser Entscheidungsprogramme die Umwelt nach systeminternen Kriterien behandeln[72]. Eine Entscheidung über das Entscheidungsprogramm liegt in der Entwicklung der Modellstruktur, der Auswahl der Indikatoren und der Setzung ihrer Grenz- und Schwellenwerte. Die Entscheidung über den Einzelfall ist die konkrete Anwendung der Entscheidungshilfe, das Durchspielen der Alternative mit Hilfe der Modellfaktoren und Modellindikatoren. Die Modellanforderung der Dezision bezieht sich damit auf die Problemlösungseignung.

Das Modell hat gegenüber sonstigen intellektuellen Problemlösungssystemen den Vorteil, daß es weder monokausale Erklärungen abwirft, noch monofunktionale. Der Realität entsprechend soll es der jeweils im Einzelfall spezifizierten Frage dienen, welche äquivalente Interventionen das Bezugsproblem lösen, berühren oder verändern vice versa. Für den Bereich der Umweltplanung ist das von besonderer Wichtigkeit. Es gibt in der Planungswirklichkeit kaum je eine Belastungsfolge, die nur auf einer kausa beruht; vielmehr handelt es sich immer um das Zusammenwirken mehrerer Funktionen, um das Zusammenspiel der Wirkungen von Faktorkonstellationen und Interventionsfolgen.

Die letzte Modellanforderung ist diejenige der Modelltransparenz. Sie bedeutet, daß der Anwender erkennen muß, welche Struktur das Modell hat, auf des-

---
[72] Luhmann, Theorie, S. 86.

sen Grundlage er Umweltprobleme lösen möchte, welche Funktionen bestimmte Strukturen haben und insbesondere welche funktionalen Auswirkungen sich bei Interventionen ergeben.

Die völlige Modelltransparenz ist für den Benutzer kaum erreichbar. Eine solche Anforderung der voraussetzungslosen Durchschaubarkeit für jeden denkbaren Modellbenutzer dürfte mit den vorerörterten Anforderungen kaum vereinbar sein. Hier stellen sich vielmehr didaktische Probleme, die bei der Implementation des Modells in ein Verwaltungssystem gesondert gelöst werden müssen.

2.5.6 Umweltbegriff

2.5.6.1 Überlegungen zu einem neuen Umweltbegriff

Ein systemisches Umweltmodell muß von einer definitorischen Festlegung des Umweltbegriffs ausgehen.

Insoweit fragt sich, inwieweit Umweltattraktivität, die soziale Faktoren umfaßt, mit Lebensqualität identisch ist. Beide Kategorien, Lebensqualität und Umweltqualität, sind weite Begriffe. Sie sind Leerformeln, die inhaltlich aufgefüllt werden müssen. Ob der eine oder andere Begriff nach dem Allgemeinverständnis enger oder weiter ist, läßt sich auf den ersten Blick schwer entscheiden.

2.5.6.2 Lebensqualität

Lebensqualität meint nach verbreitetem Verständnis den Entwicklungsstand der allgemeinen Lebensbedingungen in einer Gesellschaft. Im Gegensatz zu dem mit Hilfe wirtschaftlicher Kategorien definierten Begriff Lebensstandard umfaßt der Begriff Lebensqualität soziale Faktoren, wie die Wohnungsbedingungen, den Grad der Demokratisierung, den Gesundheitszustand der Bevölkerung, die Erholungsmöglichkeiten, das Erziehungswesen und das Maß der sozialen Sicherheit in einer Gesellschaft. Lebensqualität wird häufig unter Hervorhebung des individuellen subjektiven Verständnisses der Lebenssituation formuliert. Lebensqualität besteht dann in den individuellen subjektiv geschätzten positiven Elementen der Lebensumstände[73].

Mackensen hat kommunale Lebensqualität mit Attraktivität umschrieben und darin einen globalen Ausdruck für die Reaktion der Bewohner auf die Gesamtheit der Lebensbedingungen einer Stadt bezeichnet[74]. Lebensqualität erweitert die Dimension des Lebensstandards um die Kategorie des generellen

---

[73] Brousse, Le niveau.
[74] Mackensen, Attraktivität, S. 17 ff.; ders.: Attraktivität von Großstädten, S. 10 ff; ders., Notwendigkeit, S. 25 ff.

2.5. Exkurs: Zum Begriffsrahmen des Umweltverträglichkeitsmodells

Wohlbefindens[75] — und stützt sie auf die Identifikation der gesellschaftlichen Bedürfnisse[76]. Neu in der wissenschaftlichen und politischen Diskussion ist weniger der Inhalt und die Intention, sondern vielmehr der Begriff und das erhebliche öffentliche und politische Interesse an dem dahinterstehenden Sachverhalt. Insoweit handelt es sich um ein altes Konzept der Nationalökonomie, den Grad der Zufriedenheit der Bürger eines Staates zu bestimmen, darum, wie die Bürger die Qualität ihrer Lebensverhältnisse empfinden. In früheren generellen Nutzenkonzepten wurde der Versuch gemacht, Komponenten der Lebensqualität auszugrenzen und festzustellen, welchen Nutzen sie stiften.

2.5.6.3 Umweltqualität

Der Begriff Umweltqualität ist demgegenüber neuer. Umwelt wird im allgemeinen Sprachgebrauch häufig gleichbedeutend mit Milieu verwendet. Vielfach wird Umwelt mit dem Begriff Umgebung vermischt. Der politisch-administrative Sprachgebrauch verwendet einen engen Umweltbegriff. Er orientiert sich an § 2 Abs. 1, Nr. 7 BROG. Danach ist für die Erhaltung, den Schutz und die Pflege der Landschaft, einschließlich des Waldes, sowie für die Sicherung und Gestaltung von Erholungsgebieten zu sorgen. Auch ist für die Reinhaltung des Wassers, die Sicherung der Wasserversorgung und für die Reinhaltung der Luft sowie für den Schutz der Allgemeinheit vor Lärmbelästigungen ausreichend Sorge zu tragen.

Diesem engen Umweltbegriff stehen weitere Begriffsfassungen gegenüber. So hat sich insbesondere in der Biologie eine besondere Auffassung von Umwelt eingebürgert. Ein neues Umweltverständnis ist dabei durch Uexküll mit einem Begriff eingeleitet worden, der sich zum Teil im deutschen Sprachbereich durchgesetzt hat. Uexküll hat dargestellt, daß nicht nur die Organe des Lebewesens ein harmonisches Ganzes bilden, sondern, daß zu diesem Ganzen als wesentliche Glieder auch Vorgänge und Gegenstände dessen gehören, was man als äußere Umgebung gegenüber dem Organismus abgrenzt.

Was das Lebewesen aus der Umgebung erfährt und was es verarbeitet, formt das, was die Biologie die Umwelt des Lebewesens nennt. Der Außenwelt steht die Innenwelt gegenüber, der weitgehend verborgener Erlebnisanteil, aus dem das Lebewesen eine Gegenwelt aufbaut, die den ihm zugewiesenen Ausschnitt des Erlebens darstellt[77].

Es handelt sich hier um einen modelltheoretischen Ansatz, eine biologische Version des oben geschilderten modellistischen Erkenntniskonzepts. Allerdings impliziert dieser Umweltbegriff ein weites Verständnis von Umwelt, soweit ihm

---
[75] Swoboda, Qualität.
[76] Mackensen und Lederer, Gesellschaft, S. 7 ff.
[77] Uexküll, Umwelt und Innenwelt.

eine Zweiteilung eines Teils der Welt in zwei Bereiche zugrundeliegt, den Innen- und Außenbereich, wobei Umwelt den gesamten Außenbereich bildet.

Umwelt im Sinne dieser Untersuchung ist ein vielschichtiges Wirkungsgefüge verschiedener natürlicher, wissenschaftlich-technischer, sozialer und anthropologischer Faktoren[78]. Dabei wird deutlich, daß bei der notwendigerweise weiten Fassung des Umweltbegriffs Abgrenzungsschwierigkeiten gegenüber dem Lebensqualitätsbegriff entstehen. Das ist der Grund dafür, daß Versuche der Operationalisierung der Umweltqualität eng an Konzepte zur Bestimmung der Lebensqualität anzuschließen[79]. Umweltqualität ist als Teibereich der Lebensqualität aufzufassen.

2.5.6.4 Neukonzipierung der Umweltqualität

Ein Konzept zur Messung der Umweltqualität kann auf den Vorarbeiten aufbauen, die der Messung der Lebensqualität dienen. Allerdings wird davon ausgegangen, daß Umweltqualität im herrschenden Begriffsverständnis enger verstanden wird, als Lebensqualität. Um das nachzuweisen, ist eine empirische Erhebung durchgeführt worden mit dem Ziel, festzustellen, welche Komponenten Umweltqualität konstituieren[80].

Zu diesem Zweck wurde ein weiter Umweltbegriff entwickelt, klassifiziert, in Faktoren zerlegt und in Befragungen Expertengruppen vorgestellt, die darstellen sollten, welche der Faktoren ihren Umweltbegriff konstituieren. Die Erhebung ergab, daß die kommunale Umwelt nicht auf die klassischen physischen Umweltmedien zentriert wird, sondern weitere konstitutive Faktoren aus dem Bereich der sozialen Umwelt hat.

Aus dem Bereich Infrastruktur gehören dazu: Naherholungs- und Grünanlagen, Sportanlagen und Kommunikationseinrichtungen. Diese Faktoren der kommunalen Infrastruktur haben nach dem Ergebnis der Untersuchung die höchste Umweltrelevanz. Defizite, Erreichbarkeitsmängel oder gänzliches Fehlen werden nicht nur als eine Minderung der kommunalen Lebensqualität, sondern als Umweltbelastung empfunden. Der weitere Bereich der Lebenssituation, der gleichfalls als umweltrelevant betrachtet wird, besteht aus den Faktoren Wohnungssituation und Wohnumgebung. Auch hier gilt, daß eine mangelhafte Wohnungssituation und eine visuell negativ stimulierende Wohnumgebung als umweltbelastend empfunden werden.

---

[78] Menke-Glückert, Anforderungen der Umweltpolitik, S. 11 ff.
[79] Bormann, Indikatorisierung der Lebensqualität, S. 68 ff. Hartke, Methoden.
[80] Bückmann und Terlinden, Umweltindikatorenmodelle.

2.6 Zusammenfassung

In der Theorie werden verschiedene Ansätze angewandt, die dazu dienen, den Umweltzustand eines räumlich abgegrenzten Bereichs synoptisch zu beurteilen und die Auswirkung von Eingriffen abzuschätzen. Die wichtigsten sind nutzenanalytische Methoden, ökologische Wirkungsanalysen und Sozialindikatorenmodelle. In allen drei Fällen geht es um Methoden, die nicht nur eine einzelne Belastungserscheinung oder eine kleine Gruppe von ihnen erfassen, sondern die komplexe Belastungssituation der Umwelt insgesamt, zumindest aller Medien der physischen Umwelt.

Die Kostennutzenanalyse basiert auf wohlfahrtökonomischen Theorien. Orientierungspunkte sind der Markt, Marktpreise und wirtschaftliche Effizienzkriterien. Die Übertragung dieser Sichtweise auf die Umweltplanung führt zu einer unstatthaften Einengung der Beurteilungsmaßstäbe auf ökonomische Kategorien. Auch die fortgeschritteneren nutzwertanalytischen Ansätze sind nicht zu empfehlen, weil sie zu scheinrationalen Ergebnissen führen. Das schließt nicht aus, die Nutzwertanalyse oder darauf aufbauende Verfahren in die Konstruktion systemischer Umweltmodelle einzubeziehen.

Die ökologische Wirkungsanalyse hat einen breiteren theoretischen Unterbau. Sie bemüht sich um die Wechselwirkungen zwischen lebenden Systemen und deren Außenwelt und die Aufklärung der Belastbarkeit solcher Systeme als grundlegende Voraussetzung für die Umweltplanung. Belastungsprobleme sind jedoch von der Ökologie alleine nicht zu lösen. Die Belastbarkeit von Ökosystemen ist vielmehr auch von sozialen und sozialpsychologischen Faktoren abhängig, die in ihrem Zusammenwirken von einer kaum überschaubaren Komplexität sind. Deshalb ist systemischen Sozialindikatorenmodellen der Vorzug zu geben, die nicht fachtheoretischen Beschränkungen unterliegen und alle denkbaren Aspekte der Umweltbelastung erfassen können. Sie sind zur Zeit der einzige methodische Weg, um eine annähernd problemgerechte Bewältigung der vielfältig verflochtenen Umweltproblematik zu leisten.

Sozialindikatorenmodelle zur Erfassung der Umweltbelastungen werden zweckmäßigerweise auf der funktionalen Systemtheorie aufgebaut, weil dieser Ansatz am besten die vergleichende Beurteilung der Wirkungsweise unterschiedlicher Belastungen auf soziale Gruppen und die Abschätzung der Folgen unterschiedlicher Planungsmaßnahmen ermöglicht. Funktionalmodelle sind in einer mathematisierten Form als Simulationsmodell in der Lage, griffige Auskünfte über den Umweltzustand und die Umweltverträglichkeit von menschlichen Eingriffen zu geben. In einer vereinfachten Form können sie als Entscheidungshilfen für den Planer oder für kommunale Umweltorgane eingesetzt werden.

3. Sozialindikatoren und Umweltqualität

3.1 Vorbemerkungen

Der folgende Abschnitt gliedert sich in drei Schwerpunktbereiche. Zunächst werden Überlegungen zu Funktion und Stellenwert von subjektiven Indikatoren für ein Umweltbelastungsmodell angestellt. Dann werden Sozialindikatorensysteme zur Messung von Lebensqualität auf ihre Relevanz für die Umweltqualitätsbestimmung überprüft. Hierbei gibt es im wesentlichen zwei verschiedene Aggregationsstufen. Einmal ist die Gesamtgesellschaft die regionale Bezugsebene und zum anderen die Gesellschaft im sektoralen Ausschnitt, in städtischen Regionen.

Die Frage nach der Relevanz der in diesen Sozialindikatorensystemen zusammengefaßten Sozialindikatoren für ein städtisches Umweltbelastungsmodell setzt eine definitorische Abgrenzung zwischen Lebens- und Umweltqualität voraus. Daher wird auf die Frage noch einmal eingegangen. Im Umweltgutachten 1974 des Sachverständigenrates zum Verhältnis und zur Funktion von Umwelt- und Sozialindikatoren wird folgende Abgrenzung vorgeschlagen:

Umweltindikatoren sollen umweltbezogene Zunahmen oder Einbußen an Wohlergehen kennzeichnen, die durch die volkswirtschaftliche Gesamtrechnung nicht erfaßt werden. In dieser Funktion haben sie die Aufgabe, im Rahmen eines Systems von Sozialindikatoren eine Gruppe zu bilden, die die sozialen Belange auf dem Gebiet der physischen Umwelt zu beurteilen erlaubt[1].

Hierbei bilden die Umweltindikatoren einen Unterbereich des gesamten Indikatorensystems zur Messung von Lebensqualität. Der Weg zu umweltrelevanten Sozialindikatoren führt über die einzelnen Umweltmedien (Wasser, Luft, Boden) hinaus in Bereiche der bebauten Umwelt. Zielvorstellung ist es hier, die gesellschaftliche Wohlfahrt umweltbezogen zu beschreiben und zu messen. Dabei interessieren die Beschreibungen der physischen Umwelt für sich genommen wenig, sondern die Beziehungen zwischen physischer Umwelt und den Menschen.

Daneben gibt es einen alle Lebensbereiche übergreifenden Umweltbegriff[2]. Hier werden folgende Dimensionen der Umwelt ausgegrenzt:

---

[1] Umweltgutachten 1974, Stuttgart und Mainz, S. 218.
[2] Vgl. Böckels, Theorie sozialer Indikatoren.

3.1. Vorbemerkungen

Natürliche Umwelt
- Luft
- Wasser
- Fauna und Tierwelt
- Lärm
- natürliche Ressourcen

Öffentliche Umwelt
- allgemeiner Verkehrsausbau (Straßennetz, Schienennetz, Wasserstraßen, Flugplätze)
- öffentliche Verkehrsmittel
- öffentliche Versorgungs- und Entsorgungseinrichtungen
- Verwaltungseinrichtungen

Personelle Umwelt
- Bestand an Lehrern, Ärzten, Priestern, Landesplanern, etc.

Kulturelle Umwelt
- Theater, Museen, Konzerthäuser
- öffentliche Sportanlagen
- Parks, Erholungszentren

Bildungsbezogene Umwelt
- Bestände an Bildungsreinrichtungen, Schulen, Universitäten, Bibliotheken, etc.

Soziale Umwelt
- Krankenhäuser
- Kindergärten
- Altersheime und sonstige Wohlfahrtseinrichtungen

Industrielle Umwelt
- Bestand an Industrie- und Wohnanlagen

Unser Verständnis von Umwelt bewegt sich auf zwei Ebenen. Die eine bestimmt einen engen Umweltbegriff, der sich auf die Beziehungen zwischen Menschen und den klassischen Umweltbereichen beschränkt (Luft, Wasser, Flora/Fauna, Landschaft). Die zweite Ebene umfaßt darüber hinaus alle als umweltrelevant erscheinenden Interaktionen zwischen Menschen und der natürlichen und bebauten Umwelt.

Eine Interdependenz zwischen physischen Indikatoren und sozialer Stellung wird sichtbar in der bereits erörterten Untersuchung von Jarre über Umweltbelastungen und ihre Verteilung auf die sozialen Schichten[3].

In der sozialwissenschaftlichen Stadtforschung lassen sich Ansätze erkennen, soziale Aspekte von Umwelt zu indikatorisieren. Diese bilden den dritten thematischen Schwerpunkt. Hierzu werden verschiedene theoretische Ansätze aus

---
[3] Jarre, Umweltbelastungen.

Soziologie, Sozialpsychologie herangezogen. Besonderes Gewicht wird auf die Forschung der regionalen Mobilität gelegt.

3.2 Subjektive Indikatoren

3.2.1 Einführung

Um über die Qualität bzw. die Belastung der sozialen Umwelt möglichst valide Aussagen zu machen, sollten die objektiven sozialen Indikatoren durch subjektive Indikatoren ergänzt werden. Auch die subjektiven Einstellungen und Bedürfnisse der Betroffenen im Hinblick auf Faktoren der natürlichen und sozialen Umwelt sollten Belastungsgrenzen im Umweltbereich mitbestimmen. Dies gilt insbesondere dann, wenn Bevölkerungsgruppen tangiert werden, die nur geringe Möglichkeiten haben, ihre Bedürfnisse und Wunschvorstellungen in den politischen Entscheidungsprozeß miteinzubringen.

Subjektive Indikatoren haben eine erklärende Wirkung für Bewußtsein und Handeln von Personen. Den objektiv gegebenen und mit objektiven Indikatoren meßbaren Umweltbedingungen wird die vom Individuum selbst empfundene gute bzw. schlechte Umweltqualität gegenübergestellt.

Die Bezeichnung objektiv soll nicht bedeuten, daß die so ausgewiesenen Indikatoren im Gegensatz zu subjektiven Indikatoren wahrer bzw. allgemein gültiger sind. Objektive Indikatoren stellen direkt meßbare Lebensbedingungen der Menschen, Faktoren der Umwelt, dar, wohingegen subjektive Indikatoren Ausdruck der Beurteilung, Wahrnehmung, Empfindung und Einstellung dieser Lebensbedingungen bei der Bevölkerung sind.

Um relevante Umweltindikatoren für Belastungsgrenzen zu bekommen, müssen zu allen vom Modell umfaßten Umweltfaktoren objektive und subjektive Indikatoren aufgestellt werden. Denn nur die Umweltbelastungen, die auf zwei Ebenen registriert werden, bieten die Gewähr einer umfassenden Information des Entscheidungsträgers. Sozialstrukturelle Merkmale, regionale und zeitliche Gegebenheiten sind Bedingungen für gruppenspezifisch differenzierte Anspruchsniveaus. Die Einbeziehung subjektiver Indikatoren zeigt, wie weit die öffentlichen Leistungen im Umweltbereich den Bedürfnissen der Betroffenen entsprechen. Die Bevölkerung ist in einem solchen Informationssystem nicht nur als Untersuchungseinheit, sondern als Beurteilungsinstanz beteiligt.

Ein Informationssystem aus ausschließlich objektiven Indikatoren kann möglicherweise die Rationalität der politischen Entscheidungsfindung erhöhen, der Wert von subjektiven Indikatoren liegt darin, die Bedeutung subjektiver Aspekte im weitesten Sinne bei den Überlegungen der Entscheidungsträger einzubringen[4].

---

[4] Eckel, Lebensstandardmessung, S. 13.

3.2. Subjektive Indikatoren

Das zweidimensionale Analyseverfahren der Realität benötigt daher eine weitere Ebene, die parallel den objektiven Umweltfaktoren zugeordnet ist.

Auch die Anwendung des Umweltbelastungsmodells zur Umweltverträglichkeitsprüfung (UVP) kommunaler Planungsmaßnahmen macht die Notwendigkeit von subjektiven Indikatoren offensichtlich.

Ein allein auf objektive Indikatoren aufbauendes Umweltbelastungsmodell würde hinter die bereits gesetzlich fixierte Berücksichtigung der Betroffenenbelange in der öffentlichen Maßnahmenplanung zurückfallen. So fordert das Städtebauförderungsgesetz für öffentliche Stadtplanung die Beteiligung der von dieser Planung Betroffenen an der Neuordnung (§ 4 Abs. 2), sowie die Berücksichtigung ihrer sozialen Belange (Sozialplanverfahren, § 8, Abs. 2). Mit Hilfe von subjektiven Indikatoren wäre eine ähnliche Wirkung in der Umweltplanung zu erzielen.

Die Betroffenenbeteiligung im Umweltindikatorenmodell kommt allerdings bei den verschiedenen Umweltfaktoren unterschiedlich zum Tragen: So sind eine Anzahl von Umweltbelastungen im Bereich der physischen Umwelt für die Menschen nicht direkt wahrnehmbar. Dies gilt insgesamt für den Strahlungsbereich, aber auch für bestimmte Ausprägungen von Lärm und Luftverschmutzung. Erst die Information über diese Belastungsfaktoren ermöglicht hier eine Stellungnahme der Betroffenen. Die Informationen müßten sachgerecht und ohne politische Wertung vorgetragen werden und die Gewähr für eine offene und freie Meinungsbildung bieten. Auf diese Schwierigkeiten soll an dieser Stelle nur hingewiesen werden[5].

Andere Umweltfaktoren dagegen können direkt wahrgenommen werden, wie Zugänglichkeit und Anmutungscharakter der bebauten Umwelt (Naherholung, Sportanlagen, Kommunikationseinrichtungen, Wohnumgebung, Verkehr). Die „partizipatorische Wirkung" politisch-administrativer Maßnahmen im Umweltbereich, die durch die Integration von subjektiven Indikatoren in ein Umweltindikatorenmodell erzielt wird, bestimmt alle dort aufgeführten Umweltfaktoren gleichermaßen. Wesentlich ist die Berücksichtigung der Betroffenenmeinung bei der Entwicklung von Umweltqualitätsansprüchen in der kommunalen Planung.

Für den hier vorgeschlagenen Modellansatz sprechen also nicht allein Gründe der Validität, sondern auch gesellschaftspolitische Aspekte. Für Umweltmaßnahmen muß das gleiche gelten, wie für andere öffentliche Interventionsbereiche.

Umweltplanung ist — wie auch schon in der Verordnung zur Umweltverträglichkeitsprüfung ersichtlich — eine Querschnittsplanung, die alle Fachplanungen

---

[5] Vgl. Andritzky und Terlinden, Umweltpolitik.

tangiert. In der Praxis heißt dieses, jede fachplanerische Intervention ist auf ihre Umweltverträglichkeit zu prüfen, und zwar anhand eines Umweltindikatorenmodells, das von vornherein die Meinung der Bevölkerung als eine wesentliche Größe mit in den planerischen Entscheidungsprozeß miteinbezieht. Damit ist auch ein verfahrenstechnischer Aspekt politisch-administrativen Handelns angesprochen, der negative Nebenfolgen von Planung rechtzeitig berücksichtigt und so zur Konfliktverminderung und zur Vermeidung zusätzlichen Arbeitsaufwandes führt.

3.2.2 Systeme subjektiver Sozialindikatoren

Wie auch bei den „objektiven" bzw. „gemischten" Sozialindikatorenlisten gibt es Systeme von „subjektiven Sozialindikatoren". Die drei wichtigsten, d.h. die in ihrer Konstruktion am weitesten fortgeschrittenen, sind:

— Pattern of Human Concern („Hopes and Fears")[6]
— Perceived life Quality Seale[7]
— Quality-of-Life-Survey[8]

Beim ersten Ansatz werden Maße der individuellen Zufriedenheit, Aspirationen und Wertvorstellungen gemessen. Vorläufer solcher Untersuchungen, die immer auch empirische Feldforschung ist, sind die von Hadley Cantril begonnenen Studien. Der Grundgedanke dieser Untersuchungen ist es, die Aspirationen der Befragten und ihren sozialen Status bezüglich dieser Aspirationen mit einem Minimum an Vorgaben zu ermitteln. Es werden keine Kategorien in Form von Fragebögen vorgegeben oder die Antworten standardisiert. Die Befragten werden nach ihren Hoffnungen und Befürchtungen befragt, über die sie frei assoziieren können. Daraus lassen sich die Aspekte erkennen, die sie im positiven wie auch im negativen Sinn für besonders wichtig halten. Als zweiter Gesprächskomplex werden die Beurteilungen der persönlichen Lebenssituation und die Lage der Gesellschaft, und zwar in Vergangenheit, Gegenwart und Zukunft angesprochen. Es erfolgt dabei eine Einordnung auf einer Bewertungsskala.

Im Perceived Life Quality Seale Projekt ist zunächst mit Hilfe von freien Interviews eine Fragenliste zusammenzustellen. Das Untersuchungsziel ist die endgültige Fassung der relevanten Fragen, die dann in standardisierter Form für Meinungsumfrageinstitute zu benutzen wären. Die verfahrenstechnische Vorgehensweise basiert darauf, daß zunächst die Befragten die relevanten Lebensbereiche und Bewertungskriterien benennen.

Bislang wurden 120 Komplexe zusammengestellt und anhand der Clusteranalyse auf 30 Komplexe reduziert. Daraus wurde dann eine Teilmenge sub-

---

[6] Cantril, Pattern.

[7] Andrews und Withey, Life Quality.

[8] Campbell, Converse und Rodgers, Quality of American Life.

jektiver Sozialindikatoren durch systematisches Aussortieren und Bündeln herauskristallisiert.

Die von Campbell durchgeführte große Umfrage zur Beurteilung der Lebensqualität in den USA – Quality-of-life-Survey – basierte auf der von Cantril vorgegebenen Systematik. Es wurde eine Gesamtbewertung (things in general) der jeweiligen Lebenssituation der Befragten gefordert, und zwar für die Gegenwart, die Vergangenheit und die Zukunft. Der zweite Untersuchungsschritt bestand in der Beurteilung von zwölf Lebensbereichen nach Zufriedenheit und nach Wichtigkeit. Zwei neue Dimensionen wurden hinzugefügt, nämlich die Frage, worauf „Leute wie man selbst" einen Anspruch haben, und die Frage nach der gegenwärtigen Lage ausgewählter Statusgruppen. Diese Studie ermittelte subjektive Indikatoren:

— zur Zufriedenheit mit dem Leben im allgemeinen,
— mit einzelnen Lebensbereichen,
— der perzipierten Entwicklung,
— der Wertmaßstäbe bezüglich der eigenen Stellung und
— der sozialen Stellung relevanter Bezugsgruppen.

Die Basishypothese dieser Systeme subjektiver Indikatoren ist, daß Lebensqualität nicht nur eine Funktion der objektiven Lebensumstände eines Menschen ist, sondern ebenso eine Funktion seiner Erwartungen.

3.2.3 Individuell-theoretische Bewertungsansätze

Allgemein sind zwei Arten von subjektiven Indikatoren in Hinsicht auf ihren politischen Kontext zu unterscheiden. Einmal werden die Leistungen des gesellschaftlichen Systems oder spezifischer Subsysteme in der Perzeption der Individuen ermittelt (Beurteilungsansatz).

Diese Art von subjektiven Indikatoren setzt eine individuelle Beurteilung der Leistung des Systems durch die befragten Personen voraus.

Bei der zweiten Art von subjektiven Indikatoren ist die psychische Situation der Individuen Ausgangsbasis, ohne daß damit ein Rückbezug von den festgestellten Satisfaktionsniveaus auf strukturelle Zusammenhänge und Determinanten und Leistungen gesellschaftlicher Institutionen und Gruppen intendiert wäre (Zufriedenheitsansatz). Es geht hierbei allein um die Erfassung von Satisfaktionsniveaus verschiedener gesellschaftlicher Gruppen.

Der letztgenannte „Zufriedenheitsansatz" stellt die Zufriedenheit von Personen den gesellschaftlichen Leistungen gegenüber. Daran wird dann die Qualität der öffentlichen Leistungen gemessen. In der Literatur zum Thema wird dieses Konzept oft stark kritisiert. Zwei Hauptargumente der Kritik sind:

- Das Individuum wird in eine allein konsumierende Rolle gedrängt.
- Zufriedenheit als zu messende Kategorie kann sowohl das Erreichen eines Ziels bedeuten, wie auch das Abfinden mit dem Nichterreichen.

Ohne inhaltliche Bezugspunkte zwischen strukturellen Umweltqualitäten und subjektiven Empfindungen ergeben sich keine aussagekräftigen Informationen. Zu bevorzugen ist daher der „Beurteilungsansatz". Hierbei wird dem Individuum eine bewertende Funktion zugeschrieben. Es soll seine tatsächlichen Umweltverhältnisse einschätzen. Aber auch hier ist der Bezugspunkt, auf den hin geurteilt werden soll, problematisch. Im Hinblick „auf was" sollen die Personen ihre Situation bewerten?

Neben den bereits vorgestellten Bewertungsansätzen soll als weiterer theoretischer Bezugsrahmen ein auf Personen ausgerichtetes Interpretationsschema angewandt werden. Hierbei ist die Herstellung von Vergleichbarkeit zwischen den verschiedenen Personen wesentlich.

Normativer Bezugspunkt ist die Stabilität des psychischen Systems von Personen, das als ein dynamisches System gesehen wird, in dem kontinuierlich Bedürfnisse/Probleme/Konflikte entstehen, befriedigt bzw. gelöst werden.

Eine Belastung würde dann entstehen, wenn der Abstand zwischen Bedürfnissen (Soll-Zustand) und seiner Möglichkeit zur Befriedigung so groß ist, daß er nicht überbrückt werden kann.

Zur Operationalisierung von subjektiven Indikatoren wird allgemein der Abstand zwischen wahrgenommenen Ressourcen zur Bedürfnisbefriedigung und den angestrebten Ressourcen genommen oder anders ausgedrückt, der Grad der Erreichbarkeit zur Bedürfnisbefriedigung gilt als Weg, um subjektive Indikatoren vergleichbar zu machen und zu messen[9].

Bedürfnisse sind abhängig von unterschiedlichen Ziel- und Wertsystemen. Es würde zu weit führen, hier die sozialwissenschaftliche Diskussion zum Bedürfnisbegriff darzustellen. Es soll im folgenden Abschnitt auf Bedingungen und Voraussetzungen von Einstellungen und Erwartungen eingegangen werden.

3.2.4 Gruppenspezifische Bewertung subjektiver Indikatoren

Die sozialwissenschaftlichen Untersuchungen zum Thema zeigen, daß Menschen aller Bevölkerungsschichten Informationsverarbeitungsprozesse vollziehen, die von ihrer konkreten Umgebung beeinflußt sind. Ihre alltägliche Erfahrung und hier insbesondere die berufliche Erfahrungssituation spielen bei der Umwelt-Wahrnehmung eine wesentliche Rolle. Untersuchungen bei Industrie-

---

[9] Hondrich, Subjektive Indikatoren der Lebensqualität.

3.2. Subjektive Indikatoren

arbeitern zeigen sogar noch eine Widerspiegelung nach den Unterschieden der Arbeitsplatzsituation[10].

In der personalen Struktur schlagen sich Erfahrungen in bezug auf die „Zugänglichkeit" der Umwelt nieder und determinieren die Selbstverwirklichungsaspiration.

„Mit der Erwartung oder Erfahrung einer mehr oder weniger großen Zugänglichkeit der gesellschaftlichen Umwelt verbindet sich in sehr vielen Fällen ihre „positive" (optimistische, vertrauensvolle) oder „negative" (pessimistische, mißtrauische) Bewertung."[11]

Neben diesem personalen Aspekt ist auch das schichtenspezifische Wertsystem zu berücksichtigen. Untersuchungen zeigen, daß die Angehörigen der sogenannten Unterschicht niedrigere Bildungs- und Berufsaspirationen haben, im Verhältnis zu den Erwartungen anderer bildungsprivilegierter Bevölkerungsgruppen. Diese Tatsache wird als Resultat eines kollektiven Dissonanz-Reduktionsprozesses gesehen, in dem die allgemein vertretenen, vorherrschenden „Idealziele" einer Gesellschaft in Konsistenz mit den im Lebensraum der „Unterschicht" gemachten Erfahrungen sowie den gesellschaftlichen Erwartungen gegenüber dieser Bevölkerungsgruppe herabgesetzt werden[12].

Einige Untersuchungen, die Hinweise geben zu den Zusammenhängen zwischen sozialer Stellung und umweltbedingter Benachteiligung sind bereits durchgeführt worden[13]. Daran anknüpfend sind Grundsätze zur Bewertung von subjektiven Indikatoren zur Umweltqualität abzuleiten.

Da hier die subjektiven Indikatoren und damit die Wahrnehmungen und Einstellungen im Vordergrund stehen, ist auf die Abhängigkeit zwischen sozialen und demographischen Gegebenheiten der Bevölkerung und ihre Wahrnehmungen und Einstellungen hinzuweisen. Beide — Wahrnehmung und Einstellung — bestimmen das Aspirationsniveau und damit auch die Aussagen über die Qualitäten der Umwelt.

Ohne näher auf die reichhaltigen Forschungen zum Verhältnis zwischen Wahrnehmungen und Einstellungen einzugehen, wird hier von der allgemein

---

10 Vgl. Kern und Schumann, Arbeiterbewußtsein.
11 Klages, Gesellschaft, S. 49.
12 Vgl. Kmieciak, Wertwandel.
13 Vgl. Jarre, Umweltbelastungen; Agritellis und Kögler (GEWOS), Erarbeitung von Kriterien und Methoden zur Feststellung und Bewertung sozialer Benachteiligung im Stadtentwicklungsprozeß, Forschungsbericht im Auftrage des Bundesministeriums für Raumordnung, Bauwesen und Städtebau; Albrecht, August, Bormann, Dyckhoff und Terlinden, Verkehrsbedingungen von benachteiligten Bevölkerungsgruppen als Leitgröße für eine zielorientierte Stadt- und Verkehrsplanung, Forschungsbericht im Auftrage des Bundesministeriums für Verkehr.

verifizierten Hypothese ausgegangen, die Einstellungen als Voraussetzungen von Wahrnehmungsstilen sieht.

Für die Beleuchtung der Beziehungen zwischen sozialökonomischen und sozialdemographischen Gegebenheiten einerseits und den Wahrnehmungsstilen andererseits ist die sozialpsychologische Forschungsrichtung zur Thematik der „social perception" heranzuziehen.

Dieser Ansatz untersucht die Fragestellung der sozialen Mitbedingtheit unserer Wahrnehmung. Bekanntester Vertreter ist Graumann, der die Selektivität der Wahrnehmung zu erklären sucht.

„... die Einstellung, die der einzelne mit in eine Wahrnehmungs-Situation bringt, ist eine Funktion seiner herrschenden Motive, Bedürfnisse, Haltungen und der Persönlichkeits-Struktur, die ihrerseits wieder alle Produkte der Wechselwirkung zwischen dem Organismus und seiner sozialen Umwelt sind."[14]

Untersuchungen zur gleichen Thematik bestätigen diese Hypothesen. Hierbei werden die „Gesellschaftsbilder" verschiedener Bevölkerungsgruppen erforscht. Auch dort zeigt sich, daß es starke Beziehungen zwischen dem Gesellschaftsbild der Menschen und ihrer alltäglichen Erfahrungssituation gibt. Alle bisher erforschten Gesellschaftsbilder weisen durchgehend eine starke „subjektive" Komponente auf.

„Was die Menschen von der Gesellschaft, in der sie leben, sehen, was sie von ihr denken und halten, wird von der Art und Weise, auf die sie mit ihr in direkte Berührung geraten, maßgeblich beeinflußt. Dabei zeigt sich eine ausgeprägte ‚egozentrische' Haltung. In ihr schlagen sich insbesondere Erfahrungen und Erwartungen bezüglich der ‚Offenheit' und ‚Zugänglichkeit' der Umwelt gegenüber den eigenen Selbstverwirklichungsaspirationen nieder."[15]

Dies gilt auch für die Umweltwahrnehmung der sozial benachteiligten Bevölkerungsgruppen. Diese Bevölkerungsgruppen neigen dazu, ihre negativen Umweltbedingungen positiver zu sehen. Das von Unzulänglichkeitswahrnehmungen geprägte Umweltbild kann bei ihnen positiv gefärbt sein[16]. Sie sehen ihre soziale Stellung als unabwendbares Schicksal oder als Teil einer notwendigen Ordnung. Das Umweltbild solcher Bevölkerungsgruppen ist zwar tendenziell negativ, gleichzeitig besteht auch eine positiv gestimmte Neigung zum Sich-Abfinden.

Leon Festingers „Theorie der kognitiven Dissonanz" erklärt dies mit der sukzessiven Angleichung von Aspirationen und tatsächlichen Verfügungsrealitäten.

---

[14] Bruner und Postmann, zitiert nach: Graumann, Handbuch der Psychologie.
[15] Klages, Gesellschaft, S. 48.
[16] Klages, Gesellschaft, S. 49.

Auch die Thesen von der Tendenz zur Verschmelzung eines ‚personalen' mit dem ‚sozialen' Selbstbild erklären derartige Phänomene[17]. Die sozial benachteiligten Bevölkerungsgruppen erbringen durch innere Anpassung an ihre soziale Lage eine Reduktion ihrer Frustrationsempfindlichkeit.

Die Menschen aus sozial benachteiligten Bevölkerungsgruppen haben auch ihre Erwartungen an die Umweltqualität reduziert. Das gilt ebenso für Bewohner besonders belasteter Gebiete. Bei beiden hat sich ein Dissonanz-Reduktionsprozeß vollzogen.

Zwei Merkmale einer angepaßten und nicht den eigentlichen Interessen entsprechenden Aussage zu den subjektiv empfundenen Umweltgegebenheiten sind zu registrieren. Einmal deutet eine niedrige soziale Stellung darauf und zum zweiten die gemessenen objektiven Indikatoren, die eine starke Umweltbelastung anzeigen. Darauf, daß diese beiden Merkmale meist miteinander korrespondieren, wurde bereits hingewiesen.

Um gleichwertige subjektive Indikatoren für alle Bevölkerungsgruppen in allen Gebieten zu bekommen, muß innerhalb eines Umweltindikatorenmodells ein ausgleichendes Instrumentarium vorhanden sein, das eine Vergleichbarkeit zwischen den subjektiven Indikatoren ermöglicht. Immer wenn die beiden Merkmale: sozial benachteiligte Bevölkerungsgruppe und stark belastetes Gebiet auftreten, sind die Wahrnehmungen zur Umweltqualität genauer zu hinterfragen und nach Maßgabe einer Gewichtung die Vergleichbarkeit mit anderen Bevölkerungsgruppen und anderen Gebieten herzustellen.

3.2.5 Methoden der Erhebung subjektiver Indikatoren

Als Verfahren zur Erhebung von subjektiven Indikatoren kommen aus der Definition subjektiver Indikatoren nur empirische in Betracht. Die Ermittlung von subjektiv empfundenen Belastungsmerkmalen im sozialen Umweltbereich erfolgt nach den Methoden der empirischen Sozialforschung.

Hier gelten die Anforderungen, wie sie für jede empirische Anwendung dieser Methoden gelten[18]. Deshalb nur einige Hinweise auf Charakteristiken der einzelnen Methoden.

Die schriftliche Befragung ist die wirtschaftlich effizienteste Form. Hierbei sind offene und geschlossene Fragen zu unterscheiden. Geschlossene oder standardisierte Fragen geben Antwortmöglichkeiten vor und sind dann direkt mit der EDV auszuwerten. Offene Fragen sind entweder erst noch zu standardisieren oder gleich durch die Befragungsinstanz zu interpretieren.

---

[17] Vgl. Dreizel, Gesellschaftsbild.
[18] Vgl. Friedrichs, Sozialforschung.

Das gleiche gilt für Interviews. Allgemein ist zu sagen, daß eine standardisierte schriftliche Befragung an Erkenntnissen weniger ergibt als ein offen strukturiertes Interview. Beim letzten kann auf den Befragten eingegangen werden und möglicherweise das Aspirations-„lag" bei den sozial benachteiligten Gruppen ausgeglichen werden. Allerdings ist der Arbeitsaufwand bei dieser Form am größten.

Als eine weitere — eher ergänzende — Methode kann das Gruppengespräch angewandt werden, das durch einen Kommunikationsprozeß zwischen den Betroffenen mögliche Belastungen durch die Umwelt offenlegt. Schwierig ist hier die Auswertung, da solch ein Gruppengespräch fast unstrukturiert läuft und wenig Auswertungskategorien bietet.

3.3 Umweltrelevante Sozialindikatoren aus Indikatorensystemen

Nachfolgend[19] sollen sieben globale Indikatorenmodelle auf nationalstaatlicher Ebene auf einen möglichen Umweltbezug untersucht werden. In den hier aufgeführten Beispielen werden die bekanntesten ausländischen Sozialindikatorensysteme kurz dargestellt, wohingegen die speziell für die Bundesrepublik zugeschnittenen ausführlich behandelt werden[20].

Es handelt sich um Modelle, die uns in bezug auf unser Erkenntnisinteresse als wichtig erscheinen, umweltrelevante Bezüge in Sozialindikatoren-Modellen zu erkennen.

3.3.1 Net National Welfare — level of living-Index

Das „Net National Welfare System" wurde vom Economic Council of Japan entwickelt. Es ist ein Versuch, die gebräuchliche produktionsorientierte volkswirtschaftliche Gesamtrechnung durch eine konsumorientierte Wohlfahrtsrechnung zu ergänzen. Hierbei werden sowohl der einheitliche Rechnungsrahmen wie auch die Aggregationsstufen übernommen.

Komponenten wie Freizeit, Hausfrauenarbeit auf der Plusseite werden ebenso in die Gesamtrechnung aufgenommen wie Urbanisierungs- und Umweltkosten.

Da innerhalb dieses Systems eine Indikatorisierung allein durch monetäre Größen erfolgt und diese nicht explizit ausgeführt sind, lassen sich hier keine Anhaltspunkte für ein Umweltbelastungsmodell finden.

Der „level-of-living-Index" bewertet im Gegensatz zum japanischen System nicht in Geldeinheiten. Anzeigen für Lebensqualität sind Wohlfahrtswerte. Ab-

---
[19] Vgl. Zapf, Soziale Indikatoren.
[20] Vgl. Synopse umweltrelevanter Sozialindikatoren aus: Indikatorensysteme zur Bestimmung der Lebensqualität (s. Anlage 1).

sicht dieses Vorgehens ist, die Berücksichtigung auch der Erträge, die mit dem ökonomischen Wert nicht zu erfassen sind. Zur Bewertung werden folgende Schwellenwerte eingeführt:
— unzumutbar,
— unzureichend,
— angemessen,
— Überfluß.

Zum Aufbau dieses Systems meint Zapf:

„Insgesamt handelt es sich um die mehrstufige Anwendung des an sich konventionellen Verfahrens der Indexkonstruktion zur Messung von ‚Wohlfahrtsströmen' in realen Größen. Diese Größen sind soziale Indikatoren; ihr Systemzusammenhang ergibt sich aus der wissenschaftlich und politisch begründeten Auswahl von Dimensionen und Schwellenwerten (Standards)."[21]

Es werden sieben Zielbereiche angesprochen, u.a. auch die physische und soziale Umwelt.

3.3.2 Common Social Concerns – System of social and demographic statistics

Die beiden folgenden Ansätze sind die international bekanntesten Indikatorensysteme.

1970 begann bei der O.E.C.D. ein „Programme of Development of Social Indicators" mit der Aufgabenstellung „Zielbereiche" (goal areas), „gesellschaftspolitische Oberziele" (social concerns) und „soziale Indikatoren" für die Verbesserung der individuellen Lebenssituation zu entwickeln. Hierbei ist das Individuum bewußt als Bezugspunkt gewählt worden. Die dafür konstituierte Kommission stellt einen Katalog von Wohlfahrtszielen und -maßen auf, die dann von den einzelnen Ländern durchzusetzen sind.

Der erste Katalog wurde 1973 erstellt, der bislang ergänzt und verfeinert wurde.

Insgesamt sind in der „List of Social Concerns" acht „primary goals areas" genannt, die von den meisten Mitgliedsländern als besonders zu untersuchende Bereiche angesehen werden. Dies sind: health; individual development through learning; employment and the quality of life; time and leisure; command over goods and services; physical environment; personal safety and the administration of justice; social opportunity and participation.

Das OECD-Programm besteht aus einer Zielhierarchie der oben genannten acht Zielbereiche, 24 Oberzielen und 56 Einzelzielen. Die sozialen Indikatoren

---
[21] Zapf, S. 173 f.

sind noch nicht spezifiziert. Die Kritik an diesem System konzentriert sich hauptsächlich auf die Theorielosigkeit dieses Ansatzes[22].

Das Statistical Division des United Nations Economic Council entwickelt seit einigen Jahren ein Modell für ein System der sozialstatistischen Gesamtrechnung. Grundlage des Systems of Social and Demographic Statistics (SSDS) ist die Input-Output-Analyse des englischen Ökonomen Richard Stone, in der nicht in Geldeinheiten gerechnet wird, sondern mit Beständen und Strömen von Personen.

Die Bezugseinheit ist der individuelle Lebensverlauf in Zyklen. Lernphase (Schule, Ausbildung), Erwerbsphase (Berufstätigkeit) und die Ruhestandsphase bilden die drei Hauptelemente in diesem Modell. Zu diesen können dann Zusammenhänge zu Subsystemen, wie z.B. dem Gesundheitssystem, hergestellt werden.

Das SSDS-Programm will mit seiner Systematik die nationalen Statistischen Ämter dazu auffordern, ihre Sozialstatistik in diese Richtung hin zu systematisieren[23]. In den Publikationen der Vereinten Nationen wird die OECD-Liste dem SSDS-Programm gegenübergestellt[24].

Den im SSDS-Programm aufgeführten „Subjects of social concern":

- Population (A)
- Family formation, families and households (B)
- Learning and educational services (C)
- Earning activities and the inactive (D)
- Distribution of income, consumption and accumulation (E)
- Social security and welfare services (F)
- Health and health services (G)
- Housing and its environment (H)
- Public order and safety (I)
- Allocation of time and use of leisure (J)
- Social stratification and mobility (K)

werden Sozialindikatoren zugeordnet.

Nach der ersten Durchsicht dieser Sozialindikatorenliste werden fast ausschließlich Dimensionen der allgemeinen Lebensqualität aufgeführt. Die Dimensionen „health and health services" wie auch „housing and its environment" zeigen eindeutig Interdependenzen zum Umweltbegriff. Aber auch „learning

---

[22] Vgl. u.a. Eberlein, Wissenschaftstheoretische Probleme eines Systems sozialer Indikatoren.

[23] Vgl. Towards a System of Social and Demographic Statistics, in: Studies in Methods – Department of Economic and Social Affairs – Statistical Office, United Nations Publication.

[24] Ebenda.

and educational services" und „social security and welfare services", wie auch andere könnten in ein weitgefaßtes Umweltmodell integriert werden. Die Dimension „Population" wird später im Abschnitt zu der Aussagekraft von Wanderungsströmen im Hinblick auf die Umweltqualität in Teilregionen behandelt.

Die Dimension „health and health services" wird differenziert in: State of health; Availability and use of health service and performance of health services.

Der Gesundheitszustand wird durch die Sterberate, die Lebensdauer und die Invalidität erfaßt. Unterschieden werden diese Indikatoren nach Geschlecht, Alter, Stadt, Land und Nationalität.

Das Angebot und der Gebrauch des Gesundheitssystems wird in Besuchshäufigkeit bzw. Verhältnis zwischen zur Verfügung stehenden Einrichtungen pro 1 000 Personen gemessen.

Hierbei ist der regionale Standpunkt zu berücksichtigen. Erreichbarkeitskriterien sind aber nicht angegeben. Die Aufgabenerfüllung des Gesundheitsdienstes wird gemessen im Verhältnis von durchschnittlichen Belegungsquoten zu den zur Verfügung stehenden Betten pro Tag in Krankenhäusern. Auch hier wird regional unterschieden.

Die Dimension „Housing and its environment" wird unterteilt in: State and distribution of housing; Adequacy of supply of housing; Tenure of and outlays on housing; Public housing assistance and State of the housing environment.

Wie im folgenden noch zu sehen sein wird, unterscheiden sich die Zielbereiche dieser beiden Indikatorensysteme zur Messung der Lebensqualität nicht wesentlich von denen, die in den Systemen für die Bundesrepublik vorhanden sind, so daß direktere Relationen zu einzelnen Umweltbezügen erst bei den nachfolgenden Indikatorenmodellen bearbeitet werden können. Die dazu notwendige Aufführung der einzelnen Indikatoren auch für diese Modelle würde zu weit führen und auch Wiederholungen bringen. Ziel dieses Abschnitts war, einen kurzen Überblick über die international bekanntesten Globalmodelle zur Messung der Lebensqualität zu geben[25].

3.3.3 *Sozialpolitisches Entscheidungssystem*

Das erste für die Bundesrepublik Deutschland entwickelte System von Sozialindikatoren besteht seit 1976.

Als „SPES-Indikatorentableau 1976" ist es Teil eines gesamten Forschungsfeldes zur Sozialberichterstattung für die BRD.

---
[25] Vgl. Indikatorenlisten in den Anlagen.

Die Sozialberichterstattung will in Analogie zur Wirtschaftsberichterstattung über gesellschaftliche Strukturen und Prozesse sowie über die Voraussetzungen und Konsequenzen gesellschaftspolitischer Maßnahmen regelmäßig, rechtzeitig, systematisch und autonom informieren[26].

In diesem Sinne ist auch das Umweltbelastungsmodell als Informationssystem für die Umweltverträglichkeitsprüfung politisch-administrativer Maßnahmen Teil dieser Sozialberichterstattung.

Die Bearbeiter des SPES-Projektes bauten ihr System auf dem Hintergrund des von Stone entwickelten weitgefaßten und offenen Verständnisses von Sozialindikatoren auf, das auch für das weiter oben dargestellte SSDS-Programm der Vereinten Nationen benutzt wurde.

„Soziale Indikatoren beziehen sich auf Bereiche gesellschaftspolitischer Bedeutsamkeit, und sie können dazu dienen, unsere Neugierde zu befriedigen, unser Verständnis zu verbessern oder unser Handeln anzuleiten. Sie können die Form einfacher statistischer Reihen haben, oder sie können synthetische statistische Reihen sein, die durch die mehr oder weniger komplizierte Verarbeitung einfacher Reihen gewonnen werden. ... Soziale Indikatoren sind eine Teilmenge der Daten und Konstrukte, die aktuell oder potentiell verfügbar sind; sie unterscheiden sich deshalb von anderen Statistiken nur durch ihre Relevanz und Brauchbarkeit für einen der oben genannten Zwecke."[27]

Insgesamt wurden zehn als für die Wohlfahrtsentwicklung in der Bundesrepublik relevant angesehene Zielbereiche ausgewählt:

I	Bevölkerung,
II	Sozialer Wandel und Mobilität,
III	Arbeitsmarkt und Beschäftigungsbedingungen,
IV	Einkommen und Einkommensverteilung,
V	Einkommensverwendung und Versorgung,
VI	Verkehr,
VII	Wohnung,
VIII	Gesundheit,
IX	Bildung,
X	Partizipation.

Als weiterer Zielbereich war noch — und das ist in diesem Zusammenhang interessant — „Physische und soziale Umwelt" vorgesehen. Er konnte aber aus Kostengründen nicht bearbeitet werden. Ohne im einzelnen auf die Ableitungssystematik des SPES-Systems einzugehen, sollen hier nur die dort aufgestellten Sozialindikatoren auf ihre Umweltrelevanz geprüft werden. Hierbei ist zu sagen, daß im SPES-Sozialindikatorensystem einerseits sog. ideale Sozialindikatoren

---

[26] Vgl. Zapf, Lebensbedingungen in der Bundesrepublik.

[27] United Nations Secretorial, Towards a System of Social and Demographic Statistics,

3.3. Umweltrelevante Sozialindikatoren aus Indikatorensystemen

aufgestellt werden und andererseits aber auch Sozialindikatoren, die bereits aus den bestehenden vielfältigen Datenbeständen herausgezogen werden können. Hier werden aus pragmatischen Gründen allein die letzteren behandelt. Als Zielbereiche, die offensichtlich Bezüge zur Umweltqualität haben, werden die Komponenten „Verkehr", „Wohnung", „Gesundheit" näher untersucht[28].

Der Verkehrsbereich wird unterteilt in:

- Leistungsfähigkeit des Verkehrssystems,
- Komfort und Sicherheit des Verkehrssystems,
- Kosten des Verkehrssystems,
- Belastungen durch den Verkehr,
- Effizienz des Verkehrssystems.

Zu fast allen sog. Unterdimensionen sind Indikatoren aufgestellt worden.

Die Leistungsfähigkeit des Verkehrssystems wird gemessen an:

SPES-Indikator

- Privater Personenverkehr   Verfügungsquote privater Verkehrsmittel
- Öffentlicher Personenverkehr   Zugang zum kollektiven Nahverkehr
- Qualität der Verkehrsleistungen   Erwerbstätigenquote mit zu langen Pendelzeiten

Alle drei SPES-Indikatoren sagen etwas über die Umweltbedingungen in einer Teilregion aus. Erreichbarkeit, einmal allgemein als Bedingung, den ÖPNV zu erreichen (Standortbezug Nahbereich), und zum anderen als Wegzeit zum Arbeitsplatz für ÖPNV und Individualverkehr (Standortbezug im großen Gebiet). Durch die Verfügungsquote von privaten Verkehrsmitteln läßt sich das Ergebnis relativieren.

Der Komfort und die Sicherheit von Verkehrssystemen wird nur im Sicherheitsaspekt indikatorisiert:

SPES-Indikator

- Komfort der Verkehrsteilnehmer
- Sicherheit des Verkehrssystems   Verkehrsrisiko der Gesamtbevölkerung
Verkehrsrisiko der Kinder
Verkehrsrisiko älterer Menschen

Hier sind wohl alle drei Indikatoren umweltrelevant, da die Quote von Verkehrsunfällen sehr für die Umweltqualität von städtischen Quartieren bestimmend ist. Die Spezifizierung der beiden sogenannten Risikogruppen ist besonders positiv zu bewerten.

---

[28] Indikatoren für die restlichen Zielbereiche s. in der Anlage 2.

Unfallschwerpunkte zwischen Fußgängern und Autofahrern bzw. Straßenbahnen im Wohnumfeld determinieren stark das areale Aktivitätensystem und beeinträchtigen diejenigen Bevölkerungsgruppen insbesonders, die im wesentlichen auf den Nahbereich angewiesen sind, wie Kinder und alte Menschen.

Die Kosten des Verkehrssystems sind aufgeteilt „gesellschaftliche Kosten" und „private Kosten der Verkehrsteilnahme". Beide Indikatoren sind nicht direkt umweltrelevant. Allein, wenn überhaupt Einkommen und seine Verteilung einbezogen werden, kommt auch dieser verkehrliche Aspekt in Betracht.

Die Belastung durch den Verkehr wird durch die
— Quote der durch Verkehrslärm gestörten Personen

erfaßt. Dieser „subjektive Indikator" ist für ein Umweltbelastungsmodell wesentlich und sollte unter den im vorigen Abschnitt ausgeführten Bedingungen von „subjektiven" Indikatoren auf jeden Fall in einem Umweltbelastungsmodell vorhanden sein.

Die Effizienz des Verkehrssystems wird indikatorisiert durch:
— Gesamtwirtschaftlicher Energieverbrauch,
— Flächenverbrauch des Verkehrssystems.

Für ein kommunalbezogenes Umweltbelastungsmodell ist der gesamtwirtschaftliche Energieverbrauch nicht wesentlich. Es wäre allerdings zu prüfen, ob der Energieverbrauch auf einem regional enger begrenzten Gebiet in ein solches Modell integriert werden müßte.

Der Flächenverbrauch von Verkehrssystemen ist ein wichtiger Bestimmungsfaktor für das Wohnumfeld. Aber auch für die Attraktivität weiterer städtischer Teilregionen sind die Flächen, die allein dem Verkehr zur Verfügung stehen, relevant.

Der Bereich Wohnung ist in neun Unterteilungen aufgegliedert. Neben dem Versorgungsniveau mit Wohnungen steht die Versorgungsanlage mit Wohnraum.

Die Indikatoren dazu sind:

— Versorgungsniveau mit Wohnungen,
— Versorgungsniveau mit Wohnräumen.

Die Qualität der Wohnungsausstattung wird allein durch:

— Minimalstandard und
— Normalstandard

gemessen. Dieser „innere Wohnwert" wird durch einen „äußeren Wohnwert" ergänzt. Die Qualität der Wohnumwelt wird durch subjektive Indikatoren erfaßt. Hier sollen Umfragen

— Lärmbelastung von Wohnungen und

3.3. Umweltrelevante Sozialindikatoren aus Indikatorensystemen 87

– gestörte Sozialbeziehungen in der engeren Wohnumwelt

registrieren. Kosten der Wohnungsversorgung sind durch

– durchschnittliche Mietbelastung und
– Tragbarkeit der Mietbelastung

indikatorisiert. Wirtschaftsrechnungen und Einkommens- und Verbraucherstichproben bieten Daten dafür an. Die Wohnungssicherheit wird mit dem Anteil der

– Haushalte mit Wohnungseigentum

erfaßt. Die Streuung des Wohnungseigentums innerhalb der Sozialstruktur mißt die

– Häufigkeit von Wohnungseigentum im Vergleich Selbständige/Arbeiter und Arbeiter/Angestellte.

Die Ungleichheit in der Wohnungsversorgung wird durch Aggregierung der vorher genannten Indikatoren erkannt. Als letzte Differenzierung ist im SPES-System die Zufriedenheit mit den Wohnbedingungen genannt, die als subjektiver Indikator die Einstellung der Bevölkerung zu ihren Wohnverhältnissen zeigt. Als besonders hervorzuhebende Indikatoren im Bereich Wohnung sind die Lärmbelastung von Wohnungen sowie gestörte Sozialbeziehungen in der engeren Wohnumwelt anzuführen. Insbesondere der letzte Sozialindikator tritt in anderen großen Sozialindikatoren-Systemen nicht auf. Leider ist aber eine weitere Ausdifferenzierung dieses Sozialindikators vonnöten, um anhand von Umfragen zuverlässige und valide Ergebnisse zu erhalten. Ebenfalls positiv gibt der Anteil der Haushalte mit Wohnungseigentum einen wesentlichen Hinweis auf die Wohnqualität eines Viertels, da Wohnungseigentum meist korrespondiert mit einem hohen Anteil an Grünflächen.

Für ein städtisches Umweltbelastungsmodell sind alle die in dem SPES-Indikatorensystem im Zielbereich Wohnen angegebenen Indikatoren interessant. Wohnungsqualität bzw. Wohnumfeldqualität sind Teil der bebauten Umwelt. Von der kommunalen Planung sind diese Sozialindikatoren insbesondere zu berücksichtigen in der Festlegung der Flächennutzung, der Bebauung und in der Verkehrsplanung. Vor allem die Sanierungsplanung bietet für die öffentliche Hand starke Interventionsmöglichkeiten. So kann z.B. auch der Wohnungsschlüssel in den Ausschreibungen zur Neuordnung dieser Gebiete festgesetzt werden.

Die Gesundheit der Bevölkerung teilt sich auf in den Gesundheitszustand, Gesundheitssicherung und gesundheitsrelevante Lebensbedingungen. Der Gesundheitszustand wird durch die:

– Lebenserwartung 0-jähriger,
– Lebenserwartung 30-jähriger,

— Lebenserwartung 60-jähriger,

durch Gesundheit des Lebens:

— Arbeitsunfähigkeitstage je Person und Jahr,
— Krankenhaustage je Person und Jahr,
— Invaliditätsquote,
— Aufnahmequote in psychiatrische Anstalten

sowie durch die subjektive Zufriedenheit und Gesundheit durch Umfragen gekennzeichnet.

Der Bereich Gesundheitssicherung erfaßt den Versicherungsschutz und den Anteil der Gesundheitskosten am Bruttosozialprodukt. Dieser „gesamtgesellschaftliche" Aspekt von Gesundheit ist zwar eine Voraussetzung auch von städtischer Gesundheit, aber über Umweltqualität für eine räumlich begrenzte Region sagen diese Indikatoren nichts aus.

Im dritten Teil des Zielbereichs Gesundheit — den gesundheitsrelevanten Lebensbedingungen — sagen dagegen die Indikatoren über die Umweltbedingungen einer Teilregion etwas aus. So ist der Aspekt Arbeitswelt und Gesundheit durch:

— getötete und schwerverletzte Personen je 1 000 Erwerbstätige,

der Aspekt Straßen-Verkehrsunfälle und Gesundheit durch:

— getötete und schwerverletzte Personen je 1 000 Einwohner

gekennzeichnet. Ergänzt werden diese Aspekte durch den:

— täglichen Alkoholkonsum je Erwachsenen (in ml) und den
— täglichen Zigarettenverbrauch je Erwachsenen (in Stück).

Der Gesundheitszustand der Bevölkerung weist auf die Arbeits-, Wohn- und Freizeitbedingungen der Menschen hin, wie sie in einer städtischen Teilregion herrschen.

Ein weitgefaßter Umweltbegriff integriert auch diese Aspekte und registriert ein Überschreiten der Schwellenwerte als Belastung.

Die direkte Abhängigkeit zwischen z.B. bestimmten Graden der Luftverschmutzung und bestimmten Krankheitsbildern konnte bisher unseres Wissens nicht eindeutig nachgewiesen werden.

Es ist dennoch anzunehmen, daß sich geringe Umweltqualität in den verschiedenen Bereichen auf den Gesundheitszustand und das Wohlbefinden der Menschen auswirkt. Deshalb sollte auf jeden Fall die Gesundheit der Bevölkerung als ein Umweltfaktor in ein Belastungsmodell aufgenommen werden.

3.3.4 Gehrmann-Indikatorensystem

Als ein weiteres System von Sozialindikatoren, das neben dem Sozialpolitischen Entscheidungs- und Informationssystem entwickelt wurde und das einen ähnlich umfassenden Anspruch hat, ist das Indikatorensystem von Gehrmann anzuführen. Es thematisiert sechs Subsysteme zur Erfassung von Qualitätsdisparitäten:

1. *kulturelle Systemebene*
   - Erziehung,
   - Gesundheit,
   - Kultur,
   - Erholung,

2. *soziale Systemebene*
   - Sozialwesen,
   - Wohnen,
   - soziale Desintegration,

3. *politische Systemebene*
   - Sicherheit/Verbrechen,
   - Partizipation,

4. *ökonomisch-öffentliche Systemebene*
   - öffentliche Ver- und Entsorgung,
   - Leistungen der Stadt,

5. *ökonomisch-private Systemebene*
   - Einkommen,
   - Wirtschaftskraft der städtischen Wirtschaft,
   - Wohlstand,
   - Beschäftigung,
   - Ausstattung mit Gütern und Diensten,

6. *physisch-ökologische Systemebene*
   - physische Umwelt.

Im Bereich der Erziehung sind Lehrer/Schüler-Relationen sowie Weiterbildungsquoten aufgeführt.

Der Gesundheitsbereich ist ebenfalls in Relationen zwischen infrastrukturellem und personellem Angebot und Einwohner auf der einen Seite und in Beziehung zwischen Personal und Krankenbetten auf der anderen Seite indikatorisiert:

1. *Krankenanstalten*
   - Zahl der Krankenhausbetten pro 10 000 Einwohner,
   - Zahl der Ärzte (einschl. der Belegärzte) in Krankenanstalten pro 10 000 Einwohner,

- Zahl der Ärzte (einschl. Belegärzte) in Krankenanstalten pro 1 000 Krankenbetten,
- Zahl der Krankenschwestern pro 1 000 Krankenbetten,
- Zahl des „Pflegepersonals insgesamt" pro 1 000 Krankenbetten,
- Zahl des „Pflegepersonals insgesamt" pro 10 000 Einwohner,

2. *freipraktizierende Ärzte*
- Zahl der praktischen Ärzte pro 10 000 Einwohner,
- Zahl der Fachärzte pro 10 000 Einwohner,
- Zahl der Zahnärzte pro 10 000 Einwohner,

3. *Apotheken und Kindersterblichkeit*
- Zahl der Apotheken pro 100 000 Einwohner,
- Zahl der „gestorbenen Ortsansässigen unter 1 Jahr" pro 1 000 Lebendgeborene ortsansässiger Mütter.

Diese strukturelle Sicht gesundheitlicher Versorgung der Bevölkerung beschränkt sich auf den Bestand an Einrichtungen und Personal im Gesundheitswesen. Zwar läßt sich damit die Angebotsseite der gesundheitlichen Versorgung der Bevölkerung aufzeigen, über die Effizienz dieser Versorgung aber sagen diese Indikatoren nichts aus. Der Gesundheitszustand, der möglicherweise auch durch Umweltbelastungen determiniert ist, wird an Sozialindikatoren gemessen, die sich direkt an der Bevölkerung festmachen. Hier ist eindeutig die Priorität bei den Sozialindikatoren zur Gesundheit im SPES-System zu setzen. Allein, wenn die Quantität der Einrichtungen zur gesundheitlichen Versorgung der Bevölkerung geprüft werden soll, sind diese Indikatoren von Gehrmann heranzuziehen. Dies kann auch für ein städtisches Umweltbelastungsmodell relevant sein. Hierbei wären dann aber die Zahlen regional zu disaggregieren und durch Erreichbarkeitskriterien zu ergänzen.

Dies gilt auch für die im folgenden kurz skizzierten indikatorisierten Bereiche von Gehrmann. Der Kulturbereich umfaßt Theater und Konzerte, Büchereien und Museen. Indikator ist jeweils die Anzahl dieser kulturellen Einrichtungen pro 100 000 Einwohner bzw. bei Theater und Konzerten 10 000 Einwohner sowie die Anzahl der Veranstaltungen, der Bücher oder vorhandener Plätze für Theaterveranstaltungen. Zu kritisieren ist hier der Kulturbegriff, der sich allein an den Mittelschichtsnormen orientiert und dementsprechend auch nicht aussagekräftig ist für große Teile der Bevölkerung. Dies würde besonders deutlich in einem stark regional differenzierten städtischen Belastungsmodell, wenn hier die typischen Arbeiterviertel untersucht würden.

Der Bereich Erholung ist charakterisiert durch:

1. *öffentliche Badeanlagen*
- Zahl der Hallenbäder (einschl. der Hallenfreibäder) pro 100 000 Einwohner,

3.3. Umweltrelevante Sozialindikatoren aus Indikatorensystemen

- Zahl der „Badeanlagen insgesamt" (= Hallenbäder, Freibäder, Hallenfreibäder, Schulhallenbäder, Freibäder mit künstlichem Becken, Freibäder an Naturgewässern) pro 100 000 Einwohner,
- Wasserfläche der „öffentlichen Badeanlagen insgesamt" in qm je 10 000 Einwohner,
- Wasserfläche in Hallenbädern in qm je 10 000 Einwohner (einschl. der entsprechenden Flächen in Hallenfreibädern),

2. *Turn- und Sportstätten*
   - Zahl der „Turnhallen, Sporthallen, Sportplätze" pro 100 000 Einwohner,
   - Zahl der qm Sportfläche in „Turn- und Sporthallen" pro 1 000 Einwohner,
   - Zahl der qm Sportfläche auf „Sportplätzen" pro 100 Einwohner,
   - Zahl der „Kinderspielplätze einschl. der sonstigen Spiel- und Sportanlagen" pro 10 000 Kinder im Alter unter 15 Jahren,
   - Zahl der qm Nettofläche auf „Kinderspielplätzen" pro 100 Kinder im Alter unter 15 Jahren,

3. *Kleingärten*
   - Zahl der ha „Kleingartenfläche" pro 10 000 Einwohner,
   - Zahl der Gärten (innerhalb der Kleingartenanlagen) pro 10 000 Einwohner,
   - durchschnittliche Größe je Kleingarten in qm.

Hierbei sind besonders die Indikatoren zur Kategorie „Kleingärten" für ein städtisches Umweltbelastungsmodell als Erholungsraum für die Bevölkerung und als ökologischer Ausgleichsraum hervorzuheben, wie auch die in qm gemessene Wasserfläche.

Die Kategorie Sozialwesen unterteilt die Relationen von Jugendeinrichtungen, Alteneinrichtungen und der Inanspruchnahme von Sozialhilfe zu den jeweiligen Bedarfsgruppen. Die Integration auch solcher Angebote in ein städtisches Umweltbelastungsmodell ist abhängig von dem politischen Verständnis zur Umwelt und welche Aufgaben einem kommunalen Umweltbelastungsmodell zugeschrieben werden. Des weiteren gelten auch hier die Anforderungen an eine Ergänzung durch Benutzerquoten, subjektive Indikatoren und Erreichbarkeitskriterien.

Die einzelnen Indikatoren zum Sektor Wohnen sagen viel Kennzeichnendes über Wohnqualität bestimmter Quartiere aus:

1. *Dichteziffern*
   - Zahl der Einwohner pro qkm,
   - Zahl der Personen pro Wohngebäude,
   - Zahl der Räume pro Wohnung,
   - Zahl der Räume pro Person,
   - Wohnfläche in qm pro Person,

2. *Gebäude- und Wohnungsausstattung*
- Zahl der Wohnungen in „nach 1948 gebauten Gebäuden" pro 1 000 Wohnungen,
- Zahl der „Wohnungen mit Bad, WC und Sammelheizung" pro 1 000 Wohnungen,
- Zahl der Wohnungen mit „Einzel- oder Mehrraumöfen für Kohle, Holz oder Torf" pro 1 000 Wohnungen,
- Zahl der in „Wohngelegenheiten" lebenden Personen pro 10 000 Personen,

3. *Eigentumsverhältnisse/Miete/Wohnungsrohzugang*
- Zahl der „Wohngebäude mit 1 oder 2 Wohnungen" pro 1 000 Wohngebäude,
- Zahl der Eigentümer pro 1 000 Wohnparteien,
- durchschnittliche Miethöhe in DM je qm Altbauwohnung,
- durchschnittliche Miethöhe in DM je qm Neubauwohnung,
- Zahl der Zugänge an neuen Wohnungen pro 1 000 Wohnungen des Wohnungsbestandes (in 1973).

Der Bereich der „Sozialen Desintegration" tangiert ein Feld, das als „soziale Umwelt" bislang nirgends eindeutig definiert ist, welches aber andererseits als wesentlich immer wieder genannt wird.

Im Gehrmann-Indikatorensystem wird dies an der Zahl der böswilligen Fehlalarme bei der Feuerwehr, der Zahl der Fälle von „Betrug", der Zahl der Selbstmorde und der Zahl der „Unterkünfte" pro einer bestimmten Einwohnerzahl gemessen.

Das gleiche gilt für zwei Unterbereiche in der Kategorie Sicherheit/Verbrechen. Das Feuerwehrwesen sowie die Rechtspflege sind Faktoren der sozialen institutionalisierten Umwelt.

Die Straßenverkehrsunfälle sollten dem Bereich „Verkehr" zugeordnet werden.

Straßenverkehrsunfälle
- Zahl der „Straßenverkehrsunfälle insgesamt" pro 10 000 Einwohner (Unfälle „mit nur Sachschaden" und Unfälle „mit Personenschaden"),
- Zahl der Straßenverkehrsunfälle „mit Personenschaden" pro 1 000 Kfz (Kraftfahrtrisiko),
- Zahl der Verunglückten (Verletzte und Getötete) pro 1 000 Einwohner (Verkehrsrisiko),
- Zahl der Verletzten pro „Straßenverkehrsunfall mit Personenschaden" (Unfallschwere),
- Zahl der Getöteten pro 1 000 „Straßenverkehrsunfälle mit Personenschaden" (Unfallschwere).

Für den Aspekt der Partizipation gilt, daß ein weiter Umweltbegriff auch diesen integrieren kann, die einzelnen Indikatoren hier aber nicht aufzuführen sind.

3.3. Umweltrelevante Sozialindikatoren aus Indikatorensystemen

In der Kategorie „Öffentliche Vor- und Entsorgung" sind nach unserer Sicht wiederum zwei Unterdimensionen aufgeführt, die in den Bereich „Verkehr" gehörten, so die Indikatoren zu den öffentlichen Verkehrsbetrieben und zu den Straßen- und PKW-Stellplätzen.

1. *Öffentliche Verkehrsbetriebe*
   - Fahrzeugbestand an „Straßenbahn, Obus und Kraftomnibus" pro 10 000 Einwohner im Einzugsgebiet,
   - Zahl der beförderten Personen pro Einwohner im Einzugsgebiet,
   - Zahl der geleisteten Personen-km pro Einwohner im Einzugsgebiet,
   - angebotene Platz-km von „Straßenbahn, Obus und Kraftomnisbus pro Einwohner im Einzugsbereich,
   - gefahrene Wagen-km von „Straßenbahn, Obus und Kraftomnibus" pro Einwohner im Einzugsgebiet,

2. *Straßen und PKW-Stellplätze*
   - Zahl der Kfz auf 1 km „Straßen des überörtlichen Verkehrs und der Gemeindestraßen",
   - Prozentsatz der Gemeindestraßen (in km) mit einer Fahrbahnbreite unter 5 m,
   - Zahl der „PKW-Stellplätze insgesamt" pro 1 000 PKW,
   - Prozentsatz der PKW-Stellplätze auf „ausschließlich zum Parken verwendete Flächen",
   - Prozentsatz der PKW-Stellplätze in „Parkhäusern, Hoch- und Tiefgaragen".

Ein dritter Unterbereich, das „gemeindliche Feuerwehrwesen", scheint in seiner Repräsentierung überbewertet zu sein, wohingegen die Müllabfuhr und die Stadtentwässerung für unseren Zusammenhang sehr interessant sind:

Müllabfuhr und Stadtentwässerung
- Prozentsatz der Bevölkerung mit Anschluß an die Müllabfuhr,
- Gesamtfassungsvermögen aller Fahrzeuge der Müllabfuhr in cbm pro 10 000 Einwohner,
- Prozentsatz der Bevölkerung mit Anschluß an die Stadtentwässerung.

Die Kategorie „Wirtschaftskraft der städt. Wirtschaft" erfaßt die üblichen ökonomischen Elemente, wie Bruttoinlandsprodukt, Steuerkraft, Umsätze und Wirtschaftskraft, spezifiziert nach Branchen.

Daneben gibt es bei Gehrmann noch einen Bereich, der den Wohlstand mißt. Hier wird versucht, die individuellen Aspekte zu berücksichtigen, wie „Anzahl der Eigentumswohnungen", Prozentsatz der Privathaushalte mit Telefonanschluß, Zahl der „privaten PKW-Fahrzeughalter" pro 1 000 Einwohner oder Prozent der Bewohner mit verschiedenen Schul- bzw. Berufsabschlüssen. Hierbei wird die Schwäche dieses Indikatorensystems besonders deutlich. Die schwerpunktmäßige Erfassung allein der Angebotsseite sagt wenig über die wirkliche Qualität zur Umwelt aus. Erst in Kombination mit der Nachfrage ergibt sich ein komplettes Bild.

Dies letztere gilt auch für den Bereich der Ausstattung mit Gütern und Diensten. Hier sind Quantität und Qualität von Einzelhandelsgeschäften, Post und Bank und Gaststätten- und Beherbergungswesen aufgeführt.

Für einen weiten Umweltbegriff und unter Berücksichtigung der schon vorher genannten Kriterien sind folgende Indikatoren in ein Umweltbelastungsmodell zu integrieren:

1. *Einzelhandelsgeschäfte*
   - Zahl der Arbeitsstätten der „gesamten Einzelhandelsgeschäfte" pro 10 000 Einwohner,
   - durchschnittliche Zahl der Beschäftigten pro Arbeitsstätte in den „gesamten Einzelhandelsgeschäften",
   - Zahl der Arbeitsstätten von „Nahrungs- und Genußmittelgeschäften einschl. Gemischtwarenhandel" pro 10 000 Einwohner,
   - durchschnittliche Zahl der Beschäftigten pro Arbeitsstätte in „Nahrungs- und Genußmittelgeschäften einschl. Gemischtwarenhandel",
   - Zahl der Wochenmarktstände pro 10 000 Einwohner,
   - Marktflächenangebot in qm je Einwohner,
   - Zahl der Markttage pro Jahr auf allen Marktplätzen,

2. *Post und Bank*
   - Zahl der öffentlichen Sprechstellen pro 10 000 zum Ortsnetz gehörender Einwohner,
   - Zahl der „Sprechstellen insgesamt" (d.h. Haupt- und Nebenanschlüsse einschl. öff. Sprechstellen) pro 100 zum Ortsnetz gehörender Einwohner,
   - Zahl der Arbeitsstätten der Kredit- und sonstigen Finanzierungsinstitute pro 100 000 Einwohner,

3. *Gaststätten- und Beherbergungswesen*
   - Zahl der Arbeitsstätten im „Gaststätten- und Beherbergungswesen" pro 10 000 Einwohner,
   - Zahl der laufend verfügbaren Betten in Hotels, Gasthöfen, Fremdenheimen, Pensionen und Hospize (ausgenommen Betten in Privatquartieren) pro 10 000 Einwohner.

Die letzten beiden in der Gehrmann Sozialindikatorenliste aufgeführten Kategorien sind recht spärlich ausgefallen. Die „Beschäftigung" wird nur anhand von vier Indikatoren erfaßt. Dies wird noch deutlicher bei der „Physischen Umwelt", die hier nur als illustratives Beispiel vorgeführt werden soll:

- Prozentsatz der „bebauten Fläche" an der Gemeindegebietsfläche,
- Prozentsatz der Gemeindegebietsfläche mit „Grünanlagen, landwirtschaftlich genutzten Flächen, Forsten und Wasserflächen",
- Prozentsatz der Fläche mit „Grünanlagen" an der Gemeindegebietsfläche,
- Zahl der ha „Grünanlagen, landwirtschaftlich genutzten Flächen, Forsten und Wasserflächen" pro 1 000 Einwohner.

3.3. Umweltrelevante Sozialindikatoren aus Indikatorensystemen

Insgesamt ist die von Gehrmann vorgelegte Liste von Indikatoren zur Messung der städtischen Lebensqualität im Verhältnis zu den anderen leicht in die kommunale Planungspraxis umzusetzen. Ergänzt durch Erreichbarkeitskriterien geben sie Hinweise, die als Richtwerte für Stadt- und Verkehrsplanung verwendet werden können.

3.3.5 Katalog gesellschaftlicher Bewertungsaspekte

Dierkes u.a. stellten anhand der bisher vorliegenden Indikatorenkonzepte eine Sozialindikatorenliste zusammen, die dem gegenwärtigen Forschungsstand entspricht[29].

Folgende Kriterien bestimmen die Zusammenstellung:
- wiederholtes Auftreten in verschiedenen Konzepten,
- Entscheidungsfindung unter breit angelegten gesellschaftlichen Gesichtspunkten.

Es wurden nur solche Sozialindikatoren aufgenommen, die
- reale Größen sind, die beobachtbar und zuverlässig meßbar sind,
- zu quantifizieren sind und
- zum Nachweis einer Verbesserung oder Verschlechterung der Lebensbedingungen verwendbar sind.

Folgende Problembereiche umfaßt der Katalog:
1. Gesundheit,
2. Bevölkerung,
3. Lernen und Bildung,
4. Soziale Mobilität,
5. Freizeit,
6. Wohnen,
7. Arbeit,
8. Sicherheit,
9. Physische Umwelt,
10. Einkommen,
11. Familie,
12. Kommunikation und Information,
13. Partizipation und sonstige Aktivitäten.

Die im Anhang vorgestellte gesamte Liste mit den dazu erforderlichen Erläuterungen ist Grundlage der folgenden Auswertung im Hinblick auf die Umweltrelevanz der darin aufgeführten Sozialindikatoren.

[29] Vgl. Dierkes, Leistungsanalyse sozialer Systeme.

Im Bereich Gesundheit sind eine Reihe von Sozialindikatoren vorhanden, die im Zusammenhang mit den ökologisch gemessenen Belastungen Hinweise auf die Umweltqualität geben.

Hier kämen in Betracht: „durchschnittliche Lebenserwartung", „Lebenserwartung in Gesundheit" (Durchschnittliche Lebenserwartung abzüglich der durchschnittlichen Zeit, die man krank ist) nach Alter, Geschlecht und Schicht unterschieden. „Sterberaten" nach Alter, Geschlecht und Schicht zusammen mit „Sterbeursachen" sagen ebenfalls etwas über Umweltbedingungen aus. Ebenso sind „Art der Krankheit" wie auch ihre „Dauer" wichtige Faktoren, die den Gesundheitszustand der Bevölkerung beschreiben. Durch Umfragen wäre auch die „Einschätzung des eigenen Gesundheitszustandes und der psychischen Belastung" als „subjektiver" Indikator hinzuzufügen.

Wenn von einem weiten Umweltbegriff ausgegangen wird, sind auch die folgenden Faktoren einzubeziehen:

— mangelhafte Ernährung,
— Kalorien- und Nährwertgehalt des Nahrungsverbrauchs je Kopf und Tag,
— Ausstattung mit medizinischer Versorgung der Bevölkerung nach Kosten/ Qualität der Dienstleistungen/Zugänglichkeit,
— Anteil der Raucher,
— Anteil der Bevölkerung mit Übergewicht,
— Pro-Kopf-Verbrauch an alkoholischen Getränken.

Im Bereich der Bevölkerung geben insbesondere Informationen zur Wanderung Auskunft über Wohnqualität in städtischen Teilregionen. Dieser Aspekt ist in der hier behandelten Liste wenig ausdifferenziert. Er wird in einem anderen Zusammenhang ausführlich bearbeitet[30].

Der Bereich: Lernen und Bildung ist sehr spezifisch aufgegliedert und gibt einen guten Überblick über die dort bereits vorhandenen Bewertungsfaktoren. Für ein Umweltbelastungsmodell aber ist die Einbeziehung auch solcher Aspekte zu prüfen und von Fall zu Fall spezifisch. Das gleiche gilt für die „soziale Mobilität", die den Aufstieg bzw. Abstieg nach „Stellung im Beruf" anzeigt.

Der Freizeitbereich hingegen steht in einem direkten Zusammenhang mit den Umweltbedingungen. Anzahl und Ausstattung der Freizeitangebote sowie ihre Zugänglichkeit sind in einem kompensatorischen Sinne mitbestimmend für die Umweltqualität eines städtischen Bezirkes.

Da an dieser Stelle nicht die ökologische Qualität von Erholungsräumen als ein Sozialindikator in Frage kommt, sind zwei weitere umweltrelevante Aspekte, der raumbezogene Aspekt und die subjektive Wahrnehmung und Einstellung der Benutzer bzw. Nicht-Benutzer dieser Erholungsanlagen, zu erfragen. Die

---

[30] Vgl. 3.4.3: Wanderungsströme als Indikatoren für städtische Umweltbelastungszonen.

3.3. Umweltrelevante Sozialindikatoren aus Indikatorensystemen

Verteilung in der städtischen Struktur läßt sich fassen anhand von Erreichbarkeitskriterien.

Das Institut für Zukunftsforschung hat in Zusammenarbeit mit der Arbeitsgruppe für Regionalplanung eine Matrix von Versorgungsrichtwerten, Funktionsgrößen und zumutbare Entfernungen ausgewählter Einrichtungen zusammengestellt[31].

Die Auswahl der Einrichtungen geschah nach den von Apel aufgestellten Kriterien für wohnungsnahe Standorte[32]:

- kleiner durchschnittlicher Einwohnerbereich (große Teilbarkeit der Einrichtungsart in örtliche Einheiten),
- große spezifische Besuchshäufigkeit (leichte Erreichbarkeit der Einrichtung von der Wohnung aus),
- geringe zumutbare Entfernung (differenziert nach der überwiegenden Nutzergruppe wie Kleinkinder, Schüler, Erwachsene usw.),
- Einzugsbereich der Einrichtung in Zahl der Einwohner.

Die Einrichtungen (Bereich: Freizeit), die in dem hier behandelten Zusammenhang für Wohnumfeldqualität als Bestimmungsfaktoren in Betracht kommen, und die ihnen zugeordnete zumutbare Entfernung sind[33]:

Spielplatz für Kleinkinder	100 m
Spielplatz für Kinder	500 m
Spielplatz für Jugendliche	10 Min. Fußweg (800 m)
Spielplatz für alle Altersgruppen	15 Min. Fußweg
Grün- und Parkanlagen (bis 10 ha)	15 Min. Fußweg
Kleinschwimmhalle (10 m x 25 m)	19 Min. Fußweg
50-m-Freibadanlage	19 Min. Fußweg
Turn-, Sport- und Spielhalle (kombiniertes Angebot)	19 Min. Fußweg
Sportplatzanlage	19 Min. Fußweg
Gaststätten verschiedener Art	9 Min. Fußweg

In der Komponente Wohnen werden die „Wohnungsqualität" bzw. als subjektiver Indikator „Wohnwünsche" und die „Wohnungsart" erfaßt.
Hier ist zu unterscheiden nach:

1. *Wohnungsqualität*
   - Zimmer pro Person,
   - Quadratmeter pro Person,
   - Ausstattung (Bad, Dusche, Heizung, WC),
   - Alter der Wohnung,
   - Mietausgaben pro Quadratmeter (auf Haushaltseinkommen nach Haushaltstyp)

---
[31] Vgl. Albrecht, Verkehrsbedingungen von benachteiligten Bevölkerungsgruppen.
[32] Vgl. Apel, Verflechtungskonzepte.
[33] Vgl. Matrix in den Anlagen.

2. *Wohnungsart*
   - zur Miete wohnen (sozialer Wohnungsbau, freier Wohnungsbau, Untermiete, Betriebswohnungen),
   - Eigentum (Eigentumswohnung, Haus),

3. *Wohnwünsche* (subjektiver Indikator)
   - hinsichtlich der Ausstattung und Größe der Wohnung,
   - hinsichtlich der Wohnumgebung.

Der Faktor „Arbeit" wird selten als Umweltbelastungsbereich hinzugezogen. Es ist aber nicht einsichtig, warum Wohnen und Freizeit solche sind und Arbeit nicht.

So sind die konkreten Tätigkeiten am Arbeitsplatz und die Bedingungen, unter denen sie sich vollziehen, wesentlich mitverantwortlich für die individuelle Belastungssituation der Bevölkerung. Auch hierbei ist einmal ein weiter Umweltbegriff von einem engen zu unterscheiden: So sollte unbedingt ein Umweltbelastungsmodell die Luftqualität, den Lärm, mögliche Strahlung am Arbeitsplatz prüfen. Aber auch die hygienischen Voraussetzungen dort spielen eine Rolle. Das Landesamt für Arbeitsschutz erfüllt diese Aufgaben. Allerdings tritt es nur auf Beschwerden von Arbeitnehmern in Aktion[34].

Wird ein weiter Umweltbegriff genommen, sind Merkmale der direkten Tätigkeit ebenfalls als Belastungsfaktoren zu prüfen. Aus der von Dierkes u.a. zusammengestellten Indikatorenliste wären dies:

- Anzahl der Arbeitsunfälle,
- Berufskrankheiten,
- Schichtarbeit,
- Überstunden.

Diese sind zu ergänzen mit:

- repetitiver Arbeit,
- körperlicher Anstrengung,
- nervliche Belastung (Hektik).

Auch hier sind die individuellen Bewertungen über die Belastungen am Arbeitsplatz als subjektive Indikatoren wichtig. Dies betrifft den enggefaßten wie auch den weitgefaßten Umweltbegriff.

Die Komponenten „Einkommen", „Familie", „Kommunikation und Information" sowie „Teilnahme am öffentlichen Leben" sind wesentlich für Lebensqualität, die Integration in ein Umweltbelastungsmodell würde einen weitgefaßten Umweltbegriff erfordern. Alle bislang dargestellten Indikatoren beziehen sich auf die direkte Interaktion zwischen Menschen und bebauter bzw. natürlicher Umwelt.

---

[34] Jahresbericht 1977 des Landesamts für Arbeitsschutz.

Zum Schluß dieser Erörterung soll noch einmal auf die politische Definition von Umwelt hingewiesen werden. Es kann nicht Aufgabe dieser Studie sein, dieses zu tun. Hier sollen Anregungen dazu gegeben werden. Die Darstellung der vorhandenen Sozialindikatorenkonzepte zeigt eine Vielfalt von möglichen Sozialindikatoren, die u.U. wichtig für ein städtisches Umweltbelastungsmodell sind.

3.4 Sozialindikatoren aus der Sicht der sozialwissenschaftlichen Stadtforschung

Im folgenden Abschnitt werden neue Ansätze für Sozialindikatoren gesucht, die den Bereich der sozialen Umwelt näher kennzeichnen sollen und damit die bisher allgemein üblichen Sozialindikatoren, wie sie im vorigen Abschnitt gezeigt wurden, ergänzen. Hierzu werden insbesondere zwei Forschungsrichtungen erörtert, die Stadtsoziologie und die Umweltpsychologie. Obwohl eine eindeutige Abgrenzung dieser beiden Aspekte schwerfällt, lassen sich typische schwerpunktmäßige Fragestellungen herauskristallisieren.

3.4.1 Stadtsoziologische Ansätze

Innerhalb dieser Forschungsrichtung steht die Frage nach der sozialstrukturellen Mischung der Bevölkerung im Vordergrund. Als Sozialstruktur werden die verschiedenen Statusmerkmale, wie z.B. Stellung im Beruf, Einkommenshöhe, Haushaltsgröße, Ausbildungsniveau verstanden. Diese sind konstituierend für die verschiedenen sozialen Schichten in der Gesellschaft. Innerhalb jeder Schicht herrschen unterschiedliche Verhaltensformen und Einstellungen vor.

In Ergänzung zu diesem Schichtenmodell, das sich festmacht an sozialstrukturellen Merkmalen, sind in der Soziologie noch Schichtungsmodelle gebräuchlich, die sich durch Selbst- bzw. Fremdeinschätzung strukturieren. Hierbei wird ein Schema vorgegeben, das bis zu sieben Schichten differenziert. Anhand von Befragungen ordnen die Befragten sich selbst oder andere in diese verschiedenen sozialen Schichten ein. In dem hier behandelten Rahmen gehen wir von dem sozialstrukturellen Schichtungsbegriff aus.

Soziale Umwelt bezeichnet den Lebensraum von Menschen, die in räumlicher Nähe miteinander leben und interagieren. Begriffe wie „Nachbarschaft" und „Milieu" kennzeichnen diesen Bereich.

Rotraut Weeber differenziert soziale Umwelt in zwei Teile, einmal sind dies die Beziehungen der Bewohner untereinander – das soziale Klima der Nachbarschaft, Statusdifferenzierung und Kommunikationsstruktur –, zum anderen ist dies die räumlich-soziale Umwelt – die Beziehungen der Bewohner zu dem räumlich-sozialen Gebilde, dem Wohngebiet, in dem sie leben. Es geht um ihre

Erwartungen und Vorstellungen von einem Wohngebiet und darum, wie das untersuchte Wohngebiet diesen Erwartungen entspricht, um die emotionalen Beziehungen der Bewohner zu dem Wohngebiet, um Identifikationen mit dem Wohngebiet und schließlich um Teilnahme am Gestaltungsprozeß der Umwelt[35].

Eine von Weeber durchgeführte empirische Untersuchung hatte die Zielsetzung, Faktoren, die für Einstellungen zur Umwelt und das Befinden in dieser Umwelt von Einfluß sind, herauszufinden und auf ihren Umfang und ihre Bedeutung hin zu untersuchen sowie die Zusammenhänge zwischen den Faktoren deutlich zu machen. Nach dieser Untersuchung zeigten sich folgende Komponenten als charakteristisch für Nachbarschaft:

— Bekanntheit und Information im Wohnbereich (Reichweite von Informationen über persönliche Ereignisse im Nahbereich, z.B. Bekanntwerden von Erkrankungen bei Nachbarn)
— Wohndauer und Bekanntheit
— Beobachtung der Lebensstile anderer — soziale Kontrolle
— Beurteilung des Nachbarschaftsverhältnisses
— Haushaltsgröße und Beurteilung der Nachbarschaft
— Bevölkerungszusammensetzung der Häuserblocks.

Die Wohndauer ist ein wesentlicher Indikator für die Identität mit dem Wohnumfeld. Nach den Ergebnissen von Untersuchungen bilden sich enge soziale Kontakte nach einer Wohndauer von mindestens zwei Jahren. Als Anlaufzeit für das Entstehen von sozialen Kontakten ergab sich der Zeitraum von eine einem halben bis dreiviertel Jahr.

Mit der Beobachtung der Lebensstile der anderen werden gleichzeitig die Bewohner der Nachbarschaft zu einer Bezugsgruppe. Es sind also soziale Bezüge geschaffen worden. Die Beurteilung des Nachbarschaftsverhältnisses ist als subjektiver Indikator zu erheben. Er zeigt die individuelle Einstellung der Bewohner zur Nachbarschaft. Die Haushaltsgröße korreliert mit der Beurteilung der Nachbarschaft.

Ebenfalls läßt die Bevölkerungszusammensetzung der Häuserblocks — hier insbesondere Anzahl von Kindern — Schlüsse auf die Chance von sozialen Kontakten, aber auch auf Konfliktmöglichkeiten zu. Die Möglichkeit zu sozialen Kontakten vergrößert sich durch die Gleichartigkeit der Haushaltsstruktur. Dadurch werden die meisten Familien eines Hauses in das Interaktionsnetz der Nachbarschaft einbezogen.

Aber gleichzeitig erhöhen sich die Konfliktmöglichkeiten, da neutrale, evtl. ausgleichende Personen oder Gruppen, fehlen.

---
[35] Weeber, Wohnumwelt, S. 11.

3.4. Sozialindikatoren aus der Sicht der sozialwissenschaftlichen Stadtforschung

Als weiterer Gesichtspunkt ist der Prestigewert des Wohngebietes wichtig. Ein günstiges Prestige trägt zur Identifikation bei.

Eine der wesentlichen Fragestellungen in diesem Forschungsbereich ist das Problem der sozialstrukturellen Mischung von Wohngebieten. Gegenwärtig ist eindeutig die Tendenz zur schichtenspezifischen Segregation zu beobachten. In jeder Großstadt gibt es Arbeiterviertel und Viertel, in denen die gut-situierten Anwohner leben.

In der empirischen Stadtforschung ist die These verbreitet, daß ein gewisser Grad an Homogenität die Chance für soziale Kontakte verbessert. Homogenität ist nicht nur für die Schichtung, sondern auch die Altersstruktur und den Anteil der erwerbstätigen Frauen relevant.

Die Gründe dafür sind darin zu suchen, daß ähnliches Verhalten und ähnliche Einstellungen den sozialen Anpassungsprozeß, der bei jeder sozialen Kontaktaufnahme vonnöten ist, vermindert[36]. Die Relevanz, die den sozialen Kontakten im Wohnumfeld zugeschrieben wird, wird auch von der Sozialpsychologie betont.

So zeigt Hofstätter, daß extremer Kontaktmangel zu extremen Symptomen – wie Schizophrenie und Verbrechen – führt[37].

Auch Mitscherlich unterstreicht die Bedeutung von menschlichen Kontakten für eine humane Persönlichkeitsbildung. „Die Verarmung an dauerhaften Beziehungen bei einer großen Zahl von Stadtbewohnern hat notwendigerweise eine Verflachung und Verarmung ihrer Fähigkeiten zur Anteilnahme überhaupt und damit eine Verarmung an ‚Lebenserfahrung' zur Folge."[38]

Treinen untersuchte die Faktoren, die zu einer Identifikation mit einem Ort führen; die eine „affektive Objektorientierung auf den Ort" hervorrufen[39].

Es zeigt sich, daß nicht Raumteile, sondern Sozialzusammenhänge der Bewohner dieser Orte das Bezugsobjekt ihrer Gefühle darstellen. Hier sei auch auf die Bindung an einen Ort als Basis für ein lokalpolitisches Engagement hingewiesen. Bereitschaft und Fähigkeit zur Mitarbeit an Gestaltung und Planung der Umwelt erfordert eine affektive Anteilnahme an diesem Raum. Eine Teilnahme wiederum am Gestaltungsprozeß der Umwelt schafft eine Verstärkung der Bindung und Identifikation mit diesem Ort.

Als die drei wesentlichen Faktoren im persönlichen Erleben von Bewohnern eines Stadtteils werden allgemein Sozialkontakte, emotional-ästhetische Erlebnisse und Teilnahme am Entstehungs- und Gestaltungsprozeß genannt.

---

36 Vgl. Schmidt-Relenberg, Städtebau.
37 Vgl. Hofstätter, Psychologie.
38 Mitscherlich, Unwirtlichkeit, S. 44.
39 Treinen, Ortsbezogenheit.

Auf diesem Hintergrund sollen im folgenden die positiven Aspekte von einer homogenen Bevölkerungsstruktur den positiven Argumenten für eine heterogen strukturierte Bevölkerung gegenübergestellt werden.

Für Homogenität in der Bevölkerung eines Wohngebietes spricht[40]:

1. Homogenität begünstigt ein harmonisches Zusammenleben.
2. Homogenität begünstigt ein positives Prestige des Wohngebietes als wichtige Bedingung für eine Identifikation mit dem Wohngebiet. (Dieser Faktor gilt nur für die Wohnquartiere, in denen gut gestellte Bevölkerungsschichten wohnen.)
3. Homogenität begünstigt soziale Kontakte und damit die Chancen für eine Bindung an das Wohngebiet.
4. Homogenität begünstigt eine Kooperation der Bewohner auf bürgerschaftlicher Ebene, da die Interessen ähnlich sind.
5. Homogenität vereinfacht die Einrichtung von Läden, Lokalen und anderen Einrichtungen des Gemeinbedarfs, da dem Geschmack und den Bedürfnissen leichter entsprochen werden kann.

Diesen Argumenten für eine homogene Zusammensetzung sind aber auch Argumente für eine heterogene Bevölkerungsstruktur gegenüberzustellen. Diese resultieren aus dem gesellschaftspolitischen und sozialpädagogischen Bereich:

1. Heterogenität trägt dazu bei, die Kontraste zwischen den Bevölkerungsgruppen abzubauen und die weniger privilegierten Gruppen anzugleichen, indem sie an den gleichen infrastrukturellen Einrichtungen sowie an ähnlichen physischen Lebensbedingungen partizipieren.
2. Heterogenität fördert die Toleranz gegenüber sozialen und kulturellen Unterschieden, reduziert politischen Konflikt und fördert demokratische Praktiken.
3. Heterogenität gibt einem Gebiet demographische Balance, die Umwelt wird für die Menschen komplexer und vielfältiger.
4. Wenn die Bevölkerungsstruktur heterogen ist, lernen die Kinder, mit Menschen aus anderen Schichten zusammenzuleben.
5. Soziale Mobilität setzt voraus, daß die Schicht, die man anstrebt, zumindest beobachtbar ist, also ein Leben darin vorstellbar ist.

Diese Argumente reduzieren die Diskussion um eine angestrebte bzw. für gut befundene soziale Mischung auf die wesentlichsten Punkte.

In unserem Zusammenhang ist dieses deshalb von Interesse, weil davon eine Gewichtung von sozialer Umwelt im positiven oder negativen Sinne abhängig ist.

---

[40] Vgl. Weeber, Wohnumwelt.

3.4. Sozialindikatoren aus der Sicht der sozialwissenschaftlichen Stadtforschung

Deshalb soll im folgenden — nachdem vorher ausführlich die homogene Zusammensetzung angesprochen worden ist — noch einmal kurz auf die Argumente für eine Heterogenität in der Wohnbevölkerung eingegangen werden.

Vorstellungshintergrund ist dabei oft, daß mit einer sozialen Mischung der Wohnbevölkerung sozusagen Voraussetzungen zum sozialen Aufstieg geschaffen würden. Angehörige der unteren Sozialschichten bekämen damit Gelegenheit, das Leben „höher gestellter" Sozialgruppen zu beobachten und so wäre eine motivationsstimulierende Wirkung zu erzielen[41].

Dieses Integrationskonzept meint, daß sich proletarische Kinder im Sozialisationsprozeß reibungsloser an mittelständische Normen anpassen und somit die Wertauffassungen der herrschenden Klasse vertreten[42].

Diese Aussage gilt nicht als gesichert. Forschungen im angelsächsischen Raum ergeben vielmehr eine Resistenz der Arbeiterschicht gegenüber dem kulturellen und sozialen Lebensstil der Mittelklasse. Ebenso ist nach der Legitimation des Appells zu fragen, der für die Angleichung der Arbeiterschicht an die Mittelschicht plädiert.

Ohne an dieser Stelle weiter auf diese Problematik einzugehen, empfehlen wir, an dem sozialen Verflechtungskonzept anzuknüpfen, das in einer gewissen Homogenität Vorteile für die soziale Umwelt sieht. Entsprechende Indikatoren eines Umweltmodells würden Verknüpfungspunkte für eine indikatorisierte Stadtentwicklungskonzeption ergeben. Allerdings sei noch darauf hingewiesen, daß es nicht allein auf Homogenität bezüglich sozialer Schichtung, sondern auch im Hinblick auf die Altersstruktur, die Geschlechtszugehörigkeit und die Erwerbstätigkeit von Frauen ankommt.

Es ist offensichtlich, daß im Wohnbereich — dort, wo die Familie lebt, diejenigen Familienmitglieder wesentlich zur Kommunikation beitragen, die dort ihren Arbeitsplatz haben. Dies sind Hausfrauen und im übertragenen Sinne die Kinder.

Forschungen, die diese Tatsache berücksichtigen, sind bislang nicht durchgeführt worden.

Zum Abschluß dieses Abschnitts sollen Sozialindikatoren aufgestellt werden, die soziale Umwelt aus Sicht der hier behandelten stadtsoziologischen Forschung charakterisieren. Dies sind sozialstatistische Daten, die als Voraussetzungsfaktoren zur sozialen Umwelt dienen:

— Geschlechterproportion
— Altersstruktur
— Nationalitätszugehörigkeit

---

[41] Vgl. Herlyn, Sozialstruktur.
[42] Vgl. Herlyn, Soziale Segregation.

– Ausbildungsstruktur
– Erwerbstätigkeit
– Einkommensverhältnisse
– Familienstruktur
– Haushaltsstruktur

Sozialdaten mit hauptsächlichem Bezug zur sozialen Umwelt:

– Zugehörigkeit zu Vereinen, Verbänden, Parteien usw.
– Intensität von Sozialkontakten (Besuchshäufigkeit)
– Mieterstruktur (Eigentümer, Mieter)
– Wohndauer
– Einkaufsverhalten (Präferenzen)
– soziale Kontrolle (Konflikthäufigkeit)
– Sicherheit der Bewohner
– Nachbarschaftliches Wissen um familiäre Ereignisse
– Nachbarschaftliche Hilfeleistungen
– Vorhandensein von nicht integrierten Problemgruppen
– Aktivitätenmuster im Wohngebiet

Als subjektive Indikatoren sind wichtig:

Selbsteinschätzung des Gebietes (Zufriedenheit)
– Attraktivität
– Vertrautsein (Anschein nach außen)
– Wunsch, im Gebiet zu bleiben
– Vor- und Nachteile des Gebietes bezogen auf einzelne Funktionen

Fremdeinschätzung des Gebietes (Image)
– Attraktivität
– Statuszuschreibung (welche Leute wohnen dort)

3.4.2 Sozialpsychologische Aspekte zur Umweltqualität

Dieser in den soziologischen Untersuchungen mehr strukturelle Schwerpunkt ist in sozialpsychologischer Hinsicht zu ergänzen. Hier steht die Interdependenz zwischen Menschen und der baulichen Umwelt im Vordergrund. „Zwischen der baulichen Umwelt und bestimmten Verhaltensweisen besteht ein Zusammenhang. Es ist allerdings nicht so, daß die bauliche Gestaltung soziale Prozesse zwingend vorherbestimmt; sie kann sie lediglich in bestimmte Bahnen lenken."[43]

Diese Aussage verdeutlicht das Verhältnis zwischen bebauter Umwelt und Verhaltensweisen von Menschen.

Zunächst wird auf eine Dimension hingewiesen, deren Wichtigkeit immer betont wird, die aber andererseits wenig erforscht ist.

---
[43] Weeber, Wohnumwelt, S. 68.

Dies ist die Wahrnehmung von bebauter Umwelt. Theoretische Aufhellungen in diese Richtung sind in der Wahrnehmungspsychologie und in der Semiotik zu finden.

Gerade in dem hier behandelten Zusammenhang ist diese Dimension zu berücksichtigen. Das soziale Leben spielt sich in Städten auf einem sehr engen Raum ab. Diese Konzentration führt zu einer Reizüberflutung für die Menschen, die zu Unsicherheit und Handlungsunfähigkeit führt. Um dieser zu entgehen, strukturiert der Mensch die Umwelt durch Sprache und Zeichen. Die Fähigkeit dazu erwirbt er im Sozialisationsprozeß durch die Aneignung dieser Symbolik. Kevin Lynch hat empirisch nachweisen können, daß sich bestimmten Raumformen und gestalterischen Elementen der materiellen Umwelt Orientierungswerte zuordnen lassen. Dieses „Orientiertsein" schafft Sicherheit und Vertrauen zur Umwelt[44].

Die Objekte der bebauten Umwelt werden vom Menschen nicht einheitlich wahrgenommen.

Die Wahrnehmungspsychologie geht davon aus, daß bereits vor der betreffenden Wahrnehmungssituation die Dispositionen entwickelt werden, die bestimmen, was aus den objektiven Umweltreizen ausgewählt wird, wofür also eine Sensibilität bzw. wogegen eine Abwehr vorhanden ist.

Graumann schreibt: „Was der Mensch in jedweder Situation wahrnimmt, spiegelt unweigerlich die Weise wieder, wie er in eine solche Situation eintritt, wie er eingestellt ist."[45]

Dieser theoretische Hintergrund beleuchtet die Situation zwischen positivem Empfinden der städtischen Umwelt und negativen Eindrucksqualitäten. Gewachsene städtische Quartiere sind für Anwohner, die dort meist schon eine gewisse Zeit wohnen, Räume, in denen sie sich auskennen. Wohingegen Neubauviertel meist durch unschöne Betonfassaden, eintönigen Gebäudeausdruck, monotone Materialverwendung, stereotype Anordnung der Baukörper gekennzeichnet sind.

Diese Charakteristika wie auch Merkmale von Verslumung — wie heruntergekommene Häuser, häßliche Grünanlagen, räumliche Enge — mindern das Wohlbefinden der dort Ansässigen und führen zu Streß. Dieses Phänomen kann nach Vester definiert werden als biologischer Verteidigungsmechanismus, hervorgerufen durch „angespannte Reaktionslage des Körpers unter der Einwirkung verschiedener äußerer Reize wie Verletzungen, Infektionen, Lärm und

---

[44] Vgl. Lynch, Image of the City; Rapoport und Kentler, Umweltgestaltung.
[45] Graumann, Social Perception.

Überanstrengung, aber auch innerer Belastungen wie Enttäuschungen, Verkrampfungen, Entscheidungsschwierigkeiten"[46].

Welche Auswirkungen die Einfallslosigkeit von Gebäudetypen, deren Anordnung und deren Fassaden haben, läßt sich bislang nicht empirisch nachweisen. Einen Hinweis gibt jedoch der sogenannte Mondrian-Effekt in Kinderzeichnungen. Die Kinder aus Neubauvierteln malen ihre Umgebung in Quadraten, was auf Phantasiearmut und soziale Scheu schließen läßt.

Psychologische Erkenntnisse über Wechselwirkungen zwischen Gebäudetypen, Außenansichten und menschlichem Verhalten existieren bislang noch nicht, so daß darüber keine gesicherten Erkenntnisse verbreitet werden können. Dennoch lassen sich Möglichkeiten finden, aus den allerdings spärlichen Erkenntnissen wissenschaftlicher Forschung in diesem Gebiet Ansätze für Sozialindikatoren städtischer bebauter Umwelt herauszulesen.

Neben der Sprache als vorherrschender „diskursiver Symbolbildung" vermittelt die Architektur „präsentative Symbolbildung".

Davon ausgehend ist ein bestimmtes Verhältnis zwischen Vielfältigkeit und Monotonie in der bebauten Umwelt als optimales Orientierungsangebot zu befürworten. Wie dieses Verhältnis aussehen soll, ist noch zu untersuchen.

Als gesicherte Erkenntnis ist aber von einer negativen Eindrucksqualität bei monotoner gleichartiger Bebauung auszugehen. Dies trifft auf die meisten der städtischen Neubauviertel zu. Die Massierung von Bebauung kumuliert mit der Dichte der Wohnbevölkerung.

3.4.3 Wanderungsströme als Indikatoren für städtische Umweltbelastungszonen

In allen Indikatorensystemen zur Lebensqualität tauchen Indikatoren zu Bevölkerungswanderungen auf. Die Bevölkerungsentwicklung wird allgemein als Voraussetzung und Resultat städtischer Attraktivität angesehen[47]. Insbesondere werden die „Randwanderungen" als Hinweise für wenig städtische Lebensqualität genommen. Die sogenannten kleinräumlichen Wanderungen, also die innerstädtischen Umzüge und die Umlandwanderungen sind in der Anzahl weitaus bedeutender als die Fernwanderungen.

In München und der angrenzenden Region war das Binnenwanderungsvolumen im Jahre 1975 fast doppelt so hoch wie das Außenwanderungsvolumen. In Hamburg betrugen die Fernwanderungsvorgänge in den Jahren 1901-1973

---

[46] Vester, Phänomen Streß, S. 63.

[47] Es ist hier zu unterscheiden zwischen der natürlichen Bevölkerungsbewegung (Sterbe- und Geburtenziffern) und den Wanderungsströmen innerhalb der Bevölkerung.

3.4. Sozialindikatoren aus der Sicht der sozialwissenschaftlichen Stadtforschung

1 462 Millionen, wohingegen die Wanderungen innerhalb der Stadt bzw. ins oder vom Umland 2 813 Mio. betrugen.

Insgesamt weisen die innerstädtischen Wanderungen eine stark zentrifugale Tendenz auf. „Eine negative Wanderungsbilanz mit dem Umland wird innerstädtisch begleitet von der Abwanderung aus der City und den City-Randgebieten."[48]

Neben dieser quantitativen Bevölkerungsverlagerung ist die selektive Tendenz, die damit einhergeht, problematisch. Familien mit Kindern wandern aus den Innenstädten ab an den Stadtrand oder ins Umland. Bei den nachrückenden Haushalten handelt es sich meist um Ein-Personen-Haushalte.

Neben dieser Segregation in der demographischen Struktur ist das gleiche in sozialstruktureller Sicht zu beobachten. „In Hamburg lag beispielsweise das durchschnittliche Monatseinkommen der Haushalte, die ins Umland abgewandert sind, um rund 500 DM höher als das der Haushalte, die innerhalb Hamburgs umgezogen sind."[49]

Die Motive für das in allen großen Städten zu registrierende Wanderungsverhalten sind vielfältig. Da in den statistischen Datenbeständen allein die Quantität von Wanderungsströmen festgehalten wird, lassen sich hieraus keine Rückschlüsse auf die Gründe ziehen. In der Regel werden neben der Anzahl als einziges demographisches Merkmal das Alter der gewanderten Personen erfaßt. Haushaltsgröße und -struktur, berufliche Stellung, Einkommen und die Wanderungsmotive sind nur durch Primärerhebungen zu ermitteln. Die hier im folgenden kurz referierten Ergebnisse basieren auf empirischen Untersuchungen[50].

Die Befragungen der in den Untersuchungsgebieten – Hamburg und Nürnberg – ins Umland bzw. an den Stadtrand gezogenen Haushalte ergaben folgende Abwanderungsgründe:

	Hamburg	Nürnberg
Eine vergleichbare Wohnung war in Hamburg/Nürnberg teurer gewesen	48	45
Die Wohnungsumgebung ist hier besser	44	58
Ich wollte aufs Land ziehen.	20	29
In Hamburg/Nürnberg war es schwerer gewesen, etwas Geeignetes zu finden	48	28
Der Arbeitsplatz ist von hier besser zu erreichen	9	13

---

[48] Baur, Wanderungsaspekte in größeren Städten.
[49] Baur, Wanderungsaspekte.
[50] Vgl. Prognos, Qualitativer und quantitativer Wohnungsbedarf und Wanderungen in der Freien und Hansestadt Hamburg 1976; Prognos, Regionale Wohnungsmarktanalyse für

Die Höhe des Mietpreises steht gleichwertig neben der Relevanz der besseren Wohnungsumgebung an der Spitze der Motive.

Wanderungen aufgrund der Erreichbarkeit des Arbeitsplatzes sind wenig vertreten.

Umlandwanderungen sind also keine Arbeitsplatzwanderungen, sondern Wohnungswanderungen.

Ausstattung der Wohnung und das Wohnumfeld sind die bestimmenden Faktoren für Umlandwanderungen. Die Einkaufsmöglichkeiten sowie die Anbindung an das öffentliche Verkehrsnetz werden allgemein als ausreichend beurteilt. Als besonders positiv werden die gute Luft, das Fehlen von Verkehrslärm, die gestalterische Qualität und die Bewegungsmöglichkeiten für Kinder genannt.

Grundsätzlich sind diese Motive auch für Umzüge zwischen Stadtteilen vorherrschend.

In den vom Umweltbundesamt erstellten Materialien zum Immissionsschutzbericht 1977 sind die Gründe für Wohnungswechsel angegeben. Quelle dieser Aufstellung ist die 1 % Wohnungsstichprobe von 1972. Darin geben als Gründe an:

Wohnung zu klein	32,0 %
schlechte Ausstattung	9,8 %
schlechte Wohnlage	5,0 %
Lärm- und Luftverschmutzung	4,7 %
zu teuer	2,5 %
liegt ungünstig zur Arbeitsstätte	2,0 %

In den vorher vorgestellten Sozialindikatorensystemen sind folgende Indikatoren zu der Bevölkerungswanderung zusammengestellt:

Im SPES-System:
— Bevölkerungsdichte in Kernstädten
— Anteil der Bevölkerung in Kernstädten
— Veränderung der Bevölkerung in Kernstädten
— Veränderung der Bevölkerung in verstädterten Zonen
— Veränderung der Bevölkerung in Randzonen
— Binnenwanderungsquote

Diese im großen regionalen Maßstab wichtigen Indikatoren reduzieren sich für ein rein städtisches Umweltbelastungsmodell auf die im kleinen sogenannten Binnenmaßstab wesentlichen Faktoren. Hier sind die Binnenwanderungsquoten und die Veränderung der Bevölkerung in der Kernstadt bzw. in den ver-

---

den Raum Nürnberg, 2. Zwischenbericht 1976; Prognos, Regionale Wohnungsmarktuntersuchung — Raum München, 2. Bericht 1977.

städterten Zonen wichtig. Das gleiche gilt für die von Dierkes u.a. zusammengestellte Indikatorenliste zur Bevölkerung. Dort wird nur die

— regionale Bevölkerungsverteilung (Stadt—Land)

aufgeführt.

In der amtlichen Statistik für das Land Berlin werden die Wanderungsquoten nur auf der Bezirksebene erfaßt. Die zeitliche Einteilung ist nach Kalendermonaten aufgegliedert.

Unterschieden wird dort zwischen Zugezogenen vom bzw. Fortgezogenen zum Bundesgebiet und den Umzügen innerhalb der Stadtgrenzen. Ebenso sind die Herkunfts- und Zielgebiete der Wanderungen aufgeführt.

3.5 Bewertungsproblematik

3.5.1 Bewertung in Zusammenhang von kumulierenden bzw. kompensierenden Belastungsfaktoren

Zwischen der Sozialstruktur sowie der demographischen Verteilung in einer Stadt und den Umweltbedingungen bestehen Zusammenhänge. Zu verweisen ist hier auf die Forschungen zu den Segregationsprozessen in Städten. In jeder Stadt spiegelt sich die soziale Schicht auch in der regionalen Verteilung der Bevölkerung wider.

Deshalb sollen im folgenden Hinweise gegeben werden auf soziale Benachteiligungen im Hinblick auf den räumlichen Aspekt — also eine sozialräumliche Benachteiligung. Damit wird gleichzeitig die Abhängigkeit zwischen sozialer und räumlicher Benachteiligung sichtbar.

Räumlich hat die Umwelt eine standortbedingte (bebaute Umwelt) wie auch eine ökologische (natürliche Umwelt) Dimension.

Deutlich — direkt im Hinblick auf die klassischen Umweltmedien — wird dies bei der empirischen Untersuchung von Jarre im Ruhrgebiet. Jarre untersuchte die Verhältnisse anhand von 14 Gemeinden im Kerngebiet des Ruhrgebietes. Daten zur regionalen Immissionsbelastung werden verbunden mit den Angaben aus der amtlichen Statistik zur Sozial- und Erwerbsstruktur. Hauptergebnisse dieser Analyse sind:

— Die Gruppe der Arbeiter ist aufgrund der Immissionsverhältnisse am Wohnort deutlich stärker durch belastende Immissionen betroffen als Angestellte, Beamte und Selbständige. Umgekehrt sind in Gebieten mit relativ guter Luftqualität Arbeiter deutlich unterrepräsentiert.
— Für die Mehrzahl der Arbeiterwohngebiete gilt, daß Gelegenheiten für die Tageskurzerholung in Wäldern und Parks nicht vorhanden sind.

- Das schichtenspezifische Freizeitverhalten (das bei Arbeitern und unteren Einkommensschichten wohnungszentriert ist), führt tendenziell zu einer Verstärkung der unterschiedlichen Immissionsbelastungen für diese Gruppen.
- Die Gesundheitsrisiken am Arbeitsplatz sind für Arbeiter größer.
- Die Erwerbsbevölkerung in den besonders durch Luftverunreinigungen betroffenen Gebieten des Ruhrgebiets ist überdurchschnittlich in Branchen beschäftigt, in denen erhöhte arbeitsplatzbedingte Gesundheitsrisiken nachweisbar sind[51].

Korrelationen zwischen der Wohnsituation mit sozialökonomischen und -demographischen Merkmalen weisen vor allem die Ergebnisse der sozialökologischen Forschung nach. Dieser theoretische Ansatz in der sozialwissenschaftlichen Stadtforschung entwickelte folgende Merkmale für die Erfassung der „social areas", das heißt der sozialräumlichen Einheiten:

wirtschaftlicher Status:	Ausbildung	familiärer Status:	Alter und Geschlecht
	Berufsstellung		Eigentümer oder Mieter
	Beschäftigungsklasse		Haustyp
	Berufsgruppe		im Haushalt lebende
	Wert des Hauses		Personen
	Miete je Wohneinheit		
	Personen pro Zimmer	ethnischer Status:	Rasse und Herkunft
	Heizung und Klima-		Geburtsland
	anlage		Staatsangehörigkeit[52]
	Unterhaltskosten		

Hier werden sowohl sozialökonomische und -demographische Merkmale wie auch solche die „Wohnsituation" betreffend in die Charakteristik einer Region einbezogen.

Die daraus entwickelten Merkmale sozialer Art sind nicht nur unter der dort behandelten Fragestellung einer „belasteten" bzw. „unbelasteten" sozialen Umwelt zu betrachten, sondern auch als kumulierende bzw. kompensierende Faktoren subjektiver Indikatoren.

Ausgehend von der räumlichen Dimension, die jedes Umweltbelastungsmodell als eine wesentliche analytische Richtung mitbestimmt, soll zunächst beispielhaft die Bewertungsproblematik anhand von Merkmalen der Benachteiligung in der städtischen Lebenssituation angeführt werden.

Eine Bewertung möglicher Benachteiligung muß auch Kompensations- bzw. Kumulationseffekte erfassen, die durch unterschiedliche Benachteiligung in verschiedenen Bereichen auftreten: Hierbei sind:

- Geschlechts- und Altersstruktur in ihrer sozialen Konsequenz zu sehen.

---

[51] Jarre, Umweltbelastungen.
[52] Vgl. Atteslander, Materialien zur Siedlungssoziologie.

3.5. Bewertungsproblematik

- Die Wohnversorgung, die im Hinblick auf den Wohnstandard mit dem sozialen Status und im Hinblick auf die Standortqualitäten mit der räumlichen Verteilung der Arbeitsstätten und der sozialen Infrastruktur zusammenhängt.
- Die Versorgung mit Einrichtungen der sozialen Infrastruktur, bei der gruppenspezifische Versorgungsabhängigkeit und bedarfsrelativierende Substitutionsmöglichkeit von Bedeutung sind.

Die Kennzeichnung als sozialräumlich benachteiligte Gebiete erfordert einen umfassenden Datenbedarf, der meist nicht vorhanden ist. Hierbei kann dann nur auf die Datenbestände der amtlichen Statistik zurückgegriffen werden, die ein erheblich reduziertes Angebot an Daten enthalten, und zwar:

Folgende Merkmale werden bei der Volks-, Berufs- und Arbeitsstättenzählung erfaßt[53].

Bevölkerungsstatistische Merkmale:
- Geschlecht
- Geburtsdatum
- Familienstand
- Stellung innerhalb eines Haushaltes
- Religionszugehörigkeit
  - kurze Fassung
  - ausführliche Fassung
- Staatsangehörigkeit
  - kurze Fassung
  - ausführliche Fassung
- Zuordnung zur Wohnbevölkerung
- Wohnsitz am 1.9.1939, Zuzug aus der DDR, Vertriebenenausweis

Geburtenstatistik
- Eheschließungsjahr und frühere Ehe
Für Frauen:
- Geburtsjahre aller lebendgeborenen ehelichen Kinder

Erwerbsstatistische Merkmale
- Überwiegender Lebensunterhalt
- Beteiligung am Erwerbsleben und Arbeitssuche
Für Erwerbstätige sowie Schüler und Studierende:
- Anschrift der Arbeitsstätte bzw. der Schule
- Benutztes Verkehrsmittel und Zeitaufwand
Für Erwerbstätige:
- Geschäftszweig
- Stellung im Beruf
- Wochenarbeitszeit
- Weitere Tätigkeit (Beruf), stichwortartige Beschreibung
- Maschinenbedienung

---
[53] Vgl. Berliner Statistik, Hrsg.: Statistisches Landesamt.

- Nettoerwerbseinkommen
- Leitende oder aufsichtführende Tätigkeiten

Für Selbständige:
- Angaben über im Betrieb tätige Personen

Für Besitzer von landwirtschaftlich genutzten Flächen:
- Größe der gesamten Fläche
- Flächen

Für Nichterwerbstätige:
- Frühere Erwerbstätigkeit und Jahr des Ausscheidens

Bildungsstatistische Merkmale
- Besuch von allgemeinbildenden Schulen, berufsbildenden Schulen, Hochschulen

Abschluß an einer:
- allgemeinbildenden Schule
- berufsbildenden Schule, Hochschule

Gegenüber der bisherigen Erhebungspraxis wäre insoweit zu fordern: die soweit wie mögliche Erfassung der hier aufgeführten Merkmale, um ein Gebiet sozialräumlich als benachteiligt zu identifizieren.

Wie dies unter den jetzigen Bedingungen in einer kommunalen Verwaltung aussehen könnte, zeigt die Berliner Senatsverwaltung für Bau- und Wohnungswesen. Sie entwickelte in ihrem Wertausgleichs-Rahmenprogramm zur Verbesserung der Wertgleichheit der Lebensverhältnisse in Berlin folgende Kriterien zur Kennzeichnung von benachteiligten Gebieten, wenn:

- die Wohnqualität (Kriterien: Alter und Ausstattung der Wohnungen) wesentlich unter dem durchschnittlichen Standard in Berlin liegt und
- der Anteil benachteiligter Bevölkerungsgruppen (Kriterien: Anteil der Einwohner mit Hauptschulabschluß, Anteil der Arbeiter, Anteil der Ausländer an der Einwohnerzahl der Gebiete) erheblich höher als im Durchschnitt in Berlin liegt und
- die schlechte Versorgung mit Wohnungen sowie die sozialstrukturelle Benachteiligung nicht durch ein überdurchschnittliches Angebot an öffentlichen Einrichtungen und Leistungen kompensiert wird[54].

Die Bewertung einzelner Benachteiligungsaspekte innerhalb dieses Rahmenprogramms kann auf zweierlei Art geschehen:

- Abweichungen von durchschnittlichen Niveaus oder
- Abweichungen vom Sollwert.

---

[54] Vgl. Bericht über Rahmenprogramm für benachteiligte Bezirke zur Verbesserung der Wertgleichheit der Lebensverhältnisse in Berlin, Drucksache 7/1109 des Abgeordnetenhauses von Berlin 1978.

3.5.2 Bewertung in Zusammenhang mit der arealen Erfassung

Der Ansatz des Umweltbelastungsmodells muß davon ausgehen, wie im vorliegenden Abschnitt gezeigt, daß sozio-ökonomische und -demographische Merkmale und die Merkmale der Wohnsituation, der Versorgungsgrad mit sozialer und verkehrlicher Infrastruktur (Erreichbarkeitskriterien) und die ökologische Beschaffenheit in Stadtgebieten ungleich verteilt sind.

Allein eine Untersuchung des gesamten Stadtgebietes ermöglicht einen innerstädtischen Vergleich und damit auch relative Bewertungsmaßstäbe (Durchschnitte, Niveaus).

Abgrenzungskriterium kann hierbei entweder der kommunale Verwaltungsbereich oder die Stadt als funktionale Einheit sein. Für praxisorientierte Modelle empfiehlt sich, die Grenze öffentlicher Verwaltungsbereiche zu nehmen.

Eine andere Möglichkeit besteht in einer räumlichen Abgrenzung von Gebieten innerhalb der Stadt. Hier bieten sich wiederum zwei Möglichkeiten der Abgrenzung an:

— nach Homogenitätskriterien und
— nach Funktionskriterien.

Als Homogenitätskriterien könnten die sozioökonomischen und -demographischen Merkmale fungieren. Da diese in der amtlichen Statistik relativ komplett den kommunalen Verwaltungen zur Verfügung stehen und Rückschlüsse — wie weiter oben ausführlich dokumentiert — auf die Wohnsituation im weitesten Sinne geben.

Funktionskriterien wären Versorgungsbereiche. Als praktikabelste Lösung bietet sich eine Abgrenzung nach den in der amtlichen Statistik schon aggregierten Daten an. Dies sind die statistischen Gebiete.

Anzustreben ist aber eine Erfassungssystematik nach Homogenitätskriterien.

Zusammenfassend sollte die Erfassungs- und Bewertungssystematik sich auf zwei Ebenen bewegen. Einmal auf der gesamtstädtischen Ebene, um benachteiligte Gebiete zu identifizieren anhand des relativen Bewertungsmaßstabs, und zum anderen auf Teilräume, um tiefergehende Benachteiligungen offenzulegen. Gerade für die Erstellung von subjektiven Indikatoren ist die teilräumliche Ebene wichtig. Denn die subjektive Wahrnehmung von Umweltqualitäten erfordert eine differenzierte Erfassungs- und Bewertungssystematik.

Die Funktion der gesamtstädtischen Analyse der sozioökonomischen und -demographischen Struktur würde die Einschätzung der Wahrnehmungen und Einstellungen zur Umweltqualität ermöglichen. Wie vorher bereits ausgeführt, bestehen verschiedene Aspirationsniveaus, die auf einen „level" gebracht werden müssen. Leute mit niedrigem Anspruchsniveau benötigen genau die gleiche Umweltqualität wie Leute mit hohem Anspruchsniveau.

3.6 Zusammenfassung

Einen wesentlichen Bestandteil von Umweltindikatorenmodellen bilden die subjektiven Indikatoren. Diese bezeichnen Einstellungen, Wünsche und Wahrnehmungen der Bevölkerung. Objektive Indikatoren stellen direkt meßbare Umweltbedingungen von Menschen dar, wie Wohnungsgrößen, Wohnungsausstattung und -güte sowie Erreichbarkeit von Naherholungsanlagen. Subjektive Indikatoren sind Ausdruck der individuellen Einschätzung solcher Umweltbedingungen. Bei der Interpretation und Bewertung von subjektiven Indikatoren sind die gruppenspezifisch unterschiedlichen Wertsysteme, Informationsebenen und Sozialchancen der Bevölkerung und ihrer Gruppierungen zu berücksichtigen. Die Einbindung von subjektiven Indikatoren in quantifizierte Umweltmodelle gibt diesen einen partizipatorischen Charakter. Soweit es um ein Belastungskonzept für kommunale Systeme geht, sind dabei Erreichbarkeits- und Zugänglichkeitsgesichtspunkte besonders interessant.

Aus den bereits existierenden komplexen Sozialindikatorensystemen zur Messung der Lebensqualität ist von Interesse, welche Indikatoren Aussagen zur Umweltqualität machen. Hierbei ergibt sich eine Anzahl von möglichen sozialen Faktoren zur Messung der städtischen Umwelt. Neben dieser bereits indikatorisierten Ebene bietet die sozialwissenschaftliche Stadtforschung ebenfalls Hinweise zur Aufstellung von Sozialindikatoren. Der Begriff soziale Umwelt konkretisiert sich und wird datenmäßig erfaßbar. Kommunikationsschancen und Interaktionsstrukturen kennzeichnen einen Teil der Umweltbedingungen der Bevölkerung in einer Stadt. Der Anmutungscharakter der Umwelt auf die psychische Situation von Menschen zeigt, daß psychische Störungen auch als Sozialindikator einer belasteten Umwelt zu sehen sind. Aus Untersuchungen zur Wanderungsforschung wird die Ursache städtischer Wanderungsströme deutlich. Oft sind negative Umweltbedingungen auch hier mit ausschlaggebend.

4. Formalisierte kommunale Planungsansätze

4.1 Einführung

Im folgenden werden einige Simulationsmodelle dargestellt, die für unsere Problemstellung aus Vergleichsgründen relevant sind. Bei diesen handelt es sich um Sonderfälle von Sozialindikatoren-Modellen, wie sie im vorigen Kapitel erörtert worden sind in zwei Hinsichten: Einerseits geht es um die Indikatorisierung der kommunalen Entwicklung oder der kommunalen Lebensqualität. Andererseits handelt es sich um die Sozialindikatoren-Modelle, die in der speziellen Form des Simulationsmodells entwickelt sind.

Bei dieser Erörterung interessieren diese Modelle vornehmlich unter dem Gesichtspunkt der Einbindung sozialer und sozialpsychologischer Faktoren. Welches sind also soziale Faktoren, die bei der Darstellung des Systems Stadt eine Rolle spielen. Das beantwortet gleichzeitig die spätere Frage, welche sozialen und sozialpsychologischen Faktoren in die Betrachtung der kommunalen Umweltsituation einbezogen werden könnten.

4.2 Vorläufer formalisierter Ansätze

Indikatorisierte Modelle für die Stadtplanung haben eine längere Entwicklung hinter sich. Nach anfänglicher Erprobung in der Verkehrsplanung wurde in den USA der Versuch unternommen, die Entwicklung der Flächennutzung, insbesondere der räumlichen Verteilung von Wohnungen und Arbeitsplätzen, mit quantifizierten Modellen nachzubilden. Darauf aufbauend stellte Lowry ein formalisiertes Modell des städtischen Gleichgewichts vor, das zum Vorbild für eine Reihe von Nachfolge-Modellen, den Lowry-Modellen, wurde[1].

Inzwischen sind mehrere Versionen des Lowry-Typs in den USA und in Europa, besonders in England, in der Entwicklung oder in Anwendung.

Einen anderen Ansatz stellte Forrester im Jahre 1969 mit dem Stadtentwicklungsmodell „Urban Dynamics" vor[2]. Hier wurde zum ersten Mal das Instrumentarium der Systemtheorie für die Darstellung eines städtischen Systems verwendet. Erkenntnisse, die Forrester bei experimentellen Anwendungen der Simulationsmodelle gewonnen hat, werden in drei Gesetzmäßigkeiten zusammengefaßt:

---

[1] Lowry, A Model of Metropolis, Rand Corporation.
[2] Forrester, Urban Dynamics.

— Komplexe Systeme sind der Intuition nicht zugänglich; in vieler Hinsicht verhalten sich einfache Systeme völlig anders als komplexe Systeme.
— Komplexe Systeme sind widerstandsfähig gegenüber den meisten grundlegenden Änderungen.
— Es gibt in Systemen Faktoren, von denen günstige Einflüsse ausgehen. Oft sind diese schwer zu erkennen und das, was zu ihrer Beeinflussung unternommen werden muß, ist das Gegenteil von dem, was man erwarten würde[3].

Darin soll die Erklärung für die starre Struktur sozialer Systeme liegen. Als weitere Eigenschaft hat sich die hohe Reaktionsfähigkeit solcher Systeme auf einige wenige Parameter und eine deutliche Reaktion auf bestimmte Strukturveränderungen ergeben[4].

Das Stadtentwicklungsmodell Forresters besteht aus drei Moduln: Bevölkerung, Wohnbereich und Arbeitswelt. Die Elemente der Moduln sind durch Maßnahmen manipulierbar, die sich auf Quantität und Qualität von Ausprägungen der Elemente beziehen.

Die Attraktivität ist oberstes Ziel in einem statischen Zielsystem, das nicht manipulierbar ist. Unterziele der Attraktivität haben vor allem den wirtschaftlichen Entwicklungsbereich zum Gegenstand. Das führt dazu, daß das Modell Stadtentwicklung auf die Intention eingeengt, die Attraktivität mit wirtschaftspolitischen Mitteln zu erhöhen, um Arbeitskräfte und Industrien anzuziehen. So stehen Probleme der Sanierung, der Ansiedlung von Wachstumsindustrien und der Optimierung von Wohnungsbauprogrammen im Vordergrund. Andere Fragen, wie die Umweltqualität, die Verbesserung der Schulsituation, die soziale Entwicklung oder die Verkehrsentwicklung bleiben weitgehend unberücksichtigt. Alle außerhalb dieser Kategorien liegenden Probleme werden allenfalls indirekt berücksichtigt, soweit sie als Störgrößen in Erscheinung treten[5].

Für die Praxis der westdeutschen Stadtentwicklungsplanung wird die Anwendbarkeit des Modells in Zweifel gezogen, da es nicht nur auf amerikanischen Verhältnissen aufbaut, sondern auch in vielen Beziehungen zu global angelegt ist[6]. Die Ergebnisse der Simulationsdurchläufe sind infolgedessen nur bedingt zu verwerten. Die Übertragbarkeit des Forrester-Modells auf eine deutsche Stadt ist für die Situation West-Berlins mit negativem Ergebnis untersucht worden[7].

In Westeuropa setzte die Entwicklung formalisierter Stadtmodelle später ein. Ein weiterentwickeltes Lowry-Modell stellt das vom ORL-Institut der ETH

---

[3] Forrester, Systemanalyse, S. 533 ff.; Forrester, Systemtheorie, S. 73 ff.; vgl. auch Forrester, Planung, S. 81 ff.
[4] Forrester, Planung, S. 86 ff.
[5] Forrester, Systemanalyse, S. 533 ff.
[6] Nowak, Simulation, S. 50 ff.
[7] Maier, Computersimulation, S. 90.

Zürich entwickelte Simulationsmodell ORL-MOD-1 dar, das für verschiedene städtische und regionale Planungsaufgaben in der Schweiz und in der Bundesrepublik eingesetzt wurde[8]. In der Bundesrepublik wurden im Rahmen von Forschungsprojekten städtische Simulationsmodelle entwickelt, insbesondere das Modell SIARSSY, ein System von Teilmodellen, deren Kernstück das erwähnte ORL-MOD-1 ist. SIARSSY wurde am Beispiel mehrer Teststädte unterschiedlicher Größe erprobt[9]. Ein bedeutsames Modell ist das Simulationsmodell POLIS, das in den Städten Köln, Wien und Duisburg praktisch erprobt worden ist[10], weitere Beispiele sind die Modelle BESI und PRO-REGIO.

4.3 Stadtentwicklungsmodelle im einzelnen

4.3.1 Einführung

Zur Erleichterung des nachfolgenden Vergleichs der Modelle wird von Faktoren ausgegangen, die gängigen Klassifikationen der kommunalen Realität entsprechen. Im einzelnen werden die Indikatoren der Modelle folgenden Faktoren zugeordnet:

Naherholungs- und Grünanlagen; Sportanlagen; Sozialeinrichtungen; Bildungs- und Kultureinrichtungen; Kommunikationsmöglichkeiten und -einrichtungen; gesundheitliche Versorgung; private Versorgungs- und Dienstleistungseinrichtungen; Einkaufsstätten; Wohnungssituation; Wohnumgebung; Ernährungs- und Konsumgewohnheiten.

4.3.2 Simulationsmodell POLIS

Das Simulationsmodell POLIS[11] soll eine Entscheidungshilfe bei der langfristigen Planung der räumlichen Stadtentwicklung bieten. Es soll die Auswirkungen alternativer Kombinationen von Planungsmaßnahmen in ihrer gegenseitigen Abhängigkeit unter Berücksichtigung des Zeitablaufs erkennbar machen und Basisinformationen für eine mittel- bis langfristige Investitionsplanung der Stadt liefern[12]. Das Gesamtmodell besteht aus drei Teilmodellen.

---

[8] Lang und Stradal, Die Entwicklung des Planungsinstruments ORL-MOD-1, Institut für Orts-, Regional- und Landesplanung der ETH Zürich, 1970, und Stradal und Sorgo, ORL-MOD-1, Ein Modell zur regionalen Allokation von Aktivitäten, Bericht 1, Institut für Orts-, Regional- und Landesplanung der ETH Zürich, 1971.

[9] Ammer, Popp und Stradal u.a., Hauptstudie IIa zur Weiterentwicklung des Planungsmodells ORL-MOD, Städtebauliche Forschung, Kurzfassungen der vom Bundesministerium für Raumordnung, Bauwesen und Städtebau geförderten Forschungsarbeiten.

[10] Simulationsmodell POLIS, Benutzerhandbuch, Vorläufige Ausgabe, Heft 12 der Schriftenreihe „Städtebauliche Forschung" des Bundesministeriums für Raumordnung, Bauwesen und Städtebau.

[11] Simulationsmodell POLIS, Schriftenreihe städtebauliche Forschung des Bundesministeriums für Raumordnung, Bauwesen und Städtebau.

Ein Teilmodell, das Prognosemodell, soll die Möglichkeiten und Grenzen des Bevölkerungs- und Wirtschaftswachstums prognostizieren, das zweite Teilmodell soll die Auswirkungen von Interventionen erkennbar machen. Das dritte Teilmodell soll mit der Bereitstellung eines Bewertungsverfahrens die politische Prioritätssetzung formalisieren. Insgesamt möchte das Modell die kommunale Wirklichkeit abstrahieren, wobei die Stadt als offenes System betrachtet wird, das sich mit seinem Umland in engem Austausch befindet, dessen Elemente in vielfältiger Weise miteinander in Beziehung stehen und das sich dynamisch über die Zeit verändert.

Das Simulationsmodell benutzt eine ausgewogene Anzahl sozialer Indikatoren, die sich neun Faktoren zuordnen lassen[13].

Die Repräsentation der Faktoren durch Indikatoren erscheint zum Teil bedenklich. Das gilt für den Faktor Naherholungs- und Grünanlagen, der lediglich durch den Indikator öffentliche Grünflächen repräsentiert wird. Die gesundheitliche Versorgung wird durch die Indikatoren Bettenzahl der Krankenhäuser und Platzzahl der Heilstätten repräsentiert. Hier scheint das Reduktionsproblem sehr vereinfacht angegangen worden zu sein. Inwieweit das Modell den Anforderungen nach Komplexitätsreduktion und Ausdifferenzierung funktionaler Äquivalente sachgerecht nachkommt, ist nach der vorliegenden Veröffentlichung in der Form des Benutzerhandbuchs nicht nachvollziehbar. Es sind keine Aussagen darüber gemacht, weswegen die jeweiligen Faktoren und Indikatoren als signifikante Darstellungsgrößen gewählt und welche Funktionen ihnen unterlegt wurden. Deswegen können zu dem Modell nur vorläufige Aussagen gemacht werden, soweit über die Betrachtung der Sozialindikatoren hinausgegangen wird.

4.3.3 Planungsmodell SIARSSY

Das Planungsmodell SIARSSY ist ein Simulationsmodell[14]. Es versucht, im Rahmen eines in Zonen zerlegten Untersuchungsraumes und eines dynamischen Planungszeitraumes die Konsequenzen alternativer Planungsmaßnahmen aufzuzeigen. Durch die Analyse verschiedener Planungsvarianten sollen Entscheidungshilfen für Flächendispositionen im Rahmen der Flächennutzungsplanung gewonnen werden.

Der recht interessant erscheinende Modul Ökologie möchte Belange des Umweltschutzes in das Modell einbringen, in dem Flächennutzungs-, Wohn-, Freizeit- und sonstige Werte Basisinformationen bieten sollen. Gleichzeitig soll der

---
[12] Wegener und Meise, Stadtentwicklungssimulation, S. 26 ff.
[13] Vgl. die in der Anlage wiedergegebene Indikatorenliste des Polis-Modells.
[14] Entwicklung des Planungsmodells SIARSSY, Schriftenreihe städtebauliche Forschung des Bundesministers für Raumordnung, Bauwesen und Städtebau.

Modul – für sich gesehen – als mathematisierte Landschaftsanalyse aufgefaßt werden können. Der Allokationsmodul differenziert die Bereiche Beschäftigung und Wohnen in eine gleiche Anzahl von Klassen und versucht, Einzugsbereiche für Infrastruktureinrichtungen festzulegen. Der Modul Infrastruktur schlüsselt sich in die Submoduln Bildungswesen, Sozialwesen, öffentliche Verwaltung und Gemeinbedarf, Verkehrseinrichtungen, Sport-, Spiel- und Erholungswesen sowie technische Ver- und Entsorgung auf. Der Modul Kosten setzt Kostenrichtwerte für diejenigen Infrastruktureinrichtungen ein, für die bauliche Maßnahmen erforderlich sind[15].

Das wie bei den übrigen Modellen dem Attraktivitätsgesichtspunkt verhaftete Zielsystem zeichnet sich durch eine starke Differenzierung aus. Allerdings baut das Modell auf dem Infrastrukturgesichtspunkt auf, einer funktionsgerechten Zuordnung von Nutzungsarten, die den formulierten Lebensbedürfnissen der Einwohner entsprechen soll. Ein entscheidender Schritt wird in der Umsetzung der Lebensbedürfnisse über Normen, Richtwerte, Abhängigkeiten, Funktionen, Attraktivitäten in Infrastrukturbedarfswerte zur Versorgung der Bevölkerung gesehen. Mit Hilfe der Orientierungs- und Richtwerte erfolgt die Berechnung des Bedarfs an Infrastruktur nach Kapazität, Fläche und Standort. Gegenüber dieser dem Raumplanungskonzept verhafteten Konzeption mutet das ökologische Zielsystem vergleichsweise fortschrittlich an. Insoweit wird das gesamt Stadtgebiet nach einem ausdifferenzierten System ökologischer Kriterien durchgeprüft, wobei davon ausgegangen wird, daß sich jeweils der Wohn- und Freizeitwert und der Ökowert als Maß für die Lebensbedingungen in dem je zu beurteilenden Bereich qualifizieren[16].

Die Sozialindikatoren des Modells lassen sich neun Faktoren zuordnen. Im Vergleich zum Simulationsmodell POLIS fällt auf, daß der Faktor Naherholungs- und Grünanlagen durch eine größere Anzahl von Indikatoren belegt ist, die eine differenzierte Beurteilung dieses Bereiches erlauben. Im einzelnen sei auf die Darstellung der Indikatoren und die Synopse verwiesen[17].

4.3.4 Berliner Simulationsmodell – BESI

Das Berliner Simulationsmodell[18] – BESI – ist darauf angelegt, die Durchschaubarkeit des Zusammenhangs von Mitteln und Zielen einerseits und auftretenden Einflußgrößen andererseits zu erhöhen. Es soll Aufschluß darüber geben, in welcher Form die wichtigsten Systemgrößen der Stadt den wirtschaftlichen und gesellschaftlichen Zustand des Systems beeinflussen. Entwicklungstenden-

---

15 Entwicklung des Planungsmodells SIARSSY, S. 54 ff.
16 Planungsmodell SIARSSY, S. 60 ff.
17 Vgl. auch die Auflistung der Indikatoren in der Anlage.
18 Zentrum Berlin für Zukunftsforschung, Entwurf eines kommunalen Management-Systems – Berliner Simulationsmodell BESI.

zen über längere Zeiträume sollen festgestellt, deren gegenseitige Abhängigkeit ermittelt und in die Zukunft extrapoliert werden. Gegenstand der Konzeption ist die Stadt als sozio-ökonomisches kybernetisches System, das Ziele definiert und durch Vergleich mit dem tatsächlichen Zustand auf innere und äußere Störkräfte reagiert.

Das Zielsystem des Modellansatzes ist anspruchsvoller aufgebaut als bei den anderen Modellen. Es beschränkt sich nicht auf die Attraktivität und seine ökonomischen Intentionen, sondern umfaßt den Versuch, die gesamte gegenwärtige Kommunalpolitik in quantifizierter Form darzustellen. Zu diesem Zweck ist empirisches Material, insbesondere eine Regierungserklärung des Berliner Senats, inhaltsanalytisch aufbereitet, klassifiziert, operationalisiert und evaluiert worden[19]. Die Ziele sind in der Form eines Zielbaums zu einem einheitlichen Konzept zusammengefaßt[20]. In dem Zielspektrum sind dem Oberziel Lebensfähigkeit und Gedeihen der Stadt Unterziele aus den Politikbereichen Bevölkerung und Familie, Flächennutzung, Wirtschaft, Finanzen, Bildungswesen, Wohnungs- und Siedlungswesen, Verkehrswesen, Gesundheits- und Sozialwesen, Unterhaltung, Kultur, Sport sowie Politik und Massenmedien zugeordnet.

Das Modell, data based, stochastisch und als lernendes System konzipiert, erhebt den höchsten theoretischen Anspruch, der allerdings im Konzeptstadium stecken geblieben ist[21]. Es wartet mit einer großen Anzahl von Indikatoren auf, die sich zehn Faktoren zuordnen lassen.

4.3.5 Planungsmodell PRO-REGIO

Das Planungssystem PRO-REGIO[22] ist das am meisten fortgeschrittene Simulationsmodell, was den technischen Komfort und die Darstellung der Modellergebnisse anbelangt. Das Simulationsmodell besteht aus zwei Teilmodellen; das Teilmodell RUHRPLAN dient der Analyse und der Planentwicklung, das zweite Teilmodell RUHRSIM dient der zusammenfassenden Darstellung von Planungsvarianten und der Prognose der entsprechenden Planungsfolgen. In der Beschreibung des Ansatzes wird eingeräumt, daß das Modell zwar von Hypothesen über Zusammenhänge zwischen Investitionen in materielle und soziale Infrastruktur und der damit verbundenen Attraktivitätssteigerung für Bevölkerung und Wirtschaft ausgeht, daß aber im Rahmen der Untersuchung nur sehr selektiv vorgegangen werden und keine grundlegenden Analysearbeiten durchgeführt werden konnten.

---

[19] Neveling, Zielaussagen, passim.
[20] Koelle, Simulationsmodell, S. 40 ff.
[21] Nowak, Simulation, S. 73.
[22] Planungssystem PRO-REGIO, eine Methode zum Einsatz von EDV-Anlagen als Beitrag zur Regionalplanung unter besonderer Berücksichtigung von Standortfaktoren, Schriftenreihe Raumordnung des Bundesministers für Raumordnung, Bauwesen und Städtebau.

4.3. Stadtentwicklungsmodelle im einzelnen

Zur Reduktion der Komplexität und zur Verringerung der Vielfalt von Einflußgrößen und Merkmalen wurde die Faktorenanalyse nach dem Modell „mehrerer gemeinsamer Faktoren" durchgeführt. Die ermittelten Faktoren wurden unter Zuhilfenahme des Varimax-Kriteriums auf Einfachstruktur rotiert[23]. Was die Sozialindikatorenauswahl anbetrifft, konnten diese sechs Faktoren zugeordnet werden. Dabei wird erkennbar, daß das PRO-REGIO-Modell im wesentlichen von Variablen ausgeht, die aus Volks- und Arbeitsstättenzählungen und sonstigen zugänglichen Statistiken stammen. So ist die sehr ausführliche Belegung des Faktors Naherholungs- und Grünanlagen zu erklären, die das Modell auch im Hinblick auf seine Umweltrelevanz gegenüber den vorerwähnten Modellen auszeichnet. Dafür sind allerdings die Faktoren Sozialeinrichtungen sowie Kommunikationsmöglichkeiten und -einrichtungen nicht belegt.

4.3.6 Indikatorensystem ZÜRICH

Ein bekanntes Modell der kommunalen Entwicklung, das für den Sozialindikatorenvergleich herangezogen wird, ist das Indikatorensystem ZÜRICH, das sich von den behandelten Simulationsmodellen in bezug auf Modellaufbau und Modellzweck erheblich unterscheidet. Hier geht es nicht um ein systemisches Modell, das den Anwender in die Lage versetzen soll, die Auswirkung von Planungsvarianten auf die Systemstruktur zu simulieren, sondern um ein normatives Analysekonstrukt, das lediglich dazu dienen kann, bestimmte Teilaspekte in der Wirklichkeit zu erfassen und in ihrem Zustand mit den modellimmanenten Zielvorstellungen zu vergleichen[24]. Mit Bezug auf die theoretischen Vorüberlegungen zu unterschiedlichen Indikatoren-Ansätzen gelten hier die durchgreifenden Bedenken gegenüber normativen Modellen.

Die Indikatoren des Modells lassen sich zehn Faktoren zuordnen, sind aber nur für eine überschlägige Analyse des Systemzustandes geeignet.

4.3.7 Attraktivitätsmodell UMWELT

Das Attraktivitätsmodell UMWELT[25] ist ein Indikatorenmodell. Allerdings geht das Modell mit seinen Sozialindikatoren, die sich zehn Faktoren zuordnen lassen, in bezug auf seine Aussagefähigkeit über das ZÜRICHER Indikatorensystem hinaus. Das Attraktivitätsmodell UMWELT ist im Hinblick auf die erörterten Globalmodelle das einzige Modell, das ausdrücklich Umweltbezug hat. Es wird, wie dies auch den nachfolgenden Untersuchungen zu einem Umweltmodell vorschwebt, von einem weiten Umweltbegriff ausgegangen.

Nachstehend werden die für den Vergleich wesentlichen kommunalen Globalmodelle in einer Synopse einander gegenübergestellt.

---

[23] Planungssystem PRO-REGIO. S. 54.

[24] Iblher, Soziale Indikatoren, S. 112 ff.; Iblher, Stadtplanung, S. 246 ff.; Iblher und Jansen, Entwicklung der Stadt Zürich.

[25] Bormann, Attraktivitätsfaktor.

4. Formalisierte kommunale Planungsansätze

(7) NAHERHOLUNGS- UND GRÜNANLAGEN

Subsystem	POLIS	SIARSSY	BESI	ATTRAKT.MODELL	ZÜRICH	PRO-REGIO
7.1 GESTALTETE ERHOLUNGSANLAGEN	Öffentl.Grünflächen	Flächen für Tageserholung	Öffentl.Grünanlagen	Öffentl.Grünanlagen	Parks u.öffentl.Anlagen	Erholungsbereich
		Flächen für Wochenend- und Ferienerholung				
		Landschaftsgebundene Einrichtungen				
		Flächen für Klein- und Dauergartengebiete	Dauerkleingärten	Zahl der Gärten in Kleingartenanlagen		
			Friedhöfe			
7.2 NATÜRL. ERHOLUNGSANLAGEN				Waldflächen	Waldflächen innerhalb der 20-Min.Zone	Erholungswaldgebiet
						Nadelwald
						Laubwald
						Mischwald
		Flächen für Schutzpflanzungen				sonst.Waldverbandsflächen
		Flächen für Forstwirtschaft				Waldschutzgebiet
						Wald mit Bodenschutzfunktion
		Flächen für Naturschutz		Naturschutzgebiete		Naturschutzgebiet
						Waldrand innerer
						Waldrand äußerer
7.3 GEWÄSSER				Wasserflächen		Gewässerrand fließendes Gewässer
				Längen der Uferflächen		Gewässerrand stehendes Gewässer
		Wasserschutz- und Vorratsgebiete				Wassergewinnungsanlagen

4.3. Stadtentwicklungsmodelle im einzelnen

Sub-system		POLIS	SIARSSY	BEST	ATTRAKT.MODELL	ZÜRICH	PRO-REGIO
7.4 NUTZUNGSFLÄCHEN			Flächen für Landwirtschaft		Landwirtschaftliche Nutzfläche		Ackerfläche Grünland Sonderkulturen Brachfläche
					Brache		
			Erosionsschutzflächen		Landschaftsschutzgebiete		Landschaftsschutzgebiet
SPORTANLAGEN (8)	8.1 SPORTEINRICHTUNGEN	Sport- und Spielplätze	Spiel- und Sportflächen	Sport- und Spielplätze		Spiel-, Sport- und Badeanlagen	
			Sportplätze und Wettkampfbahnen	Sportplätze Bolzplätze	Sportfläche		Sportfläche
		Sporthallen in ha bebauter Flächen	Turn-, Spiel- und Sporthallen				Sportplätze
		Personal für Freizeit- und Sporteinrichtungen	Sondersportanlagen		Zahl der Sportveranstaltungen		
	8.2 BADEANLAGEN	Freibäder	Freibäder	Freibäder	Zahl der Badeanlagen		Freibäder
		Hallenbäder	Hallenbäder und Schwimmhallen	Hallenbäder			Hallenbäder
			Landschaftsgebundene Badeplätze				

4. Formalisierte kommunale Planungsansätze

Sub-system	POLIS	SIARSSY	BESI	ATTRAKT.MODELL	ZÜRICH	PRO-REGIO
SOZIALEINRICHTUNGEN (9)						
9.1 EINRICHTUNGEN FÜR KINDER		Kinderspielplätze	Kinderspielplätze			
		Kindergärten	Anzahl der Kindergartenplätze	Zahl der Plätze in Kindergärten	Öffentl. Kindergartenplätze	
	Kindertagesstättenplätze für 0-5jährige	Kindertagesstätten	Kindertagesheime			
	Kindertagesstättenplätze für 6-14jährige		Kindertagesplätze/ Kindergärtnerinnen	Zahl der Kinder pro Erzieher in Kindertagesstätten	Kinder/Kindergärtnerinnen	
		Kinderheime				
		Einrichtungen für geistig behinderte Kinder				
9.2 EINRICHTUNGEN FÜR SENIOREN	Plätze in Altenwohnungen	Altenwohnheime				
	Plätze in Altenheimen	Altenheime	Anzahl der Altersheimplätze			
	Plätze in Altenpflegeheimen	Altenpflegeheime	Alters- u. Pflegeheime			
			Zahl der Wohnungen mit Bad oder Dusche in Altenwohnheimen			
9.3 SOZIAL-EINRICHTUNGEN		Anteil der Bevölkerung in Wohnheimen				
		Anteil der Bevölkerung in Anstalten				

4.3. Stadtentwicklungsmodelle im einzelnen

System					
9.4 SOZIALE LEISTUNGEN		Sozialausgaben	Durchschnittliche staatliche Sozialhilfe	Zahl der Sozialempfänger	
				Auslastung der staatlichen Fürsorge für Säuglinge u. Kleinkinder	
10.1 ALLGEMEINBILDENDE SCHULEN (10) BILDUNGS- UND KULTUREINRICHTUNGEN	Grundschulklassen	Grundschulen und Hauptschulen	Zahl der Schulen insgesamt		Schulen
	Hauptschulklassen	Sonderschulen	Sonderschulen	Volksschüler je Klasse	
		Realschulen	Volks- und Mittelschulen		
	Klassen in Gymnasien	Gymnasien	Gymnasien	Mittelschüler Gymnasien	
		Gesamtschulen	Abiturientenquote je Jahrgang	Zahl der Gymnasialschüler	
		Schüler in neuen pädagogischen Modellen/ Gesamtschülerzahl	Schüler/1.000 Einwohner	Zahl der Abiturienten	
			Anzahl der Schüler nach Schularten	Gesamtschulen	Schüler/Volksschule
			Anzahl der Absolventen der Schularten zur Gesamtschülerzahl der Schulart		Schüler/Realschule
					Schüler/Gymnasium

4. Formalisierte kommunale Planungsansätze

Fortsetzung: (10) BILDUNGS- UND KULTUREINRICHTUNGEN
10.1 ALLGEMEINBILDENDE SCHULEN

Sub-system	POLIS	SIARSSY	BESI	ATTRAKT.MODELL	ZÜRICH	PRO-REGIO
			Anzahl der Lehrer nach Schularten	Zahl der Schüler pro Lehrkraft in Grund- und Realschulen		
				Zahl der Übergänge auf Realschulen und Gymnasien		
			Nicht Versetzte/Versetzte insgesamt			
			Nicht Versetzte/Versetzte Prüflinge			
			Nicht Versetzte/Versetzte nach Schularten			
			Anteil der Schüler an der Altersgruppe der 16-19jährigen	Anteil der Schüler an der Altersgruppe der 16-19jährigen		Ausbildungsniveau Volksschule
						Ausbildungsniveau Mittlere Reife
						Ausbildungsniveau Abitur
		Berufsschulen		Personen in der Berufsausbildung		
		Berufsfachschulen Fachschulen und Höhere Schulen	Anteil der Lehrlinge an der Altersgruppe der 16-19jährigen	Schüler in den Berufsschulklassen		Berufsschulen
		Sonstige Schulen Volkshochschulen	Anzahl der VHS-Hörer/VHS-Kurse			Ausbildungsniveau Berufs-, Fach- oder Ingenieurschule

4.3. Stadtentwicklungsmodelle im einzelnen   127

10.2 BERUFSBEZOGENE STUDIENANSTALTEN	10.3 HOCHSCHULEN	10.4 KULTUREINRICHTUNGEN
Studienplätze in Hochschuleinrichtungen	Theater	
Teilnehmer an Fernkursen/Teilnehmer an sonstigen Abendschulen	Anteil der Studenten an der Altersgruppe der 16-19jährigen	Anzahl kultureller Veranstaltungen
Anzahl der sich weiterbildenden Erwerbspersonen/Erwerbspersonen	Westdeutsche und Ausländer an Hochschulen/ Zahl der Studenten	Auslastung kultureller Veranstaltungen
Anzahl aller sich weiterbildenden Erwerbspersonen/Ausbilder	Staats- und Diplomprüfungen/Zahl der Studenten	Struktur der Besucher kultureller Veranstaltungen
Erwerbspersonen auf umschulenden Schulen/Arbeitslose	Promotionen/Zahl der Studenten	
Teilnehmer an Fernkursen	Promotionen	Theater- und Orchesterfläche
Zahl der fortbildenden Erwerbspersonen		Anzahl kultureller Veranstaltungen
		Zahl der Theaterplätze
		Zahl der Theaterveranstaltungen
	Studenten/Dozenten	Theater- und Orchesterfläche
	Ausbildungsniveau Hochschule	

Sub-system	POLIS	SIARSSY	BESI	ATTRAKT:MODELL	ZÜRICH	PRO-REGIO
10.4 KULTUREINRICHTUNGEN		Konzerthäuser		Zahl der Konzerte und Opern		
				Zahl der Premieren und Uraufführungen pro 100 Aufführungen		
				Zahl der Kongresse		
		Museen			Museen und Bibliotheken	
10.5 BIBLIOTHEKEN		Öffentl. Bibliotheken	Zahl der Bücher/Einwohner	Zahl der Bücher in Gemeindebibliotheken		
			Buchausleihungen/ 1.000 Einwohner	Anzahl der Buchausleihungen		
			Buchausleihungen/ Bibliotheksbenutzer			
10.6 BESCHÄFTIGTE	Lehr- und Dienstleistungspersonal für Bildungseinrichtungen		Beschäftigte in Erziehung u.Sport			
			Beschäftigte in Wissenschaft und Forschung	Beschäftigte in Wissenschaft und Forschung		
	Plätze in Jugendfreizeitheimen	Altentagesstätten	Jugendheime			
	Plätze in Altenclubs	Mehrzweckhallen		Anzahl der Plätze in Versammlungsräumen		
	Personal in Kommunikationseinrichtungen					

Fortsetzung: (10) BILDUNGS- UND KULTUREINRICHTUNGEN

4.3. Stadtentwicklungsmodelle im einzelnen

Subsystem	POLIS	SIARSSY	BESI	ATTRAKT.MODELL	ZÜRICH	PRO-REGIO
11.1 KOMMUNIKATIONSEIN-RICHTUNGEN		Lichtsspielhäuser		Anzahl der Gaststätten	Kino- und Spielsalonflächen / Gaststätten, Hotels und Pensionen	
11.2 KOMMUNIKATIONSMEDIEN			Anzahl der Informationsquellen/Haushaltungen / Anzahl der Tages- und Wochenzeitungen / Anzahl der Zeitungen, Zeitschriften/Haushaltungen / Verkauf der Auflagen in Prozent der Gesamtauflage / Verkauf der Auflagen aller Regionalzeitungen / Konzentrationsgrad der Zeitungen / Telefone / Anzahl der Radios je Haushalt / Anzahl der Fernsehgeräte / Anzahl der Programme Programmstruktur / Anzahl der Gewerkschaften u. Berufsverbände	Anzahl der Informationsveranstaltungen / Anzahl der Informationsquellen pro Haushalt / Anzahl der Tages- und Wochenzeitungen / Anzahl der Telefone	Anzahl der Telefone / Dienstleistungsquoten	

Subsystem: (11) KOMMUNIKATIONSMÖGLICHKEITEN UND -EINRICHTUNGEN

9 Bückmann

4. Formalisierte kommunale Planungsansätze

Sub-system	POLIS	SIARSSY	BESI	ATTRAKT.MODELL	ZÜRICH	PRO-REGIO
12.1 GESUNDHEITSEINRICHTUNGEN	Bettenzahl der Krankenhäuser; Platzzahl der Heilstätten	Krankenhäuser der allgem. Krankenversorgung; Pflegekrankenhäuser und Sanatorien; Spezialkrankenhäuser; Kureinrichtungen	Krankenhäuser; Krankenhausbetten/1.000 Einwohner; Bettenausnutzung der Krankenhäuser		Anzahl der Krankenhausbetten	Krankenhausflächen Krankenhaus
12.2 GESUNDHEITSVERSORGUNG			Krankenbestand/1.000 Einwohner; Stationär behandelte Kranke/1.000 Einwohner; Psychische Kranke/1.000 Einwohner; Selbstmordfälle/1.000 Einwohner; Durchschnittl. Krankentage/Arbeiter; Beschäftigte im Gesundheitswesen/1.000 Einwohner; Ärzte; Kinderärzte/1.000 Einw.; Psychotherapeuten/1.000 Einw.; Zahnärztliche Behandlungen/Tag	Anzahl der Krankentage der Arbeiter; Ärzte insgesamt; Ärzte in Krankenanstalten; Anzahl der Untersuchungen		Medizinische Beratungsflächen

(12) GESUNDHEITLICHE VERSORGUNG

4.3. Stadtentwicklungsmodelle im einzelnen

(13) PRIVATE VERSORGUNGS- UND DIENSTLEISTUNGSEINRICHTUNGEN		14.1 HANDEL
13.1 PRIVATE VERSORGUNG	13.2 KRAFTFAHRZEUGDIENSTE	
Dienstleistungsbetriebe und freie Berufe insgesamt; Beschäftigte in Dienstleistung u. freien Berufen		Betriebe des Handels insgesamt; Beschäftigte im Handel
Dienstleistungsflächen Büroflächenteile		Überschneidungsfreie Zeit zwischen Einkaufen und Arbeiten; Konsumpreisindex
Betriebe des tertiären Sektors; Beschäftigte im Dienstleistungssektor Freiberufler		Zahl der Wochenmarktstände
Gewerbebetriebe für die Nahversorgung; Umsatz des privaten Versorgungs- und Dienstleistungsbereich; Energieverbrauch des privaten Versorgungs- und Dienstleistungsbereichs; Wasserverbrauch des privaten Versorgungs- und Dienstleistungsbereichs; Hotels u.dgl.; Anzahl der Tankstellen; Privattiefgaragen als Kundenparkplätze von Kaufhäusern		
	Gewerbe für Nahversorgung	

132   4. Formalisierte kommunale Planungsansätze

Sub-system	POLIS	SIARSSY	BESI	ATTRAKT.MODELL	ZÜRICH	PRO-REGIO
(14) EINKAUFSSTÄTTEN / 14.2 EINZELHANDEL	Einzelhandelseinrichtungen Nahversorgungsbereich	Einzelhandelseinrichtungen für den Tagesbedarf				Betriebe des Einzelhandels
	Einzelhandelseinrichtungen generelle Versorgung	Einzelhandelseinrichtungen für den Wochenbedarf				Einzelhandelsbetriebe mit Waren verschiedener Art
		Einzelhandelseinrichtungen für den langfristigen Bedarf				
			Verkaufsflächen im Einzelhandel		Kurzfristige Verkaufsfläche	
	Parkhäuser für Einzelhandelseinrichtungen		Garagen für Einzelhandel		Langfristige Verkaufsfläche	
	Tiefgaragen für Einzelhandelseinrichtungen					
	Einstellplätze für Einzelhandelseinrichtungen		Abstellfläche für Einzelhandel	Zahl d.Beschäftigten/ Arb.Platz in Einzelhandelsgeschäften		
			Lager für Einzelhandel			
					Privatverkehrsfreie Einkaufsgebiete	Beschäftigte im Einzelhandel
						Beschäftige in Betrieben mit Waren verschiedener Art

4.3. Stadtentwicklungsmodelle im einzelnen

Sub-system		POLIS	SIARSSY	BESI	ATTRAKT.MODELL	ZÜRICH	PRO-REGIO
(15) WOHNUNGSSITUATION	**15.1 WOHNUNGSART**	Wohnräume je Wohneinheit		Wohnräume je Wohneinheit			
		Wohnfläche je Wohnraum					
		Einwohner je Wohnraum			Anzahl der Zimmer/Einwohner	Einwohner je Wohngebäude	
						Haushalte mit mehr Zimmern als Personen	
				Anteil der freien Wohnungen		Leerwohnungen/Gesamtheit der Wohnungen	
	15.2 WOHNUNGSAUSSTATTUNG	Wohngebäude nach Ausstattung	Komfortklassen der Wohneinheiten				
				Wohnungen mit Zentralheizung	Wohnungen mit Bad und Zentralheizung	Wohnungen mit Bad und Zentralheizung	
				Wohnungen mit Zentral-Warmwasserversorgung			
				Wohnungen mit Balkon			
				Wohnungen mit Garten	Wohnungen mit Garten		
				Wohnungen ohne Innentoilette			
					Wohnungen mit Telefon		
		Wohngebäude nach Baualter		Altersstruktur der Gebäude			
				Wohnflächen nach Baujahr			
				Wohnflächen nach Gebäudeart			
				Anteil der Neubauwohnungen			
				Anteil der Altbauwohnungen			
				Eigentumswohnungen			
				öffentlich geförderte Wohnungen/1.000 Wohnungen			

4. Formalisierte kommunale Planungsansätze

Sub-system	POLIS	SIARSSY	BESI	ATTRAKT.MODELL	ZÜRICH	PRO-REGIO
15.3 WOHNUNGSPREIS *Fortsetzung:* (15)	Wohnungsbedarf Wohnfläche in ha			Durchschnittliche Höhe der Miete Durchschnittliche Miete in Altbauwohnungen Durchschnittliche Miete in Neubauwohnungen Altbauwohnungen/100 Wohnungen	Durchschnittliches Mietniveau Preisindexverhältnis für Eigentumswohnungen	
16.1 WOHNGEBIETSART WOHNUMGEBUNG (16)			Wohnfläche je Einwohner Bevölkerungsdichte in der City Bevölkerungsdichte in den Bezirken Wohnungszuwachsrate Verkaufspreis je qm-Altbau Verkaufspreis je qm-Neubau Wohnungseigentümer mit berliner Wohnsitz/Wohnungseigentümer	Einwohnerzahl Wohnfläche je Einwohner bebautes Gebiet/bebaubares Gebiet		bebautes Gebiet nach Flächennutzungsplan geplantes Wohn- und Mischgebiet nach Flächennutzungsplan Gewerbebetrieb nach Flächennutzungsplan geplantes Gewerbegebiet nach Flächennutzungsplan Freiflächen nach Flächennutzungsplan

4.3. Stadtentwicklungsmodelle im einzelnen

Sub-system	POLIS	SIARSSY	BESI	ATTRAK.MODELL	ZÜRICH	PRO-REGIO
16.2 WOHNGEBIETSZUSCHNITT	Anzahl der Wohngebäude					Gebäudehöhe bis 2,5 Stockwerke Gebäudehöhe 3 bis 5 Stockwerke Gebäude mehr als 5 Stockwerke
	Geschoßfläche der Wohngebäude		Ein- und Zweifamilienhäuser/Mehrfamilienhäuser	Geschoßflächenzahl in Wohngebieten	Wohnbruttogeschoßflächen Bruttogeschoßflächendichte	Gebäudealter - vor 1945 Gebäudealter - nach 1945
	Anzahl der Einfamilienhäuser	Anzahl der Wohnungen Wohnkapazität nach Sozialklassen		Anteil der Ein- und Zweifamilienhäuser an den Wohngebäuden		

4. Formalisierte kommunale Planungsansätze

Sub-system	POLIS	SIARSSY	BESI	ATTRAKT.MODELL	ZÜRICH	PRO-REGIO
(17) ERNÄHRUNGS- UND KONSUMGEWOHNHEITEN — 17.1 ERNÄHRUNG			Privater Verbrauch/Gesamtkonsum Landwirtschaftliche Eigenproduktion/Gesamtverbrauch an landwirtschaftlichen Erzeugnissen	Lebenserhaltungskosten		
17.2 KONSUM			Energieverbrauch/Einwohner Wasserverbrauch/Einwohner Sparquote Aktienindex Kreditvolumen/Einwohner	Durchschnittliche Höhe des disponierbaren Einkommens Durchschnittliche Höhe des Sparguthabens		

4.4 Erörterung der Sozialindikatorenkonzeption

4.4.1 Systemtheoretische Modellanforderungen

Inwieweit die Modelle den theoretischen Anforderungen gerecht werden, die oben erörtert worden sind, läßt sich nach den zum Teil lückenhaften Darstellungen nicht oder wenigstens sehr schwer beurteilen. Die Hauptfunktion der vergleichenden Darstellung ist die Synopse der Sozialindikatoren, auf die später zurückgegriffen wird. Im übrigen können nur mit Vorbehalten einige Anmerkungen gemacht werden:

Vergleicht man die Konzeption der Modelle, so zeigt sich, daß sich alle Modelle bemühen, die Komplexität der kommunalen Umwelt dadurch zu reduzieren, daß sie eine größere Anzahl von Subsystemen der realen Umwelt abbilden. Die bei der Synopse herausgestellten Faktoren, denen die Indikatoren zugeordnet sind, entsprechen nicht immer den Faktoren der Originalmodelle, die naturgemäß jeweils anders und dem jeweiligen Modellzweck entsprechend klassifiziert sind. Dennoch erfassen die zugrundeliegenden Faktoren die gleichen Gegebenheiten der Realität. Die hier gewählte Subsystemklassifikation ist den analysierten Modellen zumeist ähnlich. Während für den Vergleich die Subsysteme Infrastruktur und Lebenssituation ausdifferenziert sind, hat das POLIS-Modell insoweit die Subsysteme öffentliche Einrichtungen, Gebäude und Flächen[26]. Ebenso grenzt das Planungsmodell SIARSSY die Modellteile Infrastruktur und Allokation der Beschäftigten und Wohnenden aus. Zum Teil sind die Faktoren etwas feinkörniger ausdifferenziert, doch ergeben sich für die Synopse bei einiger Beachtung der Modellstruktur insgesamt keine Zuordnungsschwierigkeiten.

Je nach Modellziel bilden alle Modelle unterschiedliche Ausschnitte der städtischen Realität ab. Das hängt nicht allein vom jeweils geschilderten Modellzweck ab, sondern zum Teil auch vom Problemhorizont bzw. Problemverständnis. Insoweit entsteht allerdings der Verdacht, daß Verwaltungswissenschaft und Verwaltungspraxis bei der Modellkonstruktion nur unzureichend beteiligt waren. Das kann im Rahmen dieser Erörterung nicht im einzelnen dargestellt werden, sondern lediglich anhand eines Beispiels.

Das Indikatorensystem ZÜRICH geht bei den Sportanlagen von einem hochaggregierten Faktor: Spiel-, Sport- und Badeanlagen aus, der das gesamte Feld der Sportanlagen abdeckt. Die Vergleichsmodelle geben lediglich Indikatoren an, die einen Teil des Sportbereichs abdecken. So fehlen beim Berliner Simulationsmodell und beim Planungssystem PRO-REGIO die Sporthallen als Ergänzung zu den Sportplätzen, während in beiden Fällen die Hallenbäder als Äquivalent zu den Freibädern für die Abbildung vorgesehen sind. Eben gerade aber

---
[26] Simulationsmodell POLIS.

die gedeckten Sportflächen sind es, die für die Attraktivität der Sportinfrastruktur bedeutsam sind.

Inwieweit die Anforderung der Reduktion von Komplexität durch Systembildung und Selektion gelungen ist, kann auch nur mit Vorbehalt beurteilt werden. Feststellbar ist eine Beschränkung der Modelle auf typische Einflußfaktoren, wie das bei dem Indikatorensystem ZÜRICH dargestellt wird. So sind für den Faktor gesundheitliche Versorgung die medizinischen Beratungsflächen und Krankenhausflächen aussagekräftigere Indikatoren als etwa die Anzahl der Krankenhäuser, der Pflegekrankenhäuser und Sanatorien, der Spezialkrankenhäuser und Kureinrichtungen beim Planungsmodell SIARSSY. Der völlige Verzicht auf Indikatoren des Gesundheitssystems, etwa beim Planungssystem PRO-REGIO, ist demgegenüber nur mit Mühe nachvollziehbar, obwohl hier eine eingehendere Untersuchung der Modellkonzeption und der Operationalisierung der Subsysteme erforderlich wäre, die auf der Grundlage der veröffentlichten und damit dieser Erörterung zugänglichen Modellbeschreibungen nicht zu leisten ist.

4.4.2 Praxeologische Modellanforderungen

Ob die Modelle den praxeologischen Anforderungen der Dezision und Transparenz dienen, kann nicht mit Sicherheit bejaht werden. Zum Teil sind die Modelle veraltet, da die Arbeiten nicht fortgeführt worden sind.

Die Modelle stammen aus unterschiedlichen Untersuchungszeiträumen. So stammt das BESI-Modell aus dem Jahre 1969, während das Planungsmodell PRO-REGIO 1976 abgeschlossen wurde. So ist es zu erklären, daß Bestandteile der kommunalen Infrastruktur, die erst in der letzten Zeit stärker in den Vordergrund des Interesses gerückt sind, nicht bei allen Modellen eine Rolle spielen.

Ein Beispiel dafür sind integrierte kommunale Einrichtungen, wie Kommunikationszentren, die Freizeitfunktionen verschiedener Art aus mehreren Aufgabengebieten und für unterschiedliche Bevölkerungsgruppen vereinigen. So kennt nur das Simulationsmodell POLIS die Kommunikationseinrichtung, während etwa die Sozialstation, die soziale Funktionen aus mehreren Aufgabenbereichen integriert, in keinem der Modelle vorkommt. Ebenso fehlen integrierte Senioreneinrichtungen, die Altenwohnungen, Altenheimplätze und Altenpflegeheimplätze umfassen.

Die praktische Verwendbarkeit der Planungsmodelle hängt davon ab, inwieweit sie in Anbetracht der jeweiligen örtlich verschiedenen kommunalpolitischen Zielsysteme in der Lage sind, den Erfolg von Maßnahmen festzustellen, zu kontrollieren, zu messen. Modelle dieser Art müssen in der Lage sein, zumindest einige typische, vielleicht auf wesentliche Bereiche beschränkte Aussagen darüber zu machen, welche Verwaltungsmaßnahmen, Verwaltungsstrate-

4.4. Erörterung der Sozialindikatorenkonzeption

gien, Entscheidungen über bestimmte Projekte in Anbetracht welcher Ziele mit der größten Aussicht auf Erfolg verwirklicht werden können. Auch diese Frage läßt sich allein anhand der Projektberichte nicht beantworten. Am günstigsten wird insoweit das SIARSSY-Modell zu beurteilen sein.

Nicht ausreichend ist die ausschließliche oder vornehmliche Darstellung mengenmäßiger Fortschritte in der Infrastrukturbereitstellung, denn die Qualität des Gesundheitssystems etwa hängt nicht von den Inputfaktoren der Bettenzahl und dem eingesetzten Personal, sondern von Outputfaktoren wie etwa den Behandlungserfolgen ab.

Die Anwendungserfahrung mit den referierten Modellen kann nicht sehr eingehend erörtert werden, weil es nur wenige Anwendungen gibt. Insoweit wird in dem Projektbericht zum Planungssystem PRO-REGIO zutreffend ausgeführt, daß mit zunehmender Erfahrung mit der Modelltechnik der Umfang der Modelle und das Problembewußtsein bei den Bearbeitern gewachsen sei, nicht aber im gleichen Maße die Anwendbarkeit des neuen methodischen Repertoires. Einzelne Städte, Regionen oder Staaten hätten sich im Laufe der Jahre zur Kooperation mit Modellbauern bereitgefunden oder deren Forschung finanziert; es seien jedoch kaum Fälle bekanntgeworden, in denen die Ergebnisse dieser Forschung in der planenden Verwaltung Berücksichtigung finden konnten[27]. Erfolgreicher scheinen Versuche in einigen Städten zu sein, Indikatorensysteme anzuwenden. Das gilt für das untersuchte Indikatorensystem Zürich, das gilt auch für einige weitere Fälle, die bisher nicht veröffentlicht worden sind. Leider sind aber diese Systeme wenig hilfreich, wie oben dargestellt wurde.

Eine Untersuchung von Menge stellt charakteristische Innovationsbarrieren der Modellanwendung in der kommunalen Verwaltung dar. Die hauptsächliche Schwierigkeit liegt in der geringen Vermittelbarkeit der Wirkungsweise und Ergebnisse komplexer Modelle für den in den üblichen Studiengängen ausgebildeten Planer. Das insbesondere, weil Leistungsbeschreibungen, Bedienungsanleitungen und auch Projektberichte im Jargon der Systementwickler formuliert sind und daher nur von wenigen Planern verstanden werden können. Dabei wird die Kenntnis anspruchsvoller quantitativer Methoden in der Theorie oft überschätzt[28].

So fehlt es bei der Theorie und bei der Anwendungspraxis. Es mangelt an einer genügend breiten empirischen Basis, um Güte und Erfolgschancen von Stadtsimulationsmodellen zu beurteilen. Mängel der Methodik führen dazu, daß trotz aller Arbeiten auf dem Gebiet der empirischen Sozialforschung in den letzten Jahrzehnten, insbesondere in der Makro-Soziologie, hinreichende Konzepte und Algorithmen fehlen, um methodologisch unangreifbare, operationalisierbare und quantifizierbare Problemlösungsmechanismen abzuwerfen.

---

[27] Planungssystem PRO-REGIO, S. 14 ff.
[28] Menge, Innovationsbarrieren.

Der mit Ausnahme des BESI-Modells in den Hintergrund impliciter Wertungen verdrängte Zielbereich läßt einen zusätzlichen theoretischen Nachholbedarf erkennen, der möglicherweise mit der Zurückhaltung der Sozialwissenschaften erklärbar ist, eine kritische Interpretation der vorfindlichen Werte, Ziele, Interessen und Bedürfnisse vorzunehmen, in welcher deren soziale Entstehungs- und Ausformulierungsbedingungen aufgedeckt und in ihrer begrenzenden und deformierenden Kraft bewußt gemacht werden können[29].

Im einzelnen gehen Forrester, Polis und Siarssy von den konventionellen kommunalpolitischen Zielen aus, wobei das Forrester-Modell am deutlichsten ausschließlich wirtschaftspolitisch intendiert ist. In allen drei Fällen geht es jedoch um Attraktivität durch Infrastrukturbereitstellung, zum Teil gilt dies auch für das Besi-Modell, obwohl dort infolge der inhaltsanalytischen Ermittlung eines breiteren Zielspektrums auch andere Kategorien angesprochen sind. Zu bemängeln ist auch, daß bei allen Modellen das Zielsystem statisch ist und damit der sich schnell entwickelnden kommunalpolitischen Realität keineswegs gerecht wird.

4.5 Zusammenfassung

Für die Konstruktion eines Umweltmodells ist unter anderem die Frage von Interesse, mit welchen Indikatoren die wesentlichen bekannten Stadtentwicklungsmodelle die soziale Umwelt abbilden und inwieweit diese Abbildung der sozialen Wirklichkeit geglückt ist. Der Vergleich der kommunalen Globalmodelle ergibt, daß sie unterschiedliche Ausschnitte der städtischen Realität darstellen. Bei keinem der Modelle scheint das Problem der Reduktion der Komplexität der kommunalen Wirklichkeit in überzeugender und nachvollziehbarer Weise gelungen. Das am stärksten ausdifferenzierte Modell ist das Berliner Simulationsmodell – BESI –, das vier Systemebenen unterscheidet, wobei insbesondere der Zielbereich eine hervorragende Rolle spielt. Bei allen Stadtentwicklungsmodellen ist das Theorieniveau in bezug auf die Modellkonstruktion insgesamt und in bezug auf die Auswahl der Sozialfaktoren defizitär. Daher können aus den Modellen nur in begrenztem Umfang Hinweise für die Konstruktion eines Gruppen-Umwelt-Interventionsmodells entnommen werden.

---

[29] Klages, Soziologie, S. 54; Nowak, Simulation, S. 133 ff.

5. Bausteine des Umweltverträglichkeitsmodells: das UVP-Modell

5.1 Informationsanforderungen

Auf der Grundlage der vorangegangenen Überlegungen wird die Frage geprüft, welche Informationsanforderungen ein Umweltinformationssystem stellt, das global und synoptisch die gesamte Umweltbelastung eines kommunalen Raums beschreiben und die Folge von Eingriffen erkennbar machen kann.

Es geht zunächst um die Frage, aus welchen Gegenstandsbereichen Informationen zu welchen Problemstellungen gewonnen werden müssen, anschließend geht es um die Frage, wie die Informationen im Rahmen eines systemischen Modells gegliedert und im einzelnen über Indikatoren und Informations- und Transformationsmedien in den politischen Entscheidungsraum eingespeist werden können.

Der Informationsbedarf des kommunalen Systems, das den Umweltzustand verbessern will, muß Beurteilungsgrundlagen für eine statische Betrachtung des örtlich begrenzten Mensch-Umwelt-Systems umfassen. Dabei wird davon ausgegangen, daß Umwelt, wie schon mehrfach gesagt, in einem weiteren Sinne verstanden wird, als physische Umwelt. Die Gesamtheit der Informationen muß das Wissen vermehren über die Qualität der gesamten Umwelt nach den Wertvorstellungen und Maßstäben des politischen Entscheidungsträgers.

Solche Informationsanforderungen erfüllen schon nur sehr wenige der theoretischen und modellistisch durchkonstruierten Modelle und der zum Teil hier vorgestellten Indikatorensysteme. Annäherungen an Informationserfordernisse solcher Art können Modelle leisten, wie die besprochenen kommunalen Globalmodelle POLIS, PRO-REGIO oder das Indikatorensystem ZÜRICH.

Der Informationsbedarf geht jedoch weiter, als es den Grundvorstellungen solcher Modelle entspricht. Es interessiert der Informationsbedarf eines gruppenspezifisch-dynamischen Systems, eines Systems, das zusätzlich soziale Dimensionen berücksichtigt. Umweltqualität signalisiert einen wünschenswerten Zustand der Umwelt in bezug auf alle in Betracht kommenden Umweltmedien. Umweltqualität bezieht sich damit auf einen optimalen Zielzustand bei Umweltmedien mit im einzelnen zu definierenden Qualitätsanforderungen. Das ist eine Seite des Informationsbedarfs.

Die andere Seite betrifft Anforderungen in bezug auf den Mindestzustand bei einzelnen Umweltmedien, etwa auf Mindestanforderungen an Luftqualität, Wasserqualität und soziale Interaktionsqualität. Das betrifft gleichzeitig die Frage nach der Umschreibung der Grenzwerte bei Umweltmedien und Umweltfaktoren, Grenzwerte, die nicht unterschritten werden dürfen, wenn nicht Schäden bei Menschen oder bei Menschengruppen eintreten oder in Kauf genommen werden sollen. Mit dieser Fragestellung beschäftigen sich einige neuere Studien, die zur Spezifizierung der Problemstellung geeignet sind, die aber noch weiter konkretisiert werden müssen[1].

Zu der Frage der gruppenspezifisch bestimmbaren Untergrenze der Umweltqualität wird festgestellt, was als Schädigungsgrenzbelastung anzusehen sei, hänge von der jeweiligen gesellschaftlichen Situation und dem dieser Situation entsprechenden Bewußtsein in der Bevölkerung und bei den Entscheidungsträgern und dem von ihnen getragenen Zielsystem ab. Gesellschaftliche Probleme werden durch defiziente – durch unzureichende – Umweltbedingungen verursacht. Umgekehrt kann man sich gesellschaftliche Probleme in Abhängigkeit von unzureichenden Umweltbedingungen einerseits und den Möglichkeiten und Fähigkeiten der Menschen, unzureichende Umweltbedingungen zu ertragen oder zu kompensieren, andererseits vorstellen.

Nach dem Ergebnis solcher Untersuchungen bestehen Anhaltspunkte dafür, daß Zusammenhänge zwischen physischer Umwelt und psychischen bzw. sozialen Auswirkungen existieren und wahrgenommen werden. Soweit es funktionale Abhängigkeiten in diesem Rahmen gibt, wären diese zu ermitteln für Gruppen mit jeweils homogenen sozialen und demographischen Merkmalen und in Umgebungen mit jeweils identifizierbaren Verhaltensalternativen[2].

In einer ersten Ergänzung muß eine Erweiterung erfolgen in bezug auf Bestimmungsfaktoren der sinnvollen, gewollten, zulässigen oder Schädigungsgrenzbelastung. Objektive Bestimmungsgrößen sind, jeweils bezogen auf die einzelnen Umweltmedien, die Stärke der vorhandenen Belastungen, die Summe aller anderen Belastungserscheinungen der individuellen Lebenswelt und darüber hinaus der gesamtgesellschaftliche Datenkranz. Hinzu kommen als subjektive Faktorgruppen das Bewußtsein der einzelnen Bevölkerungsgruppen, der damit sehr eng zusammenhängene Informationsstand dieser Bevölkerungsgruppen, die Werthaltung dieser Bevölkerungsgruppen und der Wahrnehmungs- und Aspirationsstand der Bevölkerungsgruppen. Um diese Gesichtspunkte in die Übereinstimmung eines sinnvollen Informationssystems zu bringen, bedarf es nicht nur eines Klassifikationsschemas, also eines gedanklichen Ordnungsschemas, sondern eines wohl überlegten funktionalen Modells. Zur Bestimmung des Infor-

---

[1] Lederer, Umweltqualitätsnormen, und Lederer, Soziale Indikatoren. Soziale Indikatoren.

[2] Lederer, Umweltqualitätsnormen, S. 3-5, S. 19.

5.1. Informationsanforderungen

mationsbedarfs nach der Maßgabe eines solchen Modells sind erhebliche verwaltungs- und sozialwissenschaftliche Forschungsanstrengungen erforderlich. Zu diesem Ergebnis kommt auch die bereits erwähnte Studie[3]. Danach sind künftige Arbeiten zur Auffindung von Mensch-Umwelt-Funktionen sinnvoll und auch nicht aussichtslos. Dazu muß ein Kategorienschema — oder nach der hier gewählten Ausdrucksweise ein Systemmodell entwickelt werden, das erlaubt, alle Aspekte des individuellen Wohlbefindens und zugehörige gesellschaftliche Leistungen einzubeziehen. Dieses Kategorienschema muß aus einer konkreten begrifflichen Fassung dessen entwickelt werden, was unter individuellem Wohlbefinden in bezug auf soziale und physische Umwelt verstanden werden soll.

Diese Studie kann hierzu nur einen ersten Schritt machen, indem sie ein hypothetisches Kategorienschema solcher Art aufstellt. Da die in Betracht kommenden geisteswissenschaftlichen Disziplinen, insbesondere die Sozialwissenschaften, Gesetzmäßigkeiten über Zusammenhänge zwischen den Faktoren der physischen und der sozialen Umwelt bisher nicht hinreichend erforscht haben, kann das theoretische Aussagesystem, das der Beantwortung des Fragenkomplexes zu Leibe rückt, nur ein hypothetisches sein. Auch kann die Operationalisierung der einzelnen Kategorien nur hypothetischer Art sein, denn es muß noch der zweite und der entscheidende Schritt der empirischen Verifikation eines solchen Kategorienschemas geleistet werden. Dazu bedarf es sorgfältiger empirischer Einzeluntersuchungen zu den Interdependenzen jeden Bereichs.

Für den Einstieg ist mit dieser Untersuchung der erste Schritt getan, das ist die Formulierung eines alle relevanten Faktoren umfassenden Modells und die hypothetische Ableitung der multifaktoriellen Relationen. Der zweite Arbeitsschritt, der bedauerlicherweise in einer Unzahl anderer Forschungsfälle nicht getan worden ist, wäre die sozialwissenschaftlich fundierte empirisch abgesicherte Verifikation. Dieser Schritt würde vom Ergebnis her möglicherweise die Neuformulierung einzelner Modellfaktoren und Modellbeziehungen umfassen. Nach diesem Schritt wären aber einzelne relationale Aussagen vom Stadium der Hypothese in das Stadium der gesicherten Wenn-Dann-Beziehung und der sozialwissenschaftlichen Gesetzmäßigkeiten gediehen.

Der Informationsbedarf für ein dynamisches Modell zum erörterten Problembereich ist schwerer zu realisieren, als für das zunächst erwähnte statische System. Es tritt ein weiterer Modellaspekt hinzu, der prognostische Gesichtspunkt. Das gesamte Informationsmodell ist für die politische Entscheidung nur dann sinnvoll anwendbar, wenn es gleichzeitig auch prognostische Aussagen liefert. In bezug auf die Datenbeschaffung bedeutet dies, daß für die einzelnen Modellfaktoren nicht nur Daten für ein einzelnes Jahr oder für kürzere Zeitabschnitte

---

[3] Ein solches Modell kann niemals in einem Zuge formuliert, formalisiert und danach angewandt werden. Das Modell muß vielmehr empirisch getestet werden.

erhoben werden müssen, sondern daß in allen Fällen Zeitreihen vorliegen müssen, die eine Beobachtung der Entwicklung der einzelnen Modellkomponenten über die Zeit erlauben. Das prognostische Umweltinformationssystem erhöht damit die Modellanforderungen ein drittes Mal in nicht unerheblicher Weise.

Eine weitere Anforderungsstufe für den Informationsbedarf bildet die Weiterentwicklung des Systems zu einem gruppenspezifisch dynamischen Mensch-Umwelt-Interventions-Modell. Dieses bezieht subjektive Indikatoren mit in die Betrachtung ein, indem es die unterschiedlichen gruppenspezifischen Belastungsgrenzwerte in die Betrachtung einspeist. Dieser Aspekt konnte hier, insbesondere mit den Erörterungen des 3. Kapitels, lediglich angerissen werden.

5.2 Modellkonstruktion

5.2.1 Umsetzung der Modellanforderungen

5.2.1.1 Systemtheoretische Anforderungen

Aus allem, was über die Informationsanforderungen an das UVP-Modell gesagt wurde, ergibt sich, daß die Informationen aus der Wirklichkeit via Indikatoren nur dann zu sinnvollen politischen Handlungen, Entscheidungen, Aktionen, Planungen und Interventionen führen können, wenn sie mit Hilfe eines theoretisch wohlfundierten Modells in den richtigen Bedeutungs- und Erklärungszusammenhang gebracht werden. Der Objektbereich der natürlichen und sozialen Umwelt und die Wechselbeziehungen zwischen den einzelnen Elementen ist überkomplex. Das bedeutet, daß natürliches menschliches Denk- und Beurteilungsvermögen, das im allgemeinen von einfachen Kausalitätsbeziehungen ausgeht (wenn das geschieht, tritt dieser Erfolg ein), keinesfalls ausreichen kann, um die Probleme der Umwelt des kommunalen Systems, die einen Teil der Gesamtkomplexität der Welt präsentieren, zu lösen. Die Ausführungen, die in den vorangegangenen Kapiteln gemacht wurden, sollten zum Teil dazu dienen, erkennbar zu machen, daß die funktionale Systemtheorie eine geeignete Ausgangsbasis ist, Modelle zu bilden, die dazu geeignet sind, die Ungewißheit über die richtigen Wege politischen Handelns aufzuhellen. Aus dem oben behandelten funktionalen Ansatz ergeben sich drei Modellanforderungen, Reduktion von Komplexität, Ausdifferenzierung funktionaler Äquivalente und Offenheit für koordinierende Generalisierungen.

Reduktion von Komplexität: Strukturelle Reduktion durch Bildung von Systemen und Subsystemen, soll die Umweltkomplexität für Handlungssysteme operationabel machen. Diese Reduktion ist zum Teil durch das vorfindliche gesellschaftlich-politische System vorgegeben, in der institutionellen Dimension durch Subsystembildung des politischen Systems. Das nachfolgende Schaubild

5.2. Modellkonstruktion

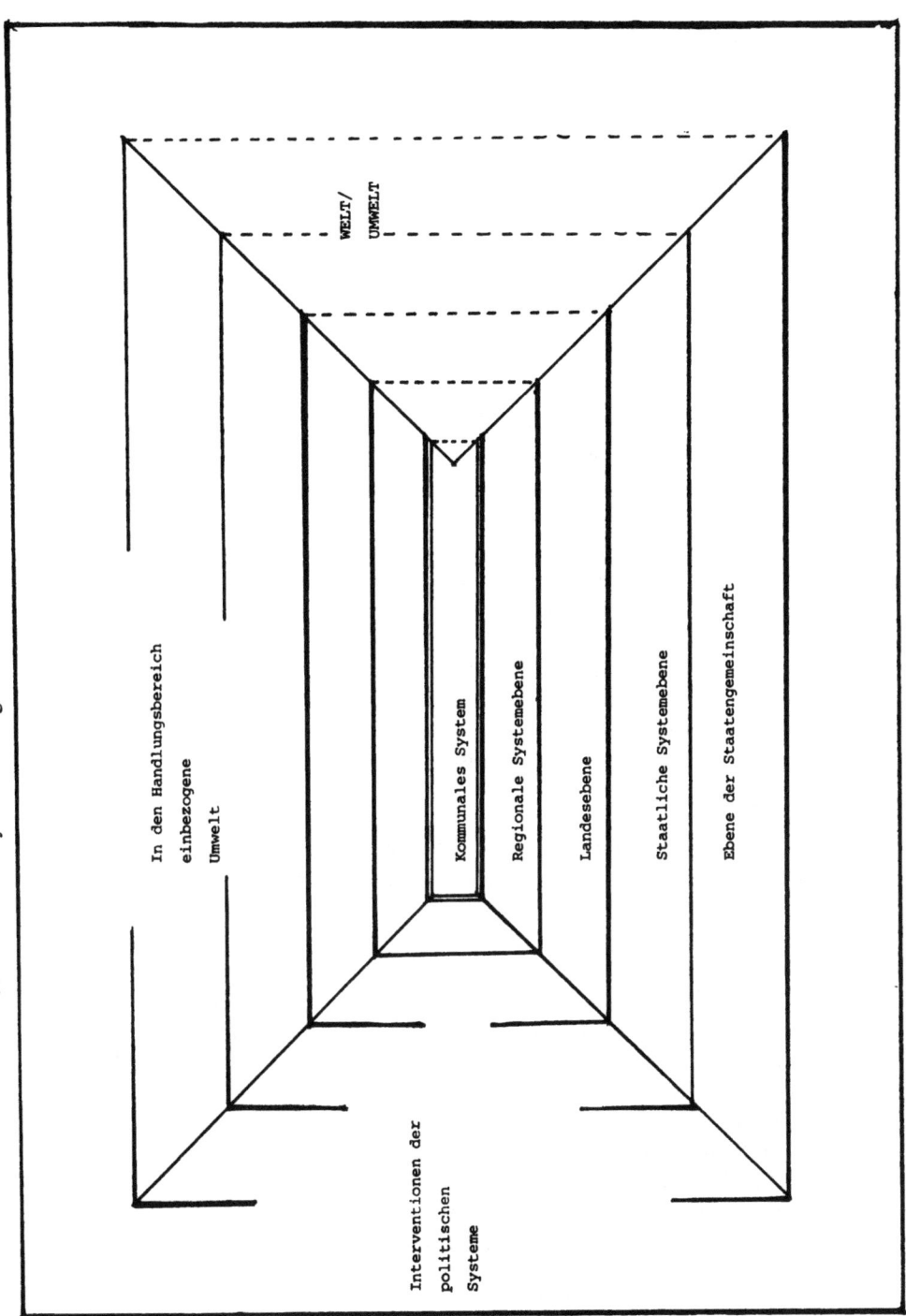

Schaubild 12: Systembildung in der institutionellen Dimension

‚Systembildung in der institutionellen Dimension'[4] verdeutlicht, daß die Subsystembildung sich in dieser Dimension in hierarchischer Abfolge von der Staatengemeinschaft über die Bundesebene, die Landesebene und die regionale Ebene bis zum kommunalen System vollzieht. Das Erkenntnisinteresse des Handlungssystems ist der Problembereich, um den es geht, und dessen mögliche Interventionen alleine in Betracht stehen. Das Schaubild verdeutlicht weiter, daß es für alle Systeme und Subsysteme des institutionellen Gefüges eine in den Handlungsbereich einbezogene Umwelt neben einer durch sinnhaftes Handeln noch nicht erfaßten Umwelt gibt. Darin liegt ein historischer Selektionsprozeß, in dessen Verlauf Kompetenz- und Aufgabenbereiche für institutionelle Systeme festgelegt worden sind, auf dessen Rahmen sich die möglichen Interventionen der Systeme beschränken.

Die Reduktionsanforderung wird weiter durch die Ausdifferenzierung von Subsystemen des kommunalen Systems erfüllt. Es würde nicht ausreichen, alleine kommunales System und kommunale Umwelt insgesamt gegenüberzustellen, weil eine solche Betrachtensweise nicht feinkörnig genug wäre. Vielmehr muß berücksichtigt werden, daß auch innerhalb des kommunalen Gesamtsystems Subsysteme für die Bereiche Bevölkerung, Politik und Wirtschaft durch ihre Sinngrenzen erkennbar werden, alle determiniert durch das auf einer anderen Ebene liegende Subsystem der Ziele und Werte. Diese Subsysteme stehen in Beziehungen zu einem mehrfach differenzierten Umweltbereich des kommunalen Systems, einer physischen, sozialen, wirtschaftlichen, politischen, institutionellen und zeitlichen Umwelt. Das Schaubild ‚Subsysteme des kommunalen Systems'[5] vermittelt einen schematisch vereinfachenden Überblick über diese Systemstruktur.

Mit dieser Subsystembildung ist indessen die notwendige Selektion bis zu dem Handlungsbereich, der im Rahmen dieser Erörterungen thematisiert ist, noch nicht weit genug vorangetrieben. Die modelltheoretischen Modellanforderungen, die oben behandelt wurden, legen die Konkretisierung des Modells auf die Subsysteme und Umweltbereiche nahe, die den Gegenstand des umweltbezogenen Handlungsinteresses des kommunalen Systems bilden. Infolgedessen werden aus allen Subsystemen erneut Subsysteme oder Systemteile ausdifferenziert, die für das Gruppen-Umwelt-Interventionssystem des UVP-Modells relevant sind. Dann interessieren aus dem Subsystem Bevölkerung die Altersschichtung und spezielle Aspekte der sozialen und ethnischen Schichtung. Aus dem politischen Subsystem lediglich die kommunalen Maßnahmen (Interventionen) und aus den Umweltbereichen lediglich die physische und soziale Umwelt. Diese müssen allerdings zusammen betrachtet werden, weil sie aus den weiter unten noch eingehender behandelten Gründen nicht isoliert voneinander

---

[4] Vgl. das nachfolgende Schaubild 12.
[5] Vgl. das nachfolgende Schaubild 13.

5.2. Modellkonstruktion

Schaubild 13: Subsysteme des kommunalen Systems

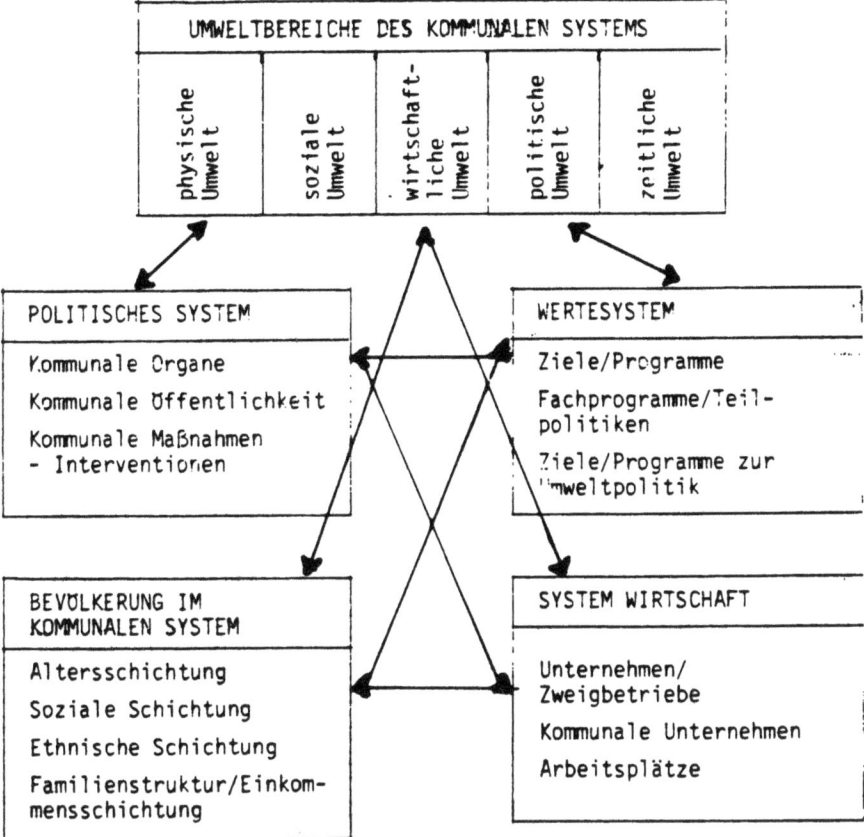

betrachtet werden können. Die für die Abbildung interessierenden Bereiche ergeben sich aus dem Schaubild ‚Grobschema des UVP-Modells'[6].

Die Ausdifferenzierung funktionaler Äquivalente erfordert die Formulierung von Bezugsproblemen der Subsysteme, Moduln und Submoduln des UVP-Modells. Diesen Bezugsproblemen sind äquivalente Funktionen zur Problembewältigung zugeordnet. Sie ergeben sich nicht unmittelbar aus den im Rahmen dieser Studie darstellbaren Moduln, Submoduln, Faktoren und Indikatoren, sondern erst aus dem Kontext der Wechselbeziehungen zwischen einzelnen Faktoren der verschiedenen Submoduln. Die Bezugsprobleme stehen in unmittelbarem Zusammenhang mit dem Zielspektrum und den einzelnen Zielen bezüglich der physischen und sozialen Umwelt. Hierauf beziehen sich funktional-äquiva-

---
[6] Vgl. das Schaubild 14.

148   5. Bausteine des Umweltverträglichkeitsmodells: das UVP-Modell

Schaubild 14: Grobschema des UVP-Modells (Moduln und Submoduln)

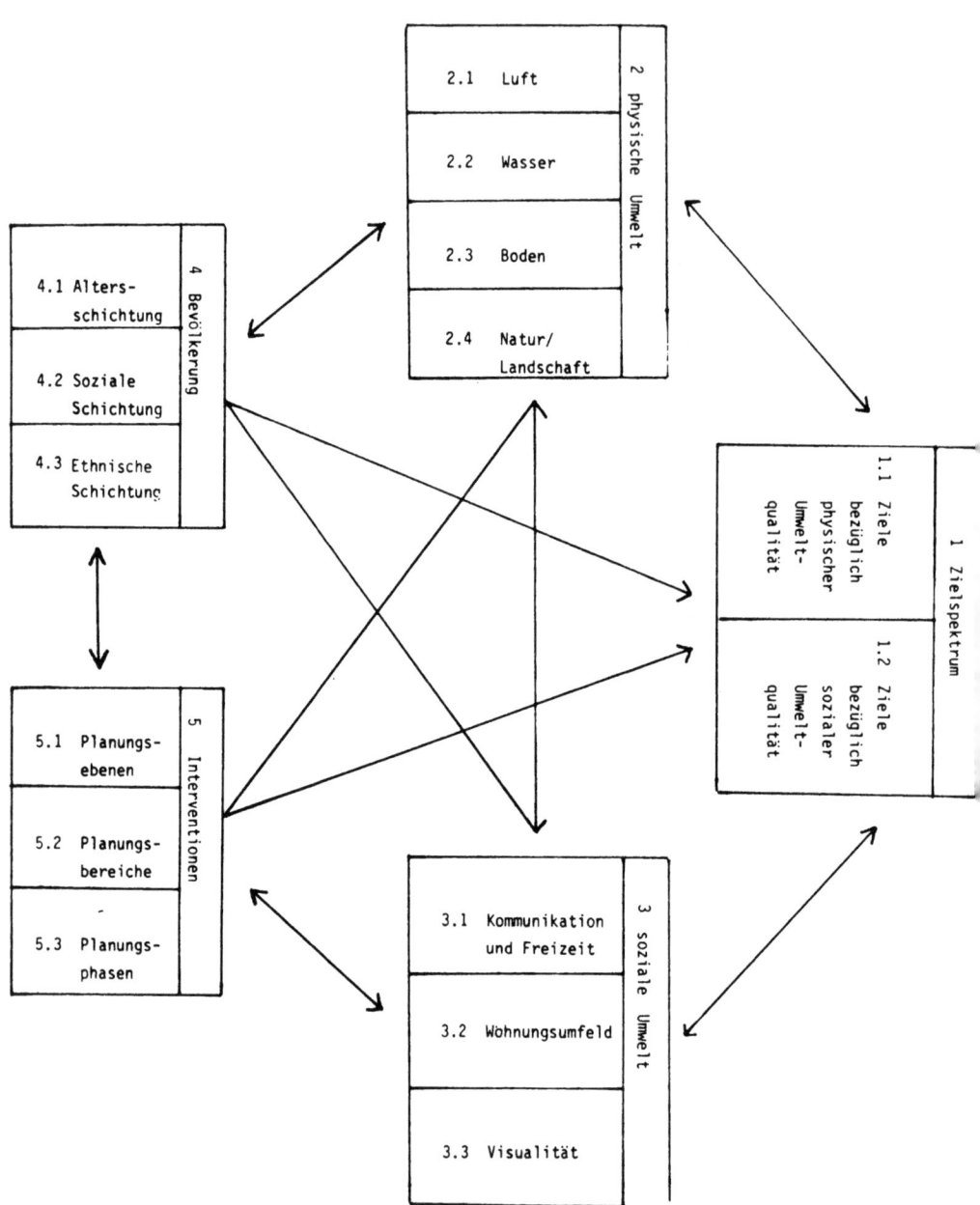

5.2. Modellkonstruktion

Schaubild 15: Zielspektrum

MODULN UND SUBMODULN			
1. Verbesserung der Umweltqualität			
1.1 Verbesserung der physischen Umwelt	1.1.1 Verbesserung des Luftzustands	1.1.1.1	Verringerung der gas- und staubförmigen Emission
		1.1.1.2	Verringerung der Emissionen von Industrie und Gewerbe
		1.1.1.3	Verringerung der Emissionen durch Verkehr und Hausbrand
	1.1.2 Verbesserung des Klimas	1.1.2.1	Verbesserung der klimatischen Verhältnisse
	1.1.3 Verringerung der Lärmbelästigung	1.1.3.1	Verbesserung des Lärmschutzes bei öfftl. Planungen und Maßnahmen
		1.1.3.2	Verringerung der Lärmbelastung durch den Verkehr
		1.1.3.3	Verringerung der Lärmbelastung durch Industrie und Gewerbe
	1.1.4 Verbesserung der Wassergüte und Sicherstellung der Wasserversorgung	1.1.4.1	Reinhaltung des Oberflächenwassers
		1.1.4.2	Erhaltung und Schutz des Grundwassers
		1.1.4.3	Sicherstellung der Wasserversorgung
		1.1.4.4	Sicherstellung der Abwasserbeseitigung
	1.1.5 Beseitigung und Vermeidung von Störungen im Naturhaushalt	1.1.5.1	Vermeidung einer Oberbeanspruchung d. Bodens
		1.1.5.2	Schutz besonderer Landschaften und ihrer Biofaktoren
		1.1.5.3	Erhaltung und Sicherung der natürlichen Umwelt von Flora und Fauna
		1.1.5.4	Erhaltung und Erweiterung d. Baumbestandes
	1.1.6 Erhaltung großflächiger Landschaftsräume	1.1.6.1	Sicherung und Erweiterung der Grüngebiete
		1.1.6.2	Freihaltung von Landschaftsräumen
	1.1.7 Verstärkung der Abfallbeseitigung und Wiederverwendung	1.1.7.1	Umweltfreundliche Sammlung und Transport der Abfälle
		1.1.7.2	Verbesserung der Lagerung, Behandlung und Beseitigung von Abfällen
		1.1.7.3	Wiederverwendung von Abfallstoffen
1.2 Verbesserung der sozialen Umwelt	1.2.1 Verbesserung der umweltbedingten Kommunikationschancen und Freizeitangebote	1.2.1.1	Verstärkung der Nutzungsmöglichkeiten und Erweiterung d. Natur-u. Erholungseinrichtunge
		1.2.1.2	Erhaltung und Steigerung des Erholungswerte d. Oberflächengewässer u. Badeeinrichtungen
		1.2.1.3	Verstärkung der Nutzungsmöglichkeiten und Erweiterung der Freizeiteinrichtungen
	1.2.2 Erhaltung und Verbesserung der quartiersbezogenen Umweltqualität	1.2.2.1	Erhaltung und Steigerung des Wohnwertes
		1.2.2.2	Erhöhung der Lageattraktivität der Quartier
		1.2.2.3	Erhaltung u. Verbesserung d. Sozialbeziehunge
	1.2.3 Erhaltung und Verbesserung der visuell wahrnehmbaren Quartiersumwelt	1.2.3.1	Erhaltung u. Verbesserung d. ästhetischen Qualität der gebauten Umwelt
		1.2.3.2	Schutz der Baudenkmäler
		1.2.3.3	Erhaltung u. Verbesserung der innerstädtisch Begrünung
	1.2.4 Schaffung und Ausbau materialer Chancengleichheit bei der Nutzung der Umweltressourcen	1.2.4.1	Hilfen für benachteiligte Bevölkerungsgruppen zur Schaffung u. Erweiterung von Freizeitmöglichkeiten
		1.2.4.2	Verstärkung der Nutzungsmöglichkeiten des öfftl. Nahverkehrs für benachteiligte Bevölkerungsgruppen

lente Outputs der konkreten Intervention in bezug auf ein konkretes Element der physischen oder sozialen Umwelt in bezug auf eine konkrete soziale Gruppe.

Die Modellanforderung der Offenheit für koordinierende Generalisierungen wird durch die Öffnung des Modells gegenüber alternativen politischen Intentionen, Programmen und sonstigen Vorgaben erreicht. Das Zielspektrum, das in der obenstehenden Übersicht[7] erscheint, ist für das UVP-Modell nicht verbindlich, sondern lediglich möglich.

---
[7] Vgl. das Schaubild 15 ‚Zielspektrum'.

Damit ist das UVP-Modell skizziert. Es ist aus einem Beitrag[8] zum BELABE-Projekt[9] entwickelt, das die Erörterung von Belastungsbeschreibungen für Agglomerationen zum Inhalt hatte.

5.2.1.2 Anforderungen der Praxis

Das praxisorientierte und anwendungsbezogene Belastungsbeschreibungsmodell soll in der Lage sein, in bezug auf die Umweltqualität konkrete Hilfen für die Entscheidung über alternative Maßnahmen im weitesten Sinne und für die Vorbereitung solcher Maßnahmen zu liefern. Es muß dann dazu geeignet sein, im konkreten Planungsfalle, gleichviel, ob im Falle der Sanierungsplanung für ein konkretes Stadtquartier, der Objektplanung für ein Mittelstufenzentrum oder der Veränderung einer Straßentrasse Auskunft über die Umwelterheblichkeit und die Umweltverträglichkeit zu geben. Solche Informationen muß es auch für kleinere Einheiten, Bezirke − auch für Blöcke − geben. Das Modell muß darüber hinaus für alternative Projektvarianten alternative Antworten geben können.

Unabhängig von der Frage, in welcher Form das Planungsinstrument zuletzt für die praktische Anwendung aufbereitet wird, ob in der Form eines Simulationsmodells oder in der Form der viel einfacheren Checkliste, ist es unumgänglich, das Modell der konkreten Planungsrealität problemadäquat zu formulieren. Dabei tritt notwendigerweise das alte Dilemma zwischen theoretischem Anspruchsniveau und Praxisorientierung zutage.

Auf der einen Seite steht die Forderung nach theoretisch-methodischer Absicherung und hoher Präzision im Interesse der Effektivität und die Erkenntnis, daß die Formalisierung dazu zwingt, ausdrückliche Annahmen zu formulieren über die Art und Zahl der jeweils entscheidenden Faktoren, über die Art der Abhängigkeit unter ihnen, über Funktion konkreter Faktorkombinationen und die Folgen eines beeinträchtigenden Eingriffs mit allen Auswirkungen auf alle Faktoren.

Auf der anderen Seite steht die Forderung nach Dezision und Transparenz, nach Verwendbarkeit und Anschaulichkeit oder nach sogenannter Wirklichkeitsnähe des Modells.

Das Dilemma ist schwer lösbar. Ein Planungshilfsmittel mit der Handhabbarkeit der Bedienungsanleitung gibt statt richtiger Antworten allenfalls grob angenähert richtige Ergebnisse. Das komplizierte systemische Modell mit der notwendig großen Anzahl von Faktoren, Verknüpfungen und funktionalen Äquivalenten ist für die anwendende Praxis nicht verständlich und wird deswegen, wie die bisherige Erfahrung erwiesen hat, nicht eingesetzt[10].

---

[8] Bückmann und Terlinden, Umweltindikatorenmodelle, S. 151 ff.
[9] Bückmann, Fischer und Terlinden, Belastungsbeschreibungen, passim.

Unterschiedliche Anforderungen an das UVP-Modell ergeben sich aus vier Gruppen von möglichen Anwendungen.

Die erste Gruppe von Unterschieden ergibt sich aus alternativen Planungsebenen. Je nachdem, ob das Umweltbelastungsmodell in der gesamtstädtischen Ebene, der Stadtbezirksebene oder der Blockebene angewandt wird, folgen daraus unterschiedliche Notwendigkeiten in bezug auf die Aggregation und den Detaillierungsgrad der Informationen und damit der Modellkategorien.

Die zweite Gruppe von Modellanforderungen ergibt sich aus unterschiedlichen Kompetenzbereichen des Anwenders. Zentrale Planungseinrichtungen der Stadt benötigen andere Informationen als Fachdezernate, bei Stadtstaaten einzelne Senatsverwaltungen oder Fachämter.

Ein drittes Anforderungsraster ergibt sich aus alternativen Planungsarten. Für die globale Stadtentwicklungsplanung muß ein Umweltbelastungsmodell andere Kategorien zur Verfügung halten, als für die Fachplanung oder die Bebauungsplanung eines eng umgrenzten Bereichs, wieder andere für die Projektplanung.

Die schwer lösbare Schwierigkeit für ein allenthalben anwendbares Modul ist die Berücksichtigung aller Anforderungen in einem umsetzbaren Konzept. Für die weiteren Überlegungen wird die Herausarbeitung unterschiedlicher Modellversionen für verschiedene Anwendungsfälle erwogen werden müssen.

5.2.2 Zielspektrum des Modells

Von kommunalen Umweltzielen, von Problemen der Zielfindung in Städten und Gemeinden und von der Notwendigkeit, für die Umweltverträglichkeitsprüfung konkrete Ziele vorzugeben, war bereits mehrfach die Rede. Rationales Handeln und Entscheiden setzt voraus, daß klare und nach Möglichkeit konkretisierte Vorstellungen über Handlungsintentionen, Bezugsprobleme oder — vereinfachend ausgedrückt — konkrete kommunale Zielsetzungen vorliegen. Erforderlich ist danach, gleichviel, ob mit einem anspruchsvollen UVP-Konzept gearbeitet wird oder nicht, die systematische Zusammenstellung der kommunalpolitischen Ziele, die sich auf die soziale und die natürliche Umwelt des jeweiligen kommunalen Systems beziehen. Zweckmäßig ist, das Zielspektrum in der Form eines Zielbaums oder eines Zielrasters darzustellen, wie dies etwa in der Stadt Bremen[11] oder der Stadt Essen[12] geschehen ist. Das Schaubild ‚Zielspektrum'[13]

---
10 Vgl. auch zu den Gründen des bisherigen Scheiterns von Indikator-Matrixen: Hennerkes, Anforderungen an Umwelt-Indikatoren, S. 100 ff.
11 Freie Hansestadt Bremen, Umweltschutzprogramm 1975, S. 12 ff.
12 SPD-Fraktion im Rat der Stadt Essen, Programmentwurf für Umweltschutz für Essen.
13 Vgl. das Schaubild 15: Zielspektrum.

macht deutlich, in welcher Weise die für ein UVP-Modell in Frage kommenden Ziele formuliert sein könnten. Das ersetzt nicht die Entscheidung des politischen Systems, bei der die konkrete Problemkonfiguration in der konkreten Stadt im Vordergrund steht. Kommunalpolitische Entscheidungen sind darüber hinaus notwendig zu der Priorität der Zielsetzungen im Verhältnis zu konfligierenden Zielen anderer kommunalpolitischer Aufgabenbereiche und im Verhältnis der Umweltziele untereinander.

5.2.3 Gruppen der Bevölkerung

Unterschiedliche Bevölkerungsgruppen haben unterschiedliche Bedürfnisse und demzufolge unterschiedliche Anforderungen in bezug auf Umweltqualität. Diese Frage kann nicht global in bezug auf die Umweltqualität insgesamt angegangen werden, sondern muß in bezug auf einzelne Elemente der Umwelt und einzelne Belastungen gesondert erforscht werden. Wie weiter unten noch dargestellt wird, ergibt sich zu diesem Thema ein nicht unerheblicher Nachholbedarf für theoretische Forschungen. Das UVP-Modell muß unabhängig davon diejenigen Bevölkerungsgruppen und Altersschichten darstellen, die in bezug auf Umweltqualität und Umweltbelastung unterschiedlich behandelt werden sollen und müssen. Dem entspricht die Differenzierung des Moduls Bevölkerung nach sozialer und ethnischer Schichtung und Altersschichtung.

5.2.4 Moduln der Umwelt

Ein wesentlicher Modellbereich ist die soziale Umwelt in ihren umweltrelevanten Bezügen. Die Kategorien sind konstitutiv für die Beantwortung der Frage, welche sozialen Merkmale für die umweltgerechte Stadtentwicklung von Belang sind. Der Modul soziale Umwelt wird in die drei wesentlichen sozialen Umweltmedien unterteilt, in: Kommunikation und Freizeit, Wohnungsumfeld und Visualität. Mit dem Submodul Kommunikation und Freizeit sind alle diejenigen Faktoren gemeint, die für menschliche Interaktionen – außerhalb des Arbeitsbereichs – wesentlich sind. Der Submodul Wohnungsumfeld umfaßt die Faktoren, die den umweltgebundenen Wohnwert, die flächenbezogene wohnungsnahe Umweltqualität bestimmen. Der dritte Submodul Visualität umfaßt die Kategorien, die das Image des Quartiers ausmachen, die eine Identifikation mit dem natürlichen und künstlichen Umweltbereich erlauben.

Die Moduln physische und soziale Umwelt stellen nicht die gesamte Realität der Stadt und ihrer Entwicklung dar, sondern nur denjenigen Ausschnitt, der für das Individuum und die Gesellschaft in ihren hier interessanten Ausprägungen in bezug auf Umweltqualität der Stadt von Belang ist. Dabei konzentriert sich das Interesse auf den von der Stadt beeinflußbaren Lebensraum der sozialen Schichten und Gruppen, vornehmlich in den Funktionen Wohnen und Erholen. Die Funktion Arbeit mit den Kategorien Arbeitsplatzqualität und Arbeitsplatzumfeld wird nicht dargestellt. Sie müßte im Objektbereich eines regionalen und gesamtstaatlichen Umweltmodells erscheinen.

Bei der Erörterung der subjektiven Indikatoren ist mehrfach von einer zweiten Modellebene die Rede gewesen, dem Bereich subjektiver Wahrnehmungen und Bewertungen der objektiven Qualitäten. Der subjektive Modellbereich würde einen weiteren Modul in einer weiteren Seinsebene ergeben, der wiederum eine große Anzahl von Indikatoren umfaßt, die erhebliche Anforderungen an die Datenbeschaffung mit sich bringen. Die Positionierung dieses Aspirationsmoduls erscheint in dem abschließenden Schaubild der Grobstruktur des UVP-Modells. Ein Modul umfaßt das politische System und wird unter Zuspitzung auf potentielle Interventionen dargestellt, die für die Faktoren der Subsysteme physische Umwelt, soziale Umwelt und Bevölkerung von Umweltbelang sind[14]. Dem Umweltmodell unter dem Gesichtspunkt des Umweltschutzes kommt es darauf an, durchschaubar zu machen, welche Konsequenzen Maßnahmen der verschiedenen Art auf die physische Umwelt, auf die umweltrelevante soziale Umwelt und im Zusammenhang damit auf einzelne, möglicherweise besonders umweltsensible Bevölkerungsgruppen, haben.

Die fünfdimensionale Grobstruktur des Modells[15] gibt einen Überblick über die Faktoren und Bestimmungsgrößen des Modells, zwischen denen Wechselbeziehungen bestehen oder entstehen können, aus denen sich dann äquivalente Funktionen für die Bezugsprobleme der Umweltqualität und ihrer Erhaltung und Verbesserung im einzelnen ergeben.

5.3 Subsystem natürliche Umwelt

Die Umwelt des kommunalen Systems mit ihren beiden Subsystemen ‚soziale und natürliche Umwelt' bildet den Mittelpunkt des Umweltmodells. Die natürliche physische Umwelt wird in die Submoduln Luft/Klima, Wasser, Boden sowie Natur/Landschaft klassifiziert. Diesen Submoduln sind die Faktoren Luftzustand, Geräuschzustand, Bioklima, Grundwasserzustand, Oberflächenwasserzustand, Bodenzustand und Zustand der Biotope zugeordnet. Der Modellogik entspricht es, davon auszugehen, daß jede Aktivität des örtlichen politischen Systems — Intervention — auf einen gegebenen Zustand der physischen Umwelt trifft und deshalb eine vollständige Information über die physische Umwelt, beschrieben durch ihre Submoduln, benötigt. Die Umweltplanung und die Prüfung der Umweltverträglichkeit von Maßnahmen setzt die vom Modell umfaßten Mindestinformationen über den Zustand der physischen Umweltmedien voraus. Die Informationen umfassen funktionale Phänomene

---
14 Vgl. das Schaubild 16: Interventionen des politischen Systems.
15 Vgl. das Schaubild 19: UVP-Modell-Grobstruktur.

Schaubild 16: Interventionen des politischen
Systems — Übersicht über die für die UVP in Betracht
kommenden Planungsaktivitäten

5.	INTERVENTIONEN			
5.1	Planungsebenen	5.1.1	Landesplanung	5.1.1.1 Landesentwicklungsplanung 5.1.1.2 Standortplanung
		5.1.2	Globalplanung Stadt	5.1.2.1 Stadtentwicklungsplanung 5.1.2.2 Finanzplanung 5.1.2.3 Flächennutzungsplanung
		5.1.3	Stadtteilplanung	5.1.3.1 Stadtteilentwicklungsplanung
		5.1.4	Stadtteilbereichsplanung	5.1.4.1 Mittelbereichsplanung 5.1.4.2 Sanierungsplanung 5.1.4.3 Bebauungsplanung
5.2	Planungsbereiche - Fachplanung	5.2.1	Verkehrsplanung	5.2.1.1 Verkehrsentwicklungsplanung 5.2.1.2 Nahverkehrsbedarfsplanung
		5.2.2	Wohnungsbedarfsplanung	5.2.2.1 Wohnungsbedarfsplanung
		5.2.3	Kultur- und Bildungsplanung	5.2.3.1 Schulentwicklungsplanung 5.2.3.2 Kulturentwicklungsplanung
		5.2.4	Sozialplanung	5.2.4.1 Sozialentwicklungsplanung 5.2.4.2 Sportflächenplanung
		5.2.5	Grünplanung	5.2.5.1 Freizeitplanung 5.2.5.2 Grünbereichsplanung
5.3	Planungsphasen	5.3.1	Strukturanalyse	
		5.3.2	Vorbereitungsphase	
		5.3.3	Entscheidungsphase	
		5.3.4	Durchführungsphase	5.3.4.1 Projektplanung

in bezug auf Auswirkungen von Maßnahmen auf die Menschen und auf bestimmte Gruppen von Menschen in Anbetracht bestimmter Medien.

Der Luftzustand wird durch das Vorhandensein bzw. Nichtvorhandensein von Schwefeldioxid — SO_2, Kohlenmonoxid — CO, Stickstoffoxide — NO_x und Grobstäube repräsentiert. Diese Aufzählung greift nur die wichtigsten Größen, die Aufschluß über den Luftzustand geben, heraus. Für die Bildung von Systemmodellen ist die Beschränkung auf besonders signifikante Einflußgrößen erforderlich. Die Verwendung einer größeren Zahl von Indikatoren verbessert nicht die Aussagefähigkeit der Modellergebnisse.

Alle in der Luft gelösten Schadstoffe wirken direkt über die Atemwege auf Menschen schädigend ein. Sie haben darüber hinaus indirekte Wirkungen, soweit sie andere Faktoren, insbesondere Flora und Fauna, Gegenstände der bebauten Umwelt und das Klima negativ beeinflussen, die ihrerseits wieder in geschädigter Form die menschliche Gesundheit beeinträchtigen. Zu weiteren Einzelheiten der vielfältigen Probleme der Belastung der natürlichen Umwelt können im Zusammenhang dieser Untersuchung keine eingehenderen Ausführungen gemacht werden. Insoweit darf auf die vorliegende Literatur, wie etwa auf das Umweltgutachten 1978[16] und zahlreiche Veröffentlichungen verwiesen werden[17].

Der Faktor Geräuschzustand betrifft das Ausmaß von schädlichen Umwelteinwirkungen durch Geräusche, die nach Art, Ausmaß und Dauer geeignet sind, Gefahren, erhebliche Nachteile oder erhebliche Belästigungen für die Allgemeinheit oder die Nachbarschaft herbeizuführen. Solche Gefahren sind in erster Linie Gesundheitsgefahren für die in Betracht stehenden Menschen und Menschengruppen. Ein Haupterzeuger für Streß als eine der Gesundheitsgefahren ist der Straßenlärm. Von Bedeutung ist aber auch der Schienenverkehrslärm sowie der Industrie- und Gewerbelärm[18].

Der Faktor Klima bezeichnet das durch Umweltbelastungen erheblich beeinflußte Stadtklima, das, wie das Klima insgesamt, auf dem natürlichen Gleichgewicht von Sauerstoff, Kohlendioxid, Staub- und Flüssigkeitsteilchen basiert und dessen Veränderung in den Ballungsgebieten gravierend geworden ist. Durch die gegenüber unbebauten Flächen stärkere Speicherung der Sonnenstrahlen durch Gebäude und Straßen erwärmen sich städtische Gebiete mit der Folge, daß über ihnen Zonen relativ warmer Luft entstehen. Typische Merkmale der Beeinflussung des Bioklimas sind Schwüle, Nebel und Inversionswetterlagen. Die für die Messung leicht zu belegenden Indikatoren sind Nebel- und Inversionshäufigkeit.

Die Darstellung der weiteren Faktoren: Grundwassersituation, Oberflächenwasserzustand, Bodenbeschaffenheit, Belastung durch Abfall und Zustand der Biotope in ihrer Ausprägung durch Indikatoren ergibt sich aus dem Schaubild ‚Faktoren und Indikatoren'[19]. Wegen der notwendigen inhaltlichen Informationen muß auf die entsprechende Spezialliteratur verwiesen werden[20].

Die Indikatoren spielen nicht nur für den Gesamtzusammenhang des Modells eine Rolle, sondern können auch für vorläufige überschlägige Umweltsituations- und Umweltverträglichkeitsbeurteilungen verwendet werden. So kann die Matrix nach dem Schaubild ‚Umwelterheblichkeit von Maßnahmen der kommunalen Stadtteilbereichsplanung', die alle Faktoren und Indikatoren der physischen

---

[16] Rat der Sachverständigen für Umweltfragen, Umweltgutachten 1978, S. 51 ff., TZ 175 ff.; vgl. auch Vester, Überlebensprogramm.
[17] Vgl. Börsenverein des Deutschen Buchhandels, Bücher über Umweltschutz, 3. Aufl. 1978.
[18] Rat der Sachverständigen für Umweltfragen, Umweltgutachten 1978, S. 233 ff.; Vester, Überlebensprogramm, S. 80 ff.
[19] Vgl. das nachstehende Schaubild 17: Faktoren und Indikatoren der physischen und sozialen Umwelt.
[20] Rat der Sachverständigen für Umweltfragen, Umweltgutachten 1978; Vester, Überlebensprogramm, und die dort zitierte weiterführende Literatur.

Umwelt enthält, immerhin erste Aufschlüsse über die Umwelterheblichkeit von Maßnahmen liefern[21].

Schaubild 17: Faktoren und Indikatoren der physischen und sozialen Umwelt

MODULN UND SUBMODULN	FAKTOREN	INDIKATOREN
2. Physische Umwelt		
2.1 Luft/Klima	2.1.1 Luftbeschaffenheit	2.1.1.1 SO_2-Immissionsmengen 2.1.1.2 CO_2-Immissionsmengen 2.1.1.3 NO_x-Immissionsmengen 2.1.1.4 Grobstaub-Immissionsmengen
	2.1.2 Geräuschzustand	2.1.2.1 Straßen- u.Schienenverkehrslärm-Immission 2.1.2.2 Industrie-/Gewerbelärm-Immission
	2.1.3 Klima	2.1.3.1 Nebelhäufigkeit -Anzahl der Tage- 2.1.3.2 Inversionshäufigkeit -Anzahl der Fälle-
2.2 Wasser	2.2.1 Grundwassersituation	2.2.1.1 Gewässergüte/Güteklasse 2.2.1.2 Höhe des Grundwasserspiegels
	2.2.2 Oberflächenwasserzustand	2.2.2.1 Gewässergüte/Güteklasse
2.3 Boden	2.3.1 Bodenbeschaffenheit	2.3.1.1 Bodenverunreinigung 2.3.1.2 Verbrauch/Versiegelung durch Bebauung
2.4 Natur/Landschaft	2.4.1 Belastung durch Abfall	2.4.1.1 Menge des Abfallaufkommens 2.4.1.2 Deponierung auf Hausmülldeponien
	2.4.2 Zustand der Biotope	2.4.2.1 Gebiets-/Flächenzerschneidung
3. Soziale Umwelt		
3.1 Kommunikation und Freizeit	3.1.1 Forstflächen u.Grünanlagen für Wochenenderholung	3.1.1.1 Forstflächen u.Grünanlagen f.Wochenenderholung 3.1.1.2 Erreichbarkeit v. Forstflächen u.Grünanlagen 3.1.1.3 Anzahl der Benutzer
	3.1.2 Tageserholungseinrichtungen, kleinere Park- u.Grünanlagen	3.1.2.1 Flächen f.wohnungsnahe Tageserholung 3.1.2.2 Turn- und Sporthallen 3.1.2.3 Offene Sportplätze
	3.1.3 Wasser- und Uferflächen	3.1.3.1 Wasserflächen 3.1.3.2 Zugängliche Uferflächen
	3.1.4 Badeeinrichtungen	3.1.4.1 Wasserflächen öff.Badeanlagen 3.1.4.2 Hallenbäder /Wasserfläche
	3.1.5 Kommunikationseinrichtungen	3.1.5.1 Multifunktionale Kommunikationseinrichtungen 3.1.5.2 Öff.zugängl.Gemeinschaftsräume gemeinnütziger Organisationen
	3.1.6 Freizeiteinrichtungen für spez. Bevölkerungsgruppen	3.1.6.1 Jugendfreizeitstätten, Heime der ganz off.Tür 3.1.6.2 Seniorenfreizeiteinrichtungen 3.1.6.3 Freizeiteinrichtungen f.Behinderte 3.1.6.4 Freizeiteinrichtungen f.ausl.Arb.Nehmer
	3.1.7 Gaststätten, Restaurants, Clubs	3.1.7.1 Anzahl der Restaurants, Gaststätten, Clubs, Kneipen
3.2 Wohnungsumfeld	3.2.1 Wohnungsgröße und Wohnungsausstattung	3.2.1.1 Brutto-Geschoßfläche je Wohneinheit 3.2.1.2 Einwohner je Wohnung 3.2.1.3 Wohnungen m.Bad + Zentralheizung
	3.2.2 Zustand und Lageattraktivität des Quartiers	3.2.2.1 Baualter der Wohngebäude 3.2.2.2 Anzahl der Einzelhandels- und Dienstleistungseinrichtungen 3.2.2.3 Entfernung der Wohnungen von Einzelhandels- u.Dienstleistungseinrichtungen 3.2.2.4 Fußgängerbereiche im Quartier
	3.2.3 Verkehrsinfrastruktur	3.2.3.1 Angebotene Platz-km öff.Verkehrsmittel 3.2.3.2 Durchgangsstraßen/verkehrsberuhigte Straßen
	3.2.4 Sozialbeziehungen im Quartier	3.2.4.1 Anzahl der Besuchskontakte innerhalb des Quartiers
3.4 Visualität	3.4.1 Aussehen und Informationswert der Gebäude	3.4.1.1 Einheitlichkeit der Strukturformen und des Baualters 3.4.1.2 Pflegezustand u.Aufmachung der Fassaden
	3.4.2 Städtebaulich hervorragende Punkte	3.4.2.1 Anzahl der Baudenkmäler 3.4.2.2 Anzahl der städtbaul.interessanten oder hervorragenden Orientierungspunkte/Gebäude/Plätze 3.4.2.3 Bäume an Straßen u.Plätzen/Straßenmeter

---

[21] Vgl. das Schaubild 18: Matrix: Umwelterheblichkeit von Maßnahmen der kommunalen Stadtteilbereichsplanung.

5.3. Subsystem natürliche Umwelt   157

**Schaubild 18: Matrix: Umwelterheblichkeit
von Maßnahmen der kommunalen Stadtteilbereichsplanung**

Indikatoren der physischen und sozialen Umwelt	Stadtteilbereichsplanung
	Auflockerung der Wohnbebauung / Ergänzung der Wohnbebauung / Neubebauung im Block X / Neubebauung im Block Y / Auflockerung der Wohnbebauung im Block X / Neubau von Straßen / Verbreiterung von Straßen / Ausbau von Plätzen / Anlage von Parkplätzen / Neubau einer Grundschule / Erweiterung einer Grundschule / Bau einer Kindertagesstätte / Errichtung eines Seniorenzentrums / Bau eines Kinderspielplatzes / Errichtung einer A-Kampfbahn / Bau eines Hallenbades
2.1.1.1 SO_2-Immissionsmengen	
2.1.1.2 CO_2-Immissionsmengen	
2.1.1.3 NO_2-Immissionsmengen	
2.1.1.4 Gröbstaub-Immissionsmengen	
2.1.2.1 Straßen- u.Schienenverkehrslärm-Immission	
2.1.2.2 Industrie-/Gewerbelärm-Immission	
2.1.3.1 Nebelhäufigkeit -Anzahl der Tage-	
2.1.3.2 Inversionshäufigkeit -Anzahl der Fälle-	
2.2.1.1 Gewässergüte/Güteklasse	
2.2.1.2 Höhe des Grundwasserspiegels	
2.2.2.1 Gewässergüte/Güteklasse	
2.3.1.1 Bodenverunreinigung	
2.3.1.2 Verbrauch/Versiegelung durch Bebauung	
2.4.1.1 Menge des Abfallaufkommens	
2.4.1.2 Deponierung auf Hausmülldeponien	
2.4.2.1 Gebiets-/Flächenzerschneidung	
3.1.1.1 Forstflächen u.Grünanlagen f.Wochenenderholung	
3.1.1.2 Erreichbarkeit v. Forstflächen u.Grünanlagen	
3.1.1.3 Anzahl der Benutzer	
3.1.2.1 Flächen f.wohnungsnahe Tageserholung	
3.1.2.2 Turn- und Sporthallen	
3.1.2.3 Offene Sportplätze	
3.1.3.1 Wasserflächen	
3.1.3.2 Zugängliche Uferflächen	
3.1.4.1 Wasserflächen öff.Badeanlagen	
3.1.4.2 Hallenbäder /Wasserfläche	
3.1.5.1 Multifunktionale Kommunikationseinrichtungen	
3.1.5.2 Öff.zugängl.Gemeinschaftsräume gemeinnütziger Organisationen	
3.1.6.1 Jugendfreizeitstätten, Heime der ganz off.Tür	
3.1.6.2 Seniorenfreizeiteinrichtungen	
3.1.6.3 Freizeiteinrichtungen f.Behinderte	
3.1.6.4 Freizeiteinrichtungen f.ausl.Arb.Nehmer	
3.1.7.1 Anzahl der Restaurants, Gaststätten, Clubs, Kneipen	
3.2.1.1 Brutto-Geschoßfläche je Wohneinheit	
3.2.1.2 Einwohner je Wohnung	
3.2.1.3 Wohnungen m.Bad + Zentralheizung	
3.2.2.1 Baualter der Wohngebäude	
3.2.2.2 Anzahl der Einzelhandels- und Dienstleistungseinrichtungen	
3.2.2.3 Entfernung der Wohnungen von Einzelhandels- u.Dienstleistungseinrichtungen	
3.2.2.4 Fußgängerbereiche im Quartier	
3.2.3.1 Angebotene Platz-km öff.Verkehrsmittel	
3.2.3.2 Durchgangsstraßen/verkehrsberuhigte Straßen	
3.2.4.1 Anzahl der Besuchskontakte innerhalb des Quartiers	
3.4.1.1 Einheitlichkeit der Strukturformen und des Baualters	
3.4.1.2 Pflegezustand u.Aufmachung der Fassaden	
3.4.2.1 Anzahl der Baudenkmäler	
3.4.2.2 Anzahl der städtebaul.interessanten oder hervorragenden Orientierungspunkte/Gebäude/Plätze	
3.4.2.3 Bäume an Straßen u.Plätzen/Straßenmeter	

5.4 Soziale Umwelt als Interessenschwerpunkt des Umweltmodells

5.4.1 Problemstellung

Umweltschutz, Umweltpolitik und damit auch Umwelttheorie kann die Erscheinungsformen, unter denen dem Planer Umwelt entgegentritt, nicht randscharf auf physikalisch-chemische Phänomene und die Auswirkungen belastender Aktivitäten auf naturwissenschaftlich-technische Gegebenheiten beschränken. Die Umwelt, insbesondere die belastete Umwelt, ist nicht naturwissenschaftlich ausgrenzbar und damit auch nicht allein in eine naturwissenschaftlich-technologische Betrachtungsweise zu reduzieren. Umweltschutz und Umweltverträglichkeit muß deswegen zwangsläufig soziale und sozial-psychologische Faktoren in die Betrachtung einbeziehen. Das ergibt sich zunächst daraus, daß Umweltbelastungen unterschiedliche Menschengruppen in unterschiedlicher Weise betreffen[22]. Das betrifft den sog. objektiven Bereich der Umweltbelastungen. Im subjektiven Bereich gilt dies noch viel stärker. Umweltbelastungen werden von unterschiedlichen Bevölkerungsgruppen unterschiedlich aufgenommen. Insoweit spielen Informations-, Wertinternalisierungs- und Anpassungsvorgänge eine entscheidende Rolle. Infolgedessen gibt es unterschiedliche, und zwar vornehmlich gruppenspezifisch fixierbare Werteinstellungsmuster zu Umweltproblemen. Damit ist der Fragenkreis angesprochen, der im Kontext eines Umweltbelastungsmodells mit subjektiven Indikatoren meßbar ist — Aspirationsmodul. In bezug auf die Gegenstandsbereiche gibt es untrennbare Beziehungen zwischen den Faktoren der physischen Umwelt und der sozialen Umwelt.

Aus dem Bereich der sozialen Umwelt treten weitere Faktoren hinzu, die deswegen ins Gewicht fallen, weil sie besonders starke Ergänzungs- und Kompensationsfunktionen in bezug auf die Faktoren der physischen Umwelt haben. Die klassischen Umweltmedien Flora, Fauna, Luft, Wasser werden von sozialen Medien durchmischt und überlagern diese ihrerseits. Soziale Medien sind die intraindividuelle Interaktionsstruktur, das Sozialmedium, das Kommunikation und Freizeit als Teil der sozialen Umweltstruktur umfaßt, das Medium des Wohnumfeldes und schließlich der visuell wahrnehmbare Umweltbereich, die Visualität mit ihren schwer greifbaren Auswirkungen auf individuelle und gruppenspezifische Interaktions- und Identifikationsbezüge.

Es macht einen erheblichen Unterschied, ob die stark umweltbelastende Planungsmaßnahme auf eine hoch intensive Interaktionsstruktur trifft oder eine gegen Null tendierende Interaktionsstruktur, weil sie im ersteren Fall auch ein soziales Umweltmedium stärker belastet.

---
[22] Jarre, Umweltbelastungen.

5.4. Soziale Umwelt als Interessenschwerpunkt des Umweltmodells

Wegen des besonders engen Zusammenhangs der erwähnten Sozialmedien werden diese in das UVP-Modell und damit — über den generellen Aufmerksamkeitsbereich der Stadtplanung hinaus — in die Umweltverträglichkeitsprüfung einbezogen. Die Einbeziehung sozialer Faktoren ist in der Theorie der Stadtentwicklungsplanung nicht neu.

5.4.2 Soziale Faktoren und Stadtplanung

Drei Quellen haben die Diskussion um die Einbeziehung sozialer Faktoren in die Stadtentwicklungsplanung gespeist. Eine ist die Theorie der Gemeinwesenarbeit, welche die Bedeutung der sozialen Umwelt für die Entwicklung einer gruppenspezifisch betrachteten Lebensqualität erschloß. Eine zweite Quelle ist die kommunale Psychohygiene[23]. Amerikanische Forschungen auf diesem Gebiet haben versucht, psychohygienisch günstige Bedingungen für das Leben in der Gemeinde herauszufinden. Von Interesse sind in diesem Zusammenhang die systematische Durchleuchtung gesellschaftlicher Randbedingungen und sozialer Prozesse als Ursache seelischer Erkrankungen[24].

Eine dritte Quelle bilden generelle Forschungsanstrengungen zur Problematik sozialer Faktoren in der Stadtplanung. Sie führten zu der Erkenntnis, daß die Entwicklung der Großstädte durch soziale Probleme behindert wird. Damit setzte sich die Auffassung durch, daß man nicht von den materiellen Aspekten der Stadt im Gegensatz zu ihren sozialen oder wirtschaftlichen oder politischen Bereichen sprechen kann, weil solche Unterscheidungen nur als Bestandteile des Gesamtproblems eine Rolle spielen[25]. Dabei ist auch erkannt worden, daß es untrennbare Wechselbeziehungen zwischen natürlicher und sozialer Umwelt gibt. Die materielle Umwelt beeinflußt die Gesellschaft und die Kultur. Sie prägt das menschliche Verhalten. Zwischen der Umwelt und dem zu beobachtenden menschlichen Verhalten spielt das gesellschaftliche Gefüge und die Welt der Normen, Gesetze und Sitten eine Rolle. Diese zeichnen vor die Art und Weise, in der Menschen sich ihre Umwelt nutzbar machen und auf sie im täglichen Leben reagieren[26]. Es kann nach diesen Erkenntnissen davon ausgegangen werden, daß äußere Bestimmungsgründe die Ursache von menschlichem Verhalten und Veränderungen in der Gesellschaft sind. Diese Bestimmungsgründe sind bevorzugt in den Bereichen der natürlichen und der sozialen Umwelt zu suchen.

5.4.3 Konsequenzen aus dem Sozialstaatsprinzip

Die verwaltungswissenschaftliche Diskussion um die Einbeziehung sozialer Faktoren operiert mit dem Sozialstaatsprinzip. Danach stehen an der Spitze der

---
[23] Dunham, Community Psychiatry, S. 315 ff.
[24] Freeman, Social Problems.
[25] Webber, Comprehensive Planung, S. 14 ff.
[26] Gaus, People and Plans, S. 72 ff.

staatlichen Normenhierarchie, soweit sie im Grundgesetz ausdrücklich verankert worden ist, die Grundrechte und die verfassunggestaltenden Grundentscheidungen. Bei diesen Grundentscheidungen handelt es sich um das Demokratieprinzip, das Rechtsstaatsprinzip, das Sozialstaatsprinzip und das Gemeinwohlprinzip. Das Bundesverfassungsgericht sieht im Sozialstaatsprinzip die Aufgabe des Fortschritts zu sozialer Gerechtigkeit für den Staat, weil die staatliche Ordnung systematisch auf die Anpassung und Verbesserung des sozialen Kompromisses angelegt sein müsse[27]. Das Bundessozialgericht vertritt eine weitergehende Auffassung, indem es formuliert, das Sozialstaatsprinzip sei Ermächtigung und Auftrag zur Gestaltung der Sozialordnung, gerichtet auf die Herstellung und Wahrung sozialer Gerechtigkeit und auf Abhilfe sozialer Bedürftigkeit[28].

Eine an Gewicht zunehmende Meinungsgruppe in der Staatsrechtslehre vertritt darüber hinaus die Auffassung, daß das Sozialstaatsprinzip dem Staat Sozialität als Ziel staatlicher Tätigkeit aufgebe[29].

Danach ist das Sozialstaatsprinzip Auftrag zur staatlichen Sozialgestaltung im Sinne sozialer Gerechtigkeit. Dadurch umfaßt es die normative Vorgabe, daß sich die Aufgabe des Staates und seiner Institutionen nicht in schützenden, bewahrenden und nur gelegentlich intervenierenden Funktionen erschöpfen, sondern daß der Staat planender, lenkender, leistender, verteilender und individuelles wie soziales Leben ermöglichende Funktionen ausüben muß und damit die vollziehende Gewalt insgesamt zur Wahrnehmung sozialstaatlicher Aufgaben verpflichtet[30].

Eine zeitgerechte Verfassungsinterpretation muß zu dem Ergebnis gelangen, daß das Sozialstaatsprinzip in Verbindung mit dem Gemeinwohlprinzip der öffentlichen Gewalt die Orientierung auf das Ziel der sozialen Gerechtigkeit vorgibt, das damit entscheidendes Ziel aller Tätigkeit des Staates die Behebung materieller und ideeller Not des Einzelnen und der Bevölkerung und die Verbesserung der Lebensverhältnisse insgesamt ist zur Herstellung der notwendigen Grundlagen eines daseinswerten humanen Lebens in der technisierten Welt. Damit gewinnt das Gemeinwohlprinzip eine sozialgestaltende Funktion und bietet die rechtliche Grundlage, die Einbeziehung sozialer Faktoren in alle Planungen der öffentlichen Verwaltung zu fordern[31].

Der Gesichtspunkt der Einbeziehung sozialer Faktoren in alle Planungsbereiche hat durch die Diskussion über die Technologiefolgenabschätzung und die Absichtserklärungen der staatstragenden Parteien, daß künftig die soziale

---

[27] Für die Rechtsprechung des Bundesverfassungsgerichts vgl. Leibholz-Rink, Grundgesetz, Art. 20 GG, Randn. 12.
[28] Vgl. BSG, Urteil vom 19.12.1957, in: NJW 58, S. 1252 ff.
[29] Achterberg, Antinomien, S. 167 ff.
[30] Badura, Auftrag und Grenzen, S. 446 ff.
[31] Bückmann, Verfassungsfragen.

Verträglichkeit aller Planungen und Maßnahmen festzustellen sei, Auftrieb erhalten.

Alles das hat zur Folge, daß soziale Faktoren nicht nur Gegenstand der Sozialplanung als Fachplanung des Sozialressorts sind, sondern in alle Fachplanungsbereiche einzubeziehen sind. Ebenso wie die Gesichtspunkte der Umweltplanung im ursprünglichen Sinne sind sie auch in die Bauleitplanung, die Verkehrsplanung, die Schulentwicklungsplanung wie in alle planungsrelevanten Sachbereiche einzufügen. Eine sozialgerechte Verwaltung muß sich darum bemühen, entsprechend der aktuellen theoretischen und politischen Diskussion zum Zeichen eines Umdenkens der gesamten Verwaltung von einem rein technologisch-ökonomischen Verständnis zu einem materielle Gerechtigkeit erstrebenden Verständnis neben der Umweltverträglichkeitsprüfung auch die Sozialverträglichkeitsprüfung einzuführen.

5.4.4 Umweltrelevanz der Medien der sozialen Umwelt

Soweit es das Leitziel des Umweltschutzes aus der Sicht der Bundesregierung ist, dem Menschen eine Umwelt zu sichern, wie er sie für seine Gesundheit und für ein menschenwürdiges Dasein braucht, umfaßt diese Formulierung nicht allein den Schutz der natürlichen Umwelt, wie sie sich physikalisch/chemisch bestimmbar darstellt, sondern auch den Schutz seiner psychischen Existenz und damit die Wahrnehmung seiner sozialen Belange. Wir gehen daher hypothetisch davon aus, daß es neben den Umweltmedien des psychischen Bereichs soziale Umweltmedien gibt, die für die Befriedigung menschlicher Bedürfnisse entscheidend sind. Das wichtigste soziale Umweltmedium ist der Raum der interindividuellen Interaktionen. Das ist der von der Gemeinschaft freigehaltene oder bereitgestellte Raum, in dem sich Menschen begegnen können, der nach Möglichkeit Aufforderungscharakter in bezug auf einzelne oder gemeinsame Unternehmungen hat. So gesehen sind urbane Kontaktchancen Ausdruck der Umweltqualität. Umweltschutz muß solche Erlebnis-, Erfahrungs-, Aktions- und Interaktionsmöglichkeiten gewährleisten und damit über den Schutz der natürlichen Umweltmedien Luft, Wasser und Boden hinausgehen[32], die mit dem Sozialmedium eng zusammenhängen. Der Mensch braucht nicht nur eine Umwelt, die seiner Gesundheit nicht schadet, sondern muß sie auch benutzen und sich in ihr bewegen und entfalten können[33].

Der Mensch hat das Grundbedürfnis nach sozialer Zugehörigkeit. Dieses wird durch die Einflußfaktoren der städtischen Interaktions- und Kommunikationsstruktur entscheidend bestimmt[34]. Das betrifft das behandelte soziale Umweltmedium.

---

[32] Lederer, Menschenfreundliche Umwelt, S. 1 ff.
[33] Lederer, Menschenfreundliche Umwelt, S. 1 ff.
[34] Scheuringer, Lebensverhältnisse, S. 51 ff.

Das gleiche gilt für ein zweites soziales Umweltmedium, die Wohnumgebung. Wenn der Mensch als das zentrale Schutzobjekt im Vordergrund der kommunalen Umweltpolitik steht, interessiert er nicht als statistische Größe, sondern als das Subjekt von Aktionen und Interaktionen.

Der Faktor Wohnwert spielt nach den bisherigen Erkenntnissen hierbei eine entscheidende Rolle. Komponenten des Wohnwertes ergeben Ursachen von Frustration, Reiberei und Spannung. Sie ermöglichen andererseits die Erfüllung sozialer Bedürfnisse und die Gestaltung von Sozialkontakten[35].

Eine wesentliche Rolle als soziales Umweltmedium spielt der Bereich der Visualität[36] oder des Stadtimages, also der Bereich von Symbolisierungen, in dem individuelle Orientierung und gruppenspezifische Identifizierung stattfinden. Diese ästhetische Umweltkomponente umfaßt die Orientierungs- und Identifikationsqualität[37] der räumlichen Umwelt, die als weiterer Bestandteil der sozialen Umwelt für die physische und psychische Gesundheit des Individuums von größter Bedeutung ist. Es wird davon ausgegangen, daß ästhetische Variablen eine hohe schichtenspezifische Relevanz haben, die allerdings in Einzelheiten bisher ungeklärt ist[38]. In diesem Zusammenhang ist die soeben wieder aktualisierte Diskussion über die psychosozialen Folgen einer unwirtlichen Umwelt, unfreundlicher, bedrohlicher und eintöniger Bauten von Bedeutung[39].

Die besondere Umweltrelevanz der gebauten Umwelt wird in dem Umweltgutachten 1974 hervorgehoben. Die gebaute Umwelt schafft danach mit der Gestaltung von Mikroumweltbereichen einen begrenzten Schutz gegenüber äußeren Umweltbelastungen. Ihre räumliche Struktur hat einen direkten Einfluß auf das Ausmaß der gesamten Immissionsbelastungen[40]. Neben dieser defensiven Funktion gewinnt sie eine Bedeutung als gestaltendes Element. Ergänzend ist die Kompensationsfunktion der räumlichen Struktur als soziales Umweltmedium relevant.

Zusammenfassend kann gesagt werden, daß die sozialen Umweltmedien eine unmittelbare Relevanz für Umweltqualität und Umweltverträglichkeit haben. Ihre synoptische Berücksichtigung bei der UVP ist notwendig, weil die Leitziele des Umweltschutzes, wie sie die Bundesregierung formuliert hat, anders nicht erreicht werden können. Die Berücksichtigung einzelner Umweltmedien außerhalb ihrer Gesamtzusammenhänge und Vernetzungen mit den Sozialfaktoren führt zu Fehleinschätzungen.

---

[35] Rosow, Wirkungen, S. 183 ff.
[36] Klein und Peitmann, Umweltindikatoren, S. 52 ff.
[37] Rosow, Wirkungen, S. 193.
[38] Firey, Gefühl und Symbolik.
[39] Franke, Informationsinstrumente.
[40] Der Rat der Sachverständigen für Umweltfragen, Umweltgutachten 1974, TZ 34.

5.4.5 Umweltrelevanz der Faktoren und Indikatoren der sozialen Umwelt

Die Umweltrelevanz der einzelnen Faktoren und Indikatoren des Moduls soziale Umwelt ergibt sich unmittelbar aus der Umweltrelevanz des Moduls selbst und seiner Submoduln Kommunikation und Freizeit, Wohnungsumfeld und Visualität, wie dies erläutert wurde. Die einzelnen Faktoren sind Bestandteile der Moduln, sie sind modellerhebliche Ausprägungen. Dennoch werden nachfolgend noch einige weitere Erläuterungen gegeben.

5.4.5.1 Wochenend- und Tageserholungseinrichtungen

Für die ungehinderte Nutzung der natürlichen Umwelt, die für einzelmenschliche Betätigungs- und Verhaltensweisen Bewegungsspielraum offen läßt, sind die Wochenend- und Tageserholungseinrichtungen von Bedeutung. Die Faktoren[41] ‚Forstflächen und Grünanlagen' und ‚Tageserholungseinrichtungen, kleinere Park- und Grünanlagen' sowie die diesen Faktoren zugeordneten Indikatoren sind Merkmale für das Vorhandensein oder die Verfügbarkeit derjenigen Freiräume, welche die notwendigen menschlichen Erlebnis-, Erfahrungs-, Aktions- und Interaktionsmöglichkeiten gewähren. Diese Bereiche eröffnen den Zugang zu den erlebnis-, erfahrungs- und handlungsrelevanten Eigenschaften der physischen Umweltmedien, zu Luft, Boden, Natur und Landschaft.

Die Verfügbarkeit, Erreichbarkeit und Benutzerfrequenz der Forstflächen und Grünanlagen für Wochenenderholung wird mit den Indikatoren ‚Forstflächen und Grünanlagen für Wochenenderholung', ‚Erreichbarkeit von Forstflächen und Grünanlagen' sowie ‚Anzahl der Benutzer' gemessen.

Das gleiche gilt für den Faktor ‚Tageserholungseinrichtungen, kleinere Park- und Grünanlagen', der mit den Indikatoren ‚Flächen für wohnungsnahe Tageserholung', ‚Turn- und Sporthallen' und ‚Offene Sportplätze' operationalisiert wird. Bei den oben erörterten Globalmodellen POLIS, SIARSSY, Attraktivitätsmodell, ZÜRICH und PRO-REGIO dienen ähnliche Faktoren und Indikatoren der Operationalisierung der Umweltqualität, wie aus der Synopse der Globalmodelle erkennbar ist. So verwenden folgende Globalmodelle die nachfolgenden Faktoren und Indikatoren:

POLIS: ‚Öffentliche Grünanlagen', SIARSSY: ‚Flächen für Wochenenderholung und Ferienerholung'; ‚Flächen für Tageserholung', BESI: ‚Öffentliche Grünanlagen', Attraktivitätsmodell: ‚Öffentliche Grünanlagen', ZÜRICH: ‚Parks und Öffentliche Anlagen', PRO-REGIO: ‚Erholungsbereich'; ‚Erholungswaldgebiet'.

---

[41] Zum besseren Verständnis sollte die Indikatorenliste hier ergänzend herangezogen werden. Vgl. die Indikatorenliste, Schaubild 17.

Wie oben bei der Beschreibung der wesentlichen Indikatorensysteme zur Messung der gesellschaftlichen Wohlfahrt, und zwar beim SPES-System erkennbar wurde, wird dort von dem engen Zusammenhang zwischen dem Gesundheitszustand der Bevölkerung und den Arbeits-, Wohn- und Freizeitbedingungen ausgegangen. Dem folgend muß unser die Interdependenzen berücksichtigender Umweltbegriff diese Gesichtspunkte einbeziehen und Überschreitungen der bei den Indikatoren zu bildenden Schwellenwerte als Belastung der Umwelt auffassen. Auch Dierkes hat bei seinem Katalog gesellschaftlicher Bewertungsaspekte[42] den unmittelbaren Zusammenhang des Freizeitbereichs mit den Umweltbedingungen hervorgehoben und ausgeführt, daß Anzahl und Ausstattung der Freizeitangebote sowie ihre Zugänglichkeit in einem kompensatorischen Sinne mitbestimmend sind für die Umweltqualität eines städtischen Bezirks.

5.4.5.2 Gewässer und Badeeinrichtungen

Die Gewässer und Badeeinrichtungen sind ein Bestandteil der abgehandelten Einrichtungen und Anlagen des Freizeitbereichs. Die Umweltrelevanz von Wasserflächen, Uferflächen und Badeeinrichtungen ist besonders groß. Zu den Faktoren des Umweltmodells ‚Wasser- und Uferflächen‘ und ‚Badeeinrichtungen‘ gilt daher alles das, was schon zu den bodenbezogenen Rekreationsgelegenheiten gesagt worden ist. Für die Faktoren und die sie repräsentierenden Indikatoren ‚Wasserflächen‘, ‚zugängliche Uferflächen‘, ‚Wasserflächen öffentlicher Badeanlagen‘ und ‚Hallenbäder‘ gilt, daß sie nicht nur den direkten Bezug zum Umweltmedium Wasser haben, sondern auch den hier vornehmlich in Betracht stehenden indirekten Bezug der notwendigen Verfügbarkeit von Medien zur Erhaltung der physischen und psychischen menschlichen Gesundheit im Zusammenhang mit der Belastungsfreiheit der mit ihnen in unmittelbarem Austausch stehenden Medien der physischen Umwelt. Der hier prägnante Indikator ‚Wasserflächen‘ taucht auch, wie sich aus der Synopse der Globalmodelle ergibt, beim Attraktivitätsmodell auf und in ähnlicher Form bei SIARSSY. Der Indikator ‚Zugängliche Uferflächen‘ erscheint im Attraktivitätsmodell und bei PRO-REGIO. Der Indikator ‚Wasserflächen öffentlicher Badeanlagen‘ erscheint bei allen Globalmodellen, mit Ausnahme des Züricher Modells, der Indikator ‚Hallenbäder‘ erscheint bei POLIS, SIARSSY, BESI und PRO-REGIO. Hier zeichnet sich ein weitgehender Konsens bei der Beurteilung der Umweltrevelanz dieser Indikatoren ab.

5.4.5.3 Kommunikationseinrichtungen

Mit dem Begriff Kommunikationseinrichtungen sind alle gebauten und von Institutionen und Verbänden errichteten und bereitgehaltenen Gebäude und

---
[42] Vgl. Dierkes, Leistungsanalyse sozialer Systeme.

5.4. Soziale Umwelt als Interessenschwerpunkt des Umweltmodells

Anlagen gemeint, in denen sich Menschen treffen, begegnen oder in ihrer Freizeit aufhalten können. Die zumeist durch die öffentliche Hand vorgehaltenen Einrichtungen dieser Art haben einen ebenso weitgehenden Bezug zur physischen Umweltqualität wie die naturgebundenen Freizeiteinrichtungen. Eben gerade hier spielt der Kompensationseffekt eine besonders greifbare Rolle. Der gesamte Bereich wird durch die Faktoren ‚Kommunikationseinrichtungen', ‚Freizeiteinrichtungen für spezielle Bevölkerungsgruppen' und ‚Gaststätten, Restaurants, Clubs' ausgedrückt.

Der Faktor Kommunikationseinrichtungen wird durch den Indikator ‚Multifunktionale Kommunikationseinrichtungen' repräsentiert. Hinzu kommt der Indikator ‚Öffentlich zugängliche Gemeinschaftsräume gemeinnütziger Organisationen'. Kommunikationseinrichtungen der öffentlichen Hand, der Kirchen und der Wohlfahrtsorganisationen und sonstigen Vereinigungen spielen eine bedeutende Rolle bei der Ermöglichung zwischenmenschlicher Kontakte und Interaktionen im Wohnbereich oder im Quartier. Es handelt sich um Einrichtungen, die frei von Zugangsbarrieren verschiedenster Art sind und zwanglose Kommunikation und Interaktion ermöglichen. Bei einem Rückblick auf die erörterten Globalmodelle fällt auf, daß diese Einrichtungen lediglich bei dem Simulationsmodell POLIS erscheinen, obwohl sie ebenso wichtig sind, wie Wälder und Grünanlagen. Das liegt daran, daß die verglichenen Globalmodelle zumeist vor der Zeit konzipiert worden sind, in der die öffentliche Diskussion über diese Art der Freizeitinfrastruktur verstärkt einsetzte.

Eine notwendige Ergänzung zu den Kommunikationseinrichtungen bildet der Faktor ‚Freizeiteinrichtungen für spezielle Bevölkerungsgruppen'. Dieser wird repräsentiert durch die Indikatoren ‚Jugendfreizeitstätten und Heime der ganz offenen Tür', ‚Seniorenfreizeiteinrichtungen', ‚Freizeiteinrichtungen für Behinderte' und ‚Freizeiteinrichtungen für ausländische Arbeitnehmer'.

Wenn die Infrastruktur für die zwischenmenschliche Kommunikation wichtig und auch umweltrelevant ist, so gilt dies für allgemeine Kommunikationseinrichtungen, d.h. für solche Einrichtungen, die allen Bevölkerungsgruppen gleichermaßen zur Verfügung stehen sollen, ebenso wie für gruppenspezifische Kommunikationseinrichtungen, die der Faktor ‚Freizeiteinrichtungen für spezielle Bevölkerungsgruppen' umfaßt. Für lange Zeit bildeten gruppenspezifische Freizeiteinrichtungen den Schwerpunkt der kommunalen Infrastrukturpolitik, soweit sie überhaupt in den früher von kirchlichen und gemeinnützigen Organisationen beanspruchten Bereich der Freizeitvorsorge eindrang. Insoweit ging es vornehmlich um die Errichtung von Jugendfreizeiteinrichtungen der verschiedenen Art oder deren Förderung und um Freizeiteinrichtungen für Senioren, um Altenclubs und Altentagesstätten. Modellfaktoren dieser Art sind auch bei den verglichenen Globalmodellen berücksichtigt. Der Indikator ‚Jugendfreizeitstätten, Heime der ganz offenen Tür' taucht bei zwei Globalmodellen, bei POLIS und BESI, auf, der Indikator ‚Seniorenfreizeiteinrichtungen' bei POLIS und SIARSSY. Der Indikator ‚Freizeiteinrichtungen für Behinderte' taucht immerhon noch bei dem Modell SIARSSY auf. Der Indikator ‚Freizeiteinrichtungen für ausländische Arbeitnehmer' erscheint in keinem der Globalmodelle, weil die Bemühungen um Ausländerintegration in der Zeit der Entwicklung dieser Modelle noch nicht weit fortgeschritten waren. Hier gilt der gleiche Gesichtspunkt wie bei dem Indikator ‚Multifunktionale Kommunikationseinrichtungen'. Die Indikatoren der Globalmodelle und der Planungssysteme spiegeln jeweils den Informationsstand und das Problembewußtsein der aktuellen kommunalen Politik wieder.

5.4.5.4 Wohnumfeld

Das zweite umweltrelevante Sozialmedium ist das Wohnumfeld. Ebenso wie das Sozialmedium Kommunikation und Freizeit bietet das Quartier den Bereich, der in erster Linie den Ort bildet, in dem man sich bewegen und entfalten kann, Erfahrungen sammeln und bewähren kann. Das Sozialmedium konstituiert, wie das andere der Kommunikation, Umweltqualität, weil es von der Beschaffenheit des Mediums abhängt, inwieweit der Mensch sich außerhalb des Arbeitsbereichs entfalten, seine Kräfte regenerieren und Lebenssinn erfahren kann.

Die individuell erfahrene Wirklichkeit wird durch Handlungen konstituiert. Die scharfe Trennung von Mensch und Natur, von natürlichen Dingen und künstlichen Sachen ist ebenso wenig haltbar, wie die grundsätzliche Unterscheidung zwischen physischer und sozialer Umwelt. Ob natürliche oder künstliche Umwelt, die Interaktionen zwischen Menschen und Umwelt folgen den gleichen Gesetzen und unterliegen den gleichen Prozessen[43].

Nach der Auffassung von Boesch ist die Umwelt ein System von Valenzen. Der Raum und Dinge darin existieren nicht als solche, sondern sind gegliedert nach ihrer Bedeutung für das Handeln. Dinge sind danach Bedingungen, Instrumente oder Ziele des Handelns. Die Faktoren der Umwelt sind Kreuzpunkte von Handlungsketten. Auch hier spielt die unmittelbare Wechselbeziehung, die enge Verflochtenheit aller Umweltmedien die entscheidende Rolle. Die Qualität des Wohnumfelds wird unmittelbar durch die Qualität der Faktoren der physischen Umwelt determiniert, andererseits kann das Wohnumfeld gegenüber den natürlichen Umweltmedien Ausgleichs- und Ersetzungsfunktionen haben.

Das für das Gesamtfeld Gesagte gilt für die Faktoren, die das Wohnumfeld konstituieren, für die Faktoren ‚Wohnungsgröße und Wohnungsausstattung', ‚Zustand und Lageattraktivität des Quartiers', ‚Verkehrsinfrastruktur' und ‚Sozialbeziehungen im Quartier'.

---

[43] Joerges, Gebaute Umwelt, S. 84 ff.

5.4.5.5 Wohnung und Wohnumgebung

Meßmerkmale für den Faktor ‚Wohnungsgröße und Wohnungsausstattung' bilden die Indikatoren ‚Bruttogeschoßfläche je Wohneinheit', ‚Einwohner je Wohnung' und ‚Wohnungen mit Bad und Zentralheizung'. Die damit zur Beurteilung stehende Wohnungsgröße und Wohnungsbelegungsdichte muß allerdings, um differenziertere Aussagen zu erhalten, bei der Festlegung der Meßvorschriften für den Indikator spezifiziert werden, insbesondere in bezug auf Alt- und Neubauwohnungen. Beide Merkmale enthalten wesentliche Aussagen über die Qualität der unmittelbaren Wohnumwelt, weil sie Rückschlüsse auf den unmittelbaren Bewegungs- und Betätigungsfreiraum der Bewohner zulassen. Der Indikator ‚Wohnungen mit Bad und Zentralheizung' beschreibt ergänzend den Wohnungskomfort und macht damit Angaben darüber, wieviele Wohneinheiten unter den Ausstattungsanforderungen des sozialen Wohnungsbaus liegen. Der Indikator ‚Bruttogeschoßfläche je Wohneinheit' wird von den Globalmodellen POLIS, Attraktivitätsmodell und ZÜRICH verwendet, der Indikator ‚Einwohner je Wohnung' von SIARSSY, BESI und dem Attraktivitätsmodell; ähnliche Indikatoren mit vergleichbaren Aussagen verwenden POLIS (Einwohner je Wohnraum) und Zürich (Einwohner je Wohngebäude). Der Komfortindikator erscheint in ähnlicher Form bei POLIS, SIARSSY, BESI, Attraktivitätsmodell und ZÜRICH.

Für den Faktor ‚Zustand und Lageattraktivität des Quartiers' stehen die Indikatoren ‚Baualter der Wohngebäude', ‚Anzahl der Einzelhandels- und Dienstleistungseinrichtungen', ‚Entfernung der Wohnungen von Einzelhandels- und Dienstleistungseinrichtungen' und ‚Fußgängerbereiche im Quartier'. Der Faktor wird mit diesen Merkmalen deutlich gekennzeichnet, weil das Baualter der Gebäude im Mittel ein Indiz für eine den heutigen Wohnanforderungen entsprechende Bausubstanz ist. Für die Lageattraktivität sind die Ausstattung mit Einzelhandels- und Dienstleistungseinrichtungen, die Erreichbarkeit dieser Einrichtungen und auch die fußläufige Erreichbarkeit dieser Einrichtungen von hoher Bedeutung. Der in Rede stehende Faktor ‚Zustand und Lageattraktivität des Quartiers' und die vier hierzu ausgewählten Indikatoren sprechen eine deutliche Sprache zur Problematik der Ersetzungs- und Kompensationsfunktion des Wohnbezirks gegenüber Belastungen in bezug auf die Medien der physischen Umwelt, insbesondere auf den Luftzustand und den Geräuschzustand.

Der Indikator ‚Baualter der Wohngebäude' erscheint bei den Globalmodellen POLIS, SIARSSY, BESI, Attraktivitätsmodell und PRO-REGIO. Die Indikatoren, mit denen Menge und Erreichbarkeit der Einzelhandels- und Dienstleistungseinrichtungen bestimmt werden, sind bei allen Globalmodellen in der hier gewählten oder in ähnlicher Form verwendet, während der Indikator Fußgängerbereiche im Quartier lediglich in ähnlicher Form beim Zürich-Modell (Privatverkehrsfreie Einkaufsgebiete) Verwendung findet.

5.4.5.6 Verkehrsinfrastruktur und Sozialbeziehungen

Von Bedeutung für die Attraktivität des Quartiers als Kompensationsgröße ist auch die Verkehrsinfrastruktur. Das gilt vor allem für die Bezüge, die mit den Indikatoren ‚Angebotene Platzkilometer öffentlicher Verkehrsmittel' und ‚Durchgangsstraßen/verkehrsberuhigte Straßen' repräsentiert wird. Bedeutsam für die Quartiersumfeldqualität ist die Dichte des Angebots an öffentlichen Verkehrsmitteln deswegen, weil sie Bewegungsräume und damit soziale Kontakte nach außen, etwa in Stadtteile mit höherer Umweltqualität, gewährleistet. Andererseits ist der Indikator ‚Durchgangsstraßen/verkehrsberuhigte Straßen' wesentlich für die mit der Verkehrsberuhigung intendierte Belastungsfreiheit durch den lärmverursachenden Durchgangsverkehr.

Der Indikator ‚Angebotene Platzkilometer öffentlicher Verkehrsmittel' erscheint in dieser Form lediglich bei POLIS, während das Angebot bezüglich des öffentlichen Nahverkehrs bei den anderen Globalmodellen mit ähnlichen Merkmalen dargestellt wird, zumeist mit der leichter zugänglichen Größe der ‚Anzahl der Haltestellen'.

Der Indikator ‚verkehrsberuhige Straßen' erscheint in den Globalmodellen nicht, weil das Verkehrsberuhigungskonzept neueren Datums ist und von den Modellkonstruktionen daher nicht erfaßt werden konnte.

Der Faktor ‚Sozialbeziehungen im Quartier', der Auskunft über die soziale Gesundheit des Bereichs gibt, wird durch das Merkmal ‚Anzahl der Besuchskontakte innerhalb des Quartiers' angezeigt. Diese statistische Größe gibt wichtige Aufschlüsse über das soziale Klima, das eine Komponente von Lebens- und Umweltqualität ist. Der Indikator erscheint in den Globalmodellen nicht.

5.4.5.7 Ansehnlichkeit

Die Stadtbildqualität, die sehr wichtige psychologisch/ästhetische Kategorie der Umweltqualität im Stadtquartier, wird durch die Faktoren ‚Aussehen und Informationswert der Gebäude' und ‚Städtebaulich hervorragende Punkte' zum Ausdruck gebracht. Mit beiden Faktoren sind Umweltgesichtspunkte angesprochen, welche die Grundlage der Identifikation der Quartierbewohner mit den sie umgebenden räumlichen und baulichen Gebilden sind. Die Fachwerkfassade, der Kirchturm, die Gestalt eines Platzes sind die Basis gefühlsmäßiger und häufig nur unterschwelliger Bindungen an die unmittelbare Wohnumwelt, soweit sie an äußeren typischen Merkmalen solcher Art festmacht, gleichviel, ob es sich um ein denkmalswertes Gebäude oder die alte Dorflinde handelt. Möglicherweise kann auch die moderne Plastik eine solche Funktion übernehmen.

Der Faktor ‚Aussehen und Informationswert der Gebäude' wird repräsentiert durch die Indikatoren ‚Einheitlichkeit der Strukturformen und des Baualters der Gebäude' und ‚Pflegezustand und Aufmachung der Fassaden'. An diesen Merkmalen wird die Beurteilung des Images des Quartiers sich in besonderer Weise festmachen. Eine ergänzende Funktion haben die städtebaulich hervorragenden Punkte, repräsentiert durch die Indikatoren ‚Anzahl der Baudenkmäler', ‚Anzahl der städtebaulich interessanten oder hervorragenden Orientierungspunkte, -gebäude und -plätze' sowie ‚Bäume an Straßen und Plätzen je Straßenmeter'.

5.5 Umweltindikatoren

Eine wesentliche Ausgangsfrage der Überlegungen, die in dieser Studie angestellt worden sind, war es, herauszufinden, was Umweltindikatoren sind und welches die richtigen Umweltindikatoren wären, wenn man mit ihnen Fragen der Umweltverträglichkeitsprüfung oder darüber hinausgehende Fragen der globalen Umweltplanung beantworten wollte.

Definitorisch wurde zu der Frage bereits oben Stellung bezogen[44]. Danach ist der Indikator eine Meßgröße, nach der im Zusammenhang eines theoretischen Erklärungsansatzes Daten erhoben und Tatbestände der Realität dargestellt werden sollen. Der Sozialindikator wurde durch die zusätzliche Eigenschaft definiert, Fragen der gesellschaftlichen Realität darzustellen, der Umweltindikator dadurch, Tatbestände der Umweltrealität darzustellen. Das erklärt wenig. Der Begriff sozial ist ebenso unbestimmt wie der Begriff der Umwelt. Aufschluß haben indessen die Erörterungen des laufenden Abschnitts ergeben, insbesondere die Probleme der Umweltrelevanz der Faktoren und Indikatoren der kommunalen Umwelt. Diese haben deutlich gemacht, daß die Umweltrelevanz bestimmter Segmente der Wirklichkeit inhaltlich-definitorisch festgelegt werden muß und nicht bereits aus sich heraus besteht. Deshalb wurde der Begriff der Umwelt zunächst oben vorläufig definiert[45]. Danach wurde das dem Begriff zugrundeliegende Verständnis von Umwelt inhaltlich im einzelnen belegt und aus dem gesamtgesellschaftlichen Kontext erläutert.

Indikatoren als solche sind lediglich Meßgrößen. Ihre inhaltliche Ausrichtung gewinnen sie durch den Erklärungszusammenhang. Deswegen kann eine Luftqualitätsmeßgröße sowohl ökonomischer Indikator als auch Sozialindikator wie auch Umweltindikator sein, je nachdem, in welchen Erklärungszusammenhang er gestellt wird. Eine inhaltliche Ausweisung des je bestimmten Indikators als Umweltindikator ist deswegen nicht möglich. Insbesondere läßt sich aus der Gesamtmenge der Sozialindikatoren nicht mit Erfolg eine Teilmenge von Umweltindikatoren ausgrenzen. Wohl läßt sich aus der Gesamtkomplexität der Welt ein Teilsystem bezeichnen, das die für die UVP relevante Umwelt inhalt-

---
[44] Vgl. oben, 2. Kap.: 2.5.2 Zum Begriff des Indikators.
[45] Vgl. oben, 2. Kap.: 2.5.6 Umweltbegriff.

lich genügend repräsentiert. Dieses Teilsystem wurde geschildert. Die nach den Ergebnissen dieser Studie sich abzeichnende physische und soziale Umwelt ist – nach der Meinung der Verfasser – die Umwelt, die durch signifikante Umweltindikatoren zu kennzeichnen ist.

5.6 Modellübersicht und Zusammenfassung

Das Modell der Umweltverträglichkeitsprüfung hat diejenigen Lebensbereiche zu umfassen, die für die Überprüfung der Umweltverträglichkeit kommunaler Maßnahmen wesentlich sind. Wichtig ist einerseits, daß der Entscheidungsträger sich darüber Klarheit verschafft hat, welche Zielvorstellungen er verfolgen will und welche Ziele ihm dabei besonders wichtig sind. Das ist für die kommunale Umweltplanung und die kommunale Umweltverträglichkeitsprüfung von Bedeutung. Denn es muß geklärt werden, ob das kommunale System sich darauf beschränken will, die Lärmbelastung der Einwohner zu mindern oder die Verbesserung der Qualität der physischen Umwelt insgesamt zu wollen. Dieser Aufmerksamkeitsbereich wird in der Gesamtkonstruktion, dem UVP-Modell, als Zielspektrum dargestellt und in die logischen Operationen eingespeist.

Den zweiten Modellbereich bildet die natürliche oder physische Umwelt des kommunalen Systems, repräsentiert durch die Umweltmedien Luft/Klima, Wasser, Boden sowie Natur/Landschaft. Dem Zustand der physischen Umwelt gilt bislang und auch in Zukunft die Hauptaufmerksamkeit der Umweltverträglichkeitsprüfung, die auch in Städten, Gemeinden und Kreisen eingeführt werden muß. Um den Zustand der physischen Umwelt und die Auswirkung kommunaler Maßnahmen auf diesen Zustand rational beurteilen zu können, muß sie in einzelne Bestimmungsgrößen, Faktoren, aufgeteilt werden. Einzelbestandteile dieser Faktoren müssen meßbar und kontrollierbar sein. Anders können keine Aussagen der gewünschten Form gemacht werden. Die Mindestangaben, die über den Zustand der physischen Umwelt gemacht werden sollten, ergeben sich aus den Indikatoren, die den Faktoren des Modells zugeordnet sind. In einer Reihe von konkreten Hinsichten muß also der Luftzustand, der Grundwasserzustand, der Bodenzustand in bezug auf Umweltbelastungen dargestellt werden, sonst können Maßnahmen nicht in bezug auf ihre Wirkungen und Auswirkungen beurteilt werden. Nicht nur die natürlichen Umweltmedien machen die Gesamterscheinung der kommunalen Umwelt aus. Hinzu treten eine Reihe von Faktoren des kommunalen Lebensraums, die eine so enge Beziehung zu der physischen Umwelt haben, daß sie aus der Betrachtung der Umweltverträglichkeit von Maßnahmen nicht ausgeklammert werden dürfen. Soziale Faktoren repräsentieren damit den dritten Modellbereich, das Subsystem soziale Umwelt. Nicht nur der enge Sachzusammenhang zu Fragen der natürlichen Umwelt weist solche sozialen Faktoren als umweltrelevant aus. Auch aus ganz anderen Aspekten ist in der Theorie erkannt worden, daß soziale Faktoren für alle Fragen der Planung, hier insbesondere der Stadtplanung, eine ausschlaggebende Rolle spielen. Die Vernachlässigung solcher Faktoren bei öffentlichen Planungen und Maßnahmen führt zu bedenklichen Entwicklungen und Ausfallserscheinungen, wie dies vornehmlich in Großstädten deutlich geworden ist.

Das Sozialstaatsprinzip des Grundgesetzes gibt neben entsprechenden Bestimmungen im Recht der Raumordnung und -planung auch die normative Grundlage ab, soweit es um die Frage geht, welche Anlässe das geltende Verfassungs- und Rechtssystem zur Einbindung sozialer und sozialpsychologischer Faktoren in die Umweltplanung gibt. Das Sozialstaatsprinzip intendiert reale Chancengleichheit und damit auch reale Umweltqualitätsgleichheit für alle sozialen Gruppen, auf die sich die Aufmerksamkeit bei der Umweltplanung konzentrieren muß.

In einem vierten Modellbereich wird die gruppenspezifische Gliederung des jeweiligen kommunalen Systems konkretisiert, soweit sie für Umweltplanung und Umweltverträglichkeit relevant ist. Bestimmte Altersgruppen haben für Umweltplanung eine besondere Bedeutung, weil alte Leute und Kinder beispielsweise bestimmten Umweltbelastungen stärker ausgesetzt sind und weil hier eine größere Umweltsensibilität angenommen werden muß als bei anderen Gruppen. Auch spielt die ethnische und soziale Schichtung eine nicht unbedeutende Rolle, weil die Angehörigen unterschiedlicher Schichten sehr verschiedenartige Möglichkeiten haben, sich gegen Folgen der Umweltbelastung zu schützen oder sich diesen zu entziehen. Wie überhaupt, spielen hier äquivalente Funktionen bestimmter Umweltgegebenheiten der physischen und sozialen Umwelt eine große Rolle.

Einen weiteren Modellbereich bilden Gruppen möglicher Maßnahmen des kommunalen Systems, für die Fragen der Umweltverträglichkeit von Bedeutung sind. Im Hinblick auf solche Interventionsgruppen soll das UVP-Modell Antworten über äquivalente Funktionen der Modellelemente in ihren wechselseitigen Beziehungen abwerfen.

Eine fünfte Modelldimension, der Perzeptions- und Aspirationsmodul, wurde skizziert; er umfaßt die subjektiven Wahrnehmungen und Bewertungen aller Gegebenheiten der natürlichen und der sozialen Umwelt.

Die Gesamtkonstruktion des Funktionalmodells ist darauf angelegt, in verschiedener Weise ein Entscheidungshilfsmittel für die Umweltverträglichkeitsprüfung zu sein. Einerseits läßt sich das UVP-Modell auf der Basis der dargestellten inhaltlichen Konzeption formalisieren. Dazu sind konkrete stadtspezifische Angaben zu den Modellgrößen erforderlich. Für größere Kreise und kreisfreie Städte empfiehlt es sich auf die Dauer, ein anspruchsvolles Entscheidungshilfsmittel dieser Art aufzubauen, zumal die notwendigen Datenverarbei-

172   5. Bausteine des Umweltverträglichkeitsmodells: das UVP-Modell

Schaubild 19: UVP-Modell. Grobstruktur (Moduln, Submoduln, Faktoren)

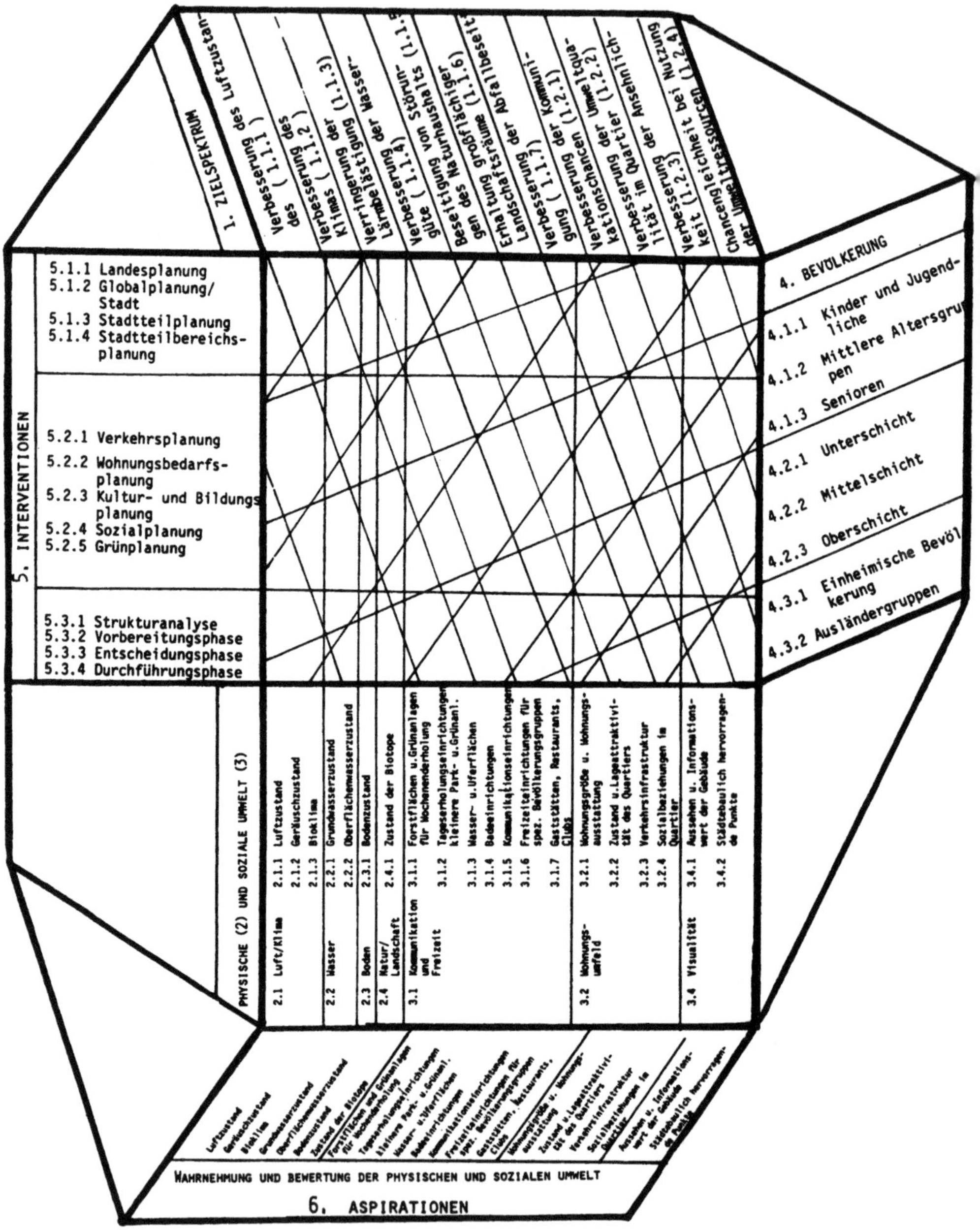

5.6. Modellübersicht und Zusammenfassung

tungsanlagen ohnehin zur Verfügung stehen, jedoch nur für viel weniger anspruchsvolle Zwecke genutzt werden. Andererseits lassen sich die Modellbestandteile auch einer einfachen Umweltverträglichkeitsprüfung mit Hilfe von Checklisten zugrunde legen. Dann gewinnen die für die Modellbereiche der physischen und der sozialen Umwelt aufgestellten Indikatoren die Funktion von Checklistenmerkmalen, zu denen im Rahmen der Umweltverträglichkeitsprüfung und unter dem Gesichtspunkt des derzeitigen Zustandes und des künftigen Zustandes in Anbetracht einer bestimmten Maßnahme alternative Ausführungen gemacht oder Untersuchungen angestellt werden müssen.

In allen Fällen führen das UVP-Modell und die ihm zugeordneten Umweltindikatoren zu einer Rationalisierung der Umweltplanung und Umweltverträglichkeitsprüfung. Damit gewinnt das UVP-Modell die Qualität des kommunalen Entscheidungshilfsmittels, das dazu geeignet ist, kommunale Umweltplanung und Umweltpolitik aus der Grauzone der Zufälligkeiten, Unwägbarkeiten und Unbestimmtheiten hinauszuführen. Die konkrete Entscheidung kann auf diese Weise transparent und damit für alle Beteiligten nachvollziehbar gemacht werden. Im Zusammenhang mit dem Organisationsvorschlag zur kommunalen Umweltplanung und zum Verfahrensvorschlag für die kommunale Umweltverträglichkeitsprüfung ergibt sich damit ein Konzept, das rationale kommunale Umweltpolitik ermöglicht und einen Weg zur Konzeption der umweltgerechten Stadt aufweist.

Anhang

Anlagen

Anlage 1

SYNOPSE UMWELTRELEVANTER SOZIALINDIKATOREN AUS

INDIKATORENSYSTEMEN ZUR BESTIMMUNG DER LEBENSQUALITÄT

UMWELT-FAKTOREN	SPES (Sozialpolitisches Informations- und Entscheidungssystem)	Indikatorensystem von GEHRMANN	Katolog gesellschaftlicher Bewertungspakete (DIERKES U.A.)
NAHERHOLUNGS- UND GRÜNANLAGEN		. Zahl der ha Kleingartenfläche . Zahl der Gärten . durchschnittliche Größe je Kleingarten	. Freizeitstruktur: (Zeit-buget) . Freizeitaktivitäten . Prozentualer Anteil der Unfälle, die sich in der Freizeit ereignen, bezogen auf die Menge aller erfaßten Unfälle . Bewertung der Freizeitaktivitäten (Möglichkeiten, Einrichtungen wie Parks etc.) . Bedeutung von Freizeit für den einzelnen
SPORTANLAGEN		. Zahl der Hallenbäder . Zahl der "Badeanlagen insges." . Wasserfläche der "öffentlichen Badeanlagen insges." . Wasserfläche in Hallenbäder . Zahl der Turnhallen, Sporthallen, Sportplätze . Zahl der qm-Sportfläche in Turn- und Sporthallen . Zahl der Kinderspielplätze einschließlich der sonstigen Spiel- und Sportanlagen pro.. Kinder im Alter unter 15 Jahren . Zahl der qm-Nettofläche auf Kinderspielplätze pro..Kinder unter 15 Jahren	
SOZIALEINRICHTUNGEN		Jugendeinrichtungen . Zahl der Plätze in Säuglings- und Kinderheimen pro.. Kinder im Alter unter 6 Jahren . Zahl der Plätze in Kindergärten pro .. Kinder im Alter von 3-6 Jahren . Zahl der Plätze in Kinderhorten pro .. Kinder im Alter von 6-15 Jahren . Zahl der Jugendbüchereien pro ..Kinder i.Alter von 6-15 Jahren Alteneinrichtungen . Zahl der Räume in Altenwohnheimen pro Einwohner im Alter von 65 Jahren und älter . Zahl der Wohnungen mit Bad oder Dusche in Altenwohnheimen - Wohnungen . durchschnittl.Bettenzahl pro Zimmer in Altenheimen . Zahl der Betten in Altenheimen pro Einwohner im Alter von 65 Jahren und älter . Zahl der Betten in Altenpflegeheimen pro Einwohner im Alter von 65 Jahren und älter	

UMWELT-FAKTOREN	SPES (Sozialpolitisches Informations- und Entscheidungssystem)	Indikatorensystem von GEHRMANN	Katalog gesellschaftlicher Bewertungspakete (DIERKES U.A.)
SOZIALEINRICHTUNGEN (Fortsetzung)		. Zahl der Altenheime und Altenpflegeheime pro Einwohner im Alter von 65 Jahren und älter . Zahl der in Alteneinrichtungen insgesamt untergebrachten Personen pro Einwohner im Alter von 65 Jahren und älter Sozialhilfe . Zahl der Sozialhilfeempfänger insgesamt pro Einwohner . Zahl der Sozialhilfeempfänger von "Hilfen zum laufenden Lebensunterhalt" pro Einwohner	
BILDUNGS- UND KULTUREINRICHTUNGEN	Elementarbereich . Anteil der 3-5jährigen, die eine vorschulische Bildungseinrichtung besuchen Sekundärbereich . Anteil ohne Hauptschulabschluß an allen Jugendlichen des letzten schulpfl.Schulj. . Anteil der Abiturienten an den 19jährigen . Anteil der Abiturienten an den Quartanern 7 Jahre vorher Tertiärer Bereich . Anteil der Studenten an den 20-30jährigen . Anteil der abgewiesenen Bewerber für einen Studienplatz an allen Erstsemestern . Anteil der Hochschulabsolventen an den Erstsemestern 5 Jahre vorher . Anteil der Studenten aus Arbeiterfamilien an allen 20-30jährigen aus Arbeiterfamilien . VHS-Kursbelegungen pro 100 Einwohner der Wohnbevölkerung über 18 Jahre Qualifikation . Leistungstests . Anteil der Bevölkerung, der eine Fremdsprache beherrscht . Anteil der Bevölkerung mit abgeschlossener Lehre . Anteil der Bevölkerung mit Meisterprüfung . Anteil der Bevölkerung mit Fachhochschulabschluß . Anteil der Bevölkerung mit Hochschulabschluß	Grund-, Haupt- und Sonderschulen . Zahl der Grund- und Hauptschüler je Klasse . Zahl der Grund- und Hauptschüler je Lehrkraft . Zahl der Übergänge auf Realschulen und Gymnasien pro 1.000 Schüler der Grundschule . Zahl der Schüler je Klasse in Sonderschulen . Zahl der Schüler je Lehrkraft in Sonderschulen Realschulen und Gymnasien . Zahl der Realschüler je Klasse . Zahl der Realschüler je Lehrkraft . Zahl der Realschüler pro 1.000 Einwohner . Zahl der Gymnasialschüler je Klasse . Zahl der Gymnasialschüler je Lehrkraft . Zahl der Gymnasialschüler je 1.000 Einwohner . Zahl der Abgänge mit Abitur pro 10.000 Einwohner Berufsschulen . Zahl der Schüler je Klasse . Zahl der Schüler je Lehrkraft Volkshochschulen . Zahl der durchgeführten Kurse pro 10.000 Einwohner im Alter von 15 bis unter 65 Jahren . Zahl der Belegungen in den Fachgebieten "Naturwissenschaften" und "Verwaltung und kaufmännische Praxis" pro 10.000 Einwohner im Alter von 15 bis unter 65 Jahren	. Prozentualer Anteil der 3-5-jährigen a) in der Vorschule, b) im Kindergarten (nach G.S) . Prozentuale Aufteilung der Schüler nach Schularten (nach A.G.S) . Gewünschte Ausbildung zu tatsächlich in Anspruch genommene Ausbildung (einschl.Studienplatz nach A.G.S) . Schulabschlüsse der Bevölkerung im Verhältnis zur Gesamtbevölkerung (Ausbildungspyramide nach A.G) . Verhältnis Lehrer - Schüler (nach G sowie nach Art der Bildungseinrichtung) - quantitativ . Verhältnis Lehrer - Schüler (nach G sowie nach Art der Bildungseinrichtung) - qualitativ . Verteilung der Lehrinhalte (obj.Verteilung und subj.Bewertung) . Durchschnittl. Verweildauer in Bildungseinrichtungen (nach A.G.S und Art der Bildungseinrichtung) . Ausbildungsplatzangebot (nach Ausbildungseinrichtung) . Geschätze Anzahl und Art der Schulabschlüsse (nach G) . Eingeschriebene Studenten (nach A.G.S und Studienrichtung) . Anmeldungen in Fortbildungseinrichtungen (Art der Fortbildungseinrichtungen, Gründe der Anmeldungen, Anzahl der Abschlüsse sowie nach A.G.S) . Kulturelle Einrichtungen, z.B. Theater, Kino, Museen, Bibliotheken (nach regionaler Verteilung, Anzahl der Besuche, Eintrittspreise etc.)

UMWELT-FAKTOREN	SPES (Sozialpolitisches Informations- und Entscheidungssystem)	Indikatorensystem von GEHRMANN	Katalog gesellschaftlicher Bewertungspakete (DIERKES U.A.)
Fortsetzung: BILDUNGS- UND KULTUREINRICHTUNGEN	**Effizienz** . Anteil der Arbeitslosen ohne Berufsausbildung an den Erwerbstätigen ohne Berufsausbildung . Anteil der Arbeitslosen mit Hochschulabschluß an den Erwerbspersonen mit Hochschulabschluß **Innovationsfähigkeit** . Anteil der Ausgaben für Bildungsforschung und -entwicklung an allen Bildungsausgaben . Anteil der Ausgaben für Lehrerfortbildung an allen Ausgaben für Schulen	**Theater und Konzerte** . Zahl der Theaterveranstaltungen pro 10.000 Einwohner . Zahl der vorhandenen Plätze für Theaterveranstaltungen pro 10.000 Einwohner . Zahl der Konzerte pro 10.000 Einwohner **Bibliotheken** . Zahl der öfftl. Gemeindebibliotheken pro 1.000 Einwohner . Zahl der öffentl. Gemeindebibliotheken (einschl. der Nebenstellen) pro 100.000 Einwohner . Zahl der Fachbüchereien der öffentl. Gemeindebibliotheken pro 1.000 Einwohner . Zahl der "Büchereien insges." (=öff.Gemeindebibliotheken + Werkbüchereien + kirchliche Büchereien) pro 100.00 Einwohner **Museen** . Zahl der Museen pro 100.000 Einwohner . Zahl der qm-Ausstellungsfläche (Bodenfläche) pro 1.000 Einwohner	. Prozentsatz der abgeschlossenen Ausbildung bezogen auf angefangene Ausbildungen (nach Schulen, Berufen.A.G.S) . Bewertung von Bildungsangeboten (nach A.G.S sowie z.B. nach Inhalt, Zugänglichkeit etc.) . Bewertung der innerbetrieblichen und außerbetrieblichen Ausbildung (bezüglich z.B. Weiterkommens, Qualität der Ausbildung, Einschätzung des subj.Nutzens)
KOMMUNIKATIONSMÖGLICHKEITEN UND EINRICHTUNGEN	**Partizipation** . Wahlbeteiligung Bundestagswahl . Wahlbeteiligung Landtagswahlen . Wahlbeteiligung Kommunalwahlen . Quote der Parteimitglieder . Quote der Mitglieder in Bürgerinitiativen . Potentielle Parteimitglieder . Potentielle Mitglieder in Bürgerinitiativen . Politisches Interesse . Gewerkschaftlicher Organisationsgrad . Betriebe mit Betriebsrat . Wahlbeteiligung Sozialwahl . Kirchenmitglieder . Kirchgänger . Quote Vereinsmitglieder **Politisches Vertrauen** . Zufriedenheit mit dem politischen System	**Wahlbeteiligung** . Prozentsatz der Wahlbeteiligung bei der letzten Bundestagswahl (1969) . Prozentsatz der Wahlbeteiligung bei der letzten Kommunalwahl (1968/72) **Jugend und Eltern** . Zahl der Jugendfreizeitstätten, Heime mit offener Tür für Jugendliche u.ä. (von allen Trägern) pro 100.000 Jugendliche im Alter unter 21 Jahren . Zahl der Erziehungsberatungsstellen (von allen Trägern) pro 100.000 Einwohner im Alter von 21 bis 64 Jahren **Sportvereine** . Zahl der Sportvereine pro 10.000 Einwohner . Zahl der Mitglieder in Sportvereinen pro 1.000 Einwohner **Kulturelle Veranstaltungen** . Zahl der Besucher von "eigenen und fremden Theater- und Orchesterveranstaltungen insgesamt" pro 1.000 Einwohner . Zahl der Besucher der Konzerte (ohne 'sonst.Konzerte') pro 1.000 Einwohner **Fremdenverkehr** . Zahl der Fremdenmeldungen pro 1.000 Einwohner . Prozentsatz der Fremdenübernachtungen v.Auslandsgästen / Gesamtzahl Fremdenübernachtg.	**Kommunikation und Information** . Anteil der Telefonanschlüsse im privaten Bereich im Verhältnis zur Gesamtzahl der installierten Anschlüsse (nach A.G.S und staatlich bezuschußten Telefonschlüssen) . Zahl der Rundfunk- bzw. Fernsehlizenzen bezogen auf Haushalte . Verk.Tageszeitungen bzw. Wochenzeitungen bez.auf alle rhaush. . Bewertung der Information von a) Tageszeitungen, b)Rundfunk c) Fernsehen (nach A.G.S) . Bewertung der Information über geplante öfftl.Maßnahmenprogr. (nach A.G.S.) **Teilnahme am öffentl.Leben und sonst.Aktivitäten** . Teilnahme an Wahlen (nach A.G.S) . Ehrenamtliche Tätigkeiten bei der öffentl.Verwaltung und bei Gerichten (z.B.Schöffen, Wahlhelfer; nach A.G.S) . Mitgliedschaft nach Vereinen u. Organisationen (nach A.G.S und Art der Vereine) . Kandidatur bei Wahlen (bei politischen Parteien bzw.bei sonst. Vereinigungen im betriebl., privaten und politischen Bereich, z.B. als Mitglied von politischen Parteien resp.Vereinigg.; nach A.G.S) . Organisation in Bürgerinitiativen (nach A.G.S sowie nach Anlässe . Wahrnehmung v.Einspruchsrechten u.deren Anlässe (unterteilt nach Institutionen, Bürgern, A.G.S)

UMWELT-FAKTOREN	SPES (Sozialpolitisches Informations- und Entscheidungssystem)	Indikatorensystem von GEHRMANN	Katalog gesellschaftlicher Bewertungspakete (DIERKES U.A.)
GESUNDHEITLICHE VERSORGUNG	. Lebenserwartung 0jähriger . Lebenserwartung 30jähriger . Lebenserwartung 60jähriger . Arbeitsunfähigkeitstage je Person und Jahr . Krankenhaustage je Person und Jahr . Invalidenquote . Aufnahmequote in psychiatrische Anstalten . Gesundheitszufriedenheitsindex . Invaliditätsgefälle . Nichtversichertenquote . Perinatale Sterblichkeit . Anteil der Gesundheitskosten am BSP . Getötete und schwerverletzte Personen je 1.000 Einwohner . Täglicher Alkoholkonsum je Erwachsenen (in ml) . Täglicher Zigarettenverbrauch je Erwachsenen (in Stück)	Krankenanstalten . Zahl der Krankenhausbetten je 10.000 Einwohner . Zahl der Ärzte (einschl. der Belegärzte) in Krankenanstalten pro 10.000 Einwohner . Zahl der Ärzte (einschl. der Belegärzte in Krankenanstalten pro 1.000 Krankenbetten . Zahl der Krankenschwestern pro 1.000 Krankenbetten . Zahl des "Pflegepersonals insges." pro 1.000 Krankenbetten . Zahl des "Pflegepersonals insges." pro 10.000 Einwohner Freipraktizierende Ärzte . Zahl der praktischen Ärzte pro 10.000 Einwohner . Zahl der Fachärzte pro 10.000 Einwohner . Zahl der Zahnärzte pro 10.000 Einwohner Apotheken und Kindersterblichkeit . Zahl der Apotheken pro 100.000 Einwohner . Zahl der "gestorbenen Ortsansässigen unter 1 Jahr" pro 1.000 Lebendgeborene ortsansässige Mütter	. Durchschnittliche Lebenserwartung (nach A.G.S) . Lebenserwartung in Gesundheit (nach A.G.S) . Säuglingssterblichkeit (nach Todesursachen, Zeitpunkt -Stunden, Tage -, G.S) . Müttersterblichkeit (nach A.S. Todesursachen) . Sterberaten (nach A.G.S) . Sterbeursachen (nach A.G.S; davon ausgenommen: Unfälle und Kleinkinder bis zu einem Jahr . Sterbefälle durch Unfall (nach A.G.S und Unfallort, z.B. im Haushalt, auf der Straße, am Arbeitsplatz etc.) . Somatische Krankheiten (nach A.G.S); ferner unterteilt nach Dauer der Krankheit: kurzfristig (kürzer als 6 Wochen), langfristig (länger als 6 Wochen) . Psychische Krankheiten (nach A.G.S) . Prozentualer Anteil der Invaliden und Teilinvaliden (Frühinvaliden) an der Erwerbsbevölkerung aufgrund von Krankheit (nach A.G.S) . Prozentualer Anteil der Bevölkerung, die sich im Krankenhaus befindet (nach Gründen, A.G.S und Dauer) . Unfallverletztenrate (nach A.G.S sowie nach Schweregrad des Unfalls und Unfallort: Arbeitsplatz, Urlaub, Straße, Haushalt) . Prozentualer Anteil der Behinderten an der Wohnbevölkerung (nach Art der Behinderung sowie A.G.S) . Inanspruchnahme von gesetzlichen Vorsorgeuntersuchungen (nach A.G.S sowie nach Anlässen, z.B. Krebs, Schwangerschaft u. Zahnmedizin) . Mangelhafte Ernährung (nach A.G.S, Art des Mangels, z.B. Vitaminmangel) . Kalorien- und Nährwertgehalt des Nahrungsverbrauchs je Kopf und Tag (nach A.G.S) . Anteil der Abtreibungen bezogen auf Geburten (nach A.S) . Bewertung der medizinischen Versorgung der Bevölkerung (nach A.G.S hinsichtlich z.B. Kosten, Qualität der Dienstleistung, Zugänglichkeit) . Inanspruchnahme von medizinischen Einrichtungen (nach A.G.S. sowie nach Gründen und Art der Einrichtungen) . Einschätzung des eigenen Gesundheitszustandes und der psychischen Belastung (nach A.G.S)

Anlagen

UMWELT-FAKTOREN	SPES (Sozialpolitisches Informations- und Entscheidungssystem)	Indikatorensystem von GEHRMANN	Katalog gesellschaftlicher Bewertungspakete (DIERKES U.A.)
PRIVATE VERSORGUNGS- UND DIENSTLEISTUNGS- EINRICHTUNGEN		Gaststätten- und Beherbergungswesen . Zahl der Arbeitsstätten im "Gaststätten- und Beherbergungswesen" pro 10.000 Einwohner . Zahl der laufend verfügbaren Betten in Hotels, Gasthöfen, Fremdheimen, Pensionen und Hospize (ausgenommen Betten in Privatquartieren) pro 10.000 Einwohner	
EINKAUFSSTÄTTEN		Einzelhandelsgeschäfte . Zahl der Arbeitsstätten der "gesamten Einzelhandelsgeschäfte" pro 10.000 Einwohner . durchschnittl. Zahl der Beschäftigten pro Arbeitsstätte in den "gesamten Einzelhandelsgeschäften" . Zahl der Arbeitsstätten von "Nahrungs- und Genußgeschäften einschl. Gemischtwarenhandel" pro 10.000 Einwohner . durchschnittl. Zahl der Beschäftigten pro Arbeitsstätte in "Nahrungs- und Genußmittelgeschäften einschl. Gemischtwarenhandel" . Zahl der Wochenmarktstände pro 10.000 Einwohner . Marktflächenangebot in qm je Einwohner . Zahl der Markttage pro Jahr auf allen Marktplätzen	
WOHNUNGSSITUATION	Versorgung . Versorgungsniveau mit Wohnungen . Leerwohnungsziffer . Versorgungsniveau mit Wohnräumen . Versorgungsniveau mit Wohnfläche . Extremer Armutsstandard . Minimalstandard . Maximalstandard . Haushalte in Wohngelegenheiten Ausstattung . Minimalstandard . Maximalstandard	Dichteziffern . Zahl der Einwohner pro qkm . Zahl der Personen pro Wohngebäude . Zahl der Räume pro Wohnung . Zahl der Räume pro Person . Wohnfläche pro Person Gebäude- und Wohnungsausstattung . Zahl der Wohnungen in "nach 1948 gebauten Gebäuden" pro 1.000 Wohnungen . Zahl der "Wohnungen mit Bad, WC und Sammenheizung" pro 1.000 Wohnungen . Zahl der Wohnungen mit "Einzel- oder Mehrraumöfen für Kohle, Holz oder Torf" pro 1.000 Wohnungen . Zahl der in "Wohngelegenheiten" lebenden Personen pro 10.000 Personen	. Wohnungsqualität (Zimmer pro Person, Quadratmeter pro Person, Ausstattung, z.B. Bad, Dusche, Heizung, WC, Alter der Wohnung, Bewohnung nach Schicht und Nationalität) . Mietausgaben pro qm bezogen auf Haushaltseinkommen (nach Haushaltstypen) . Wohnungsstruktur a) zur Miete wohnen: (nach A.S) .sozialer Wohnungsbau .freier Wohnungsbau .Untermiete .Betriebswohnungen b) Eigentum (nach A.S) .Eigentumswohnungen .Häuser . Bestehende Wohnungen (nach Ausstattung, Größe, Umgebung und Mieten)

UMWELT-FAKTOREN	SPES (Sozialpolitisches Informations- und Entscheidungssystem)	Indikatorensystem von GEHRMANN	Katalog gesellschaftlicher Bewertungspakete (DIERKES U.A.)
Fortsetzung: WOHNUNGSSITUATION	Kosten / Sicherheit . Durchschnittl.Mietbelastung . Tragbarkeit der Mietbelastung . Haushalte mit Wohnungseigentum . Häufigkeit von Wohnungseigentum im Vergleich Arbeiter/Angestellte . Häufigkeit von Wohnungseigentum im Vergleich Selbständige/Arbeiter	Eigentumsverhältnisse / Miete / Wohnungsrohzugang . Zahl der "Wohngebäude mit 1 oder 2 Wohnungen" pro 1.000 Wohngebäude . Zahl der Eigentümer pro 1.000 Wohnparteien . durchschnittl.Miethöhe in DM je qm-Altbauwohnung . durchschnittl.Miethöhe in DM je qm-Neubauwohnung . Zahl der Zugänge an neuen Wohnungen pro 1.000 Wohnungen des Wohnungsbestandes (in 1973)	
ENGERE WOHNUMGEBUNG	. Lärmbelastung von Wohnungen . Gestörte Sozialbeziehungen in der engeren Wohnumwelt		. Wohnumgebung (nach Lage, Entfernung zum Arbeitsplatz, Infrastruktur, Freizeitwert, Kinderspielplatz etc.) . Wohndichte (nach Wohnungen und Bewohner pro qm) . Bewertung der Wohnqualität (nach A.G.S. hinsichtlich Wohnumgebung, soziale Kontakte, Belästigungen, z.B. Lärm, Schmutz) . Wohnwünsche (unterteilt nach Wohnqualität und Umgebung) (nach A.G.S.)
ERNÄHRUNGS- UND KONSUMGEWOHNHEITEN			. Prozentualer Anteil der Bevölkerung mit Übergewicht (nach G und A sowie Ausmaß) . Anteil der Raucher (nach A.G) . Pro-Kopf-Verbrauch an alkoholischen Getränken (nach A.G.S sowie Art des Alkohols, z.B. Bier, Wein, Schnaps) . Verbrauch an Arzneimitteln (nach A.G.S.)
VERKEHRSINFRASTRUKTUR	. Verfügungsquote privater Verkehrsmittel . Zugang zum kollektiven Personennahverkehr . Erwerbstätigenquote mit zu langen Pendelzeiten . Verkehrsrisiko der Gesamtbevölkerung . Verkehrsrisiko der Kinder . Verkehrsrisiko älterer Menschen . Staatliche "positive" Kosten des Verkehrssektors . Private "positive"Kosten des Verkehrssektors . Haushaltsquote mit hoher finanzieller Belastung durch die Befriedigung von Verkehrsgrundbedürfnissen . Gesamtwirtschaftlicher Energieverbrauch des Verkehrssektors	Straßenverkehrsunfälle . Zahl der "Straßenverkehrsunfälle insgesamt" pro 10.000 Einwohner (Unfälle "mit nur Sachschaden" und Unfälle "mit Personenschaden") . Zahl der Straßenverkehrsunfälle "mit Personenschaden" pro 1.000 KfZ (Kraftfahrtrisiko) . Zahl der Verunglückten (Verletzte und Getötete) pro 1.000 Einwohner (Verkehrsrisiko) . Zahl der Verletzten pro "Straßenverkehrsunfall mit Personenschaden (Unfallschwere) . Zahl der Getöteten pro 1.000 "Straßenverkehrsunfälle" mit Personenschaden (Unfallschwere)	

UMWELT-FAKTOREN	SPES (Sozialpolitisches Informations- und Entscheidungssystem)	Indikatorensystem von GEHRMANN	Katalog gesellschaftlicher Bewertungspakete (DIERKES U.A.)
VERKEHRSINFRASTRUKTUR *Fortsetzung:*	. Flächenverbrauch des Verkehrssystems . Quote der durch Verkehrslärm gestörten Personen	Öffentliche Verkehrsbetriebe . Fahrzeugbestand an "Straßenbahn, Obus und Kraftomnibus" pro 10.000 Einwohner im Einzugsgebiet . Zahl der beförderten Personen pro Einwohner im Einzugsgebiet . Zahl der geleisteten Personen-km pro Einwohner im Einzugsgebiet . angebotene Platz-km von "Straßenbahn, Obus und Kraftomnibus" pro Einwohner im Einzugsbereich . gefahrene Wagen-km von "Straßenbahn, Obus und Kraftomnibus" pro Einwohner im Einzugsbereich Straßen und PKW-Einstellplätze . Zahl der KfZ auf 1 km "Straßen des überörtlichen Verkehrs und der Gemeindestraßen" . Prozentsatz der Gemeindestraßen (in km) mit einer Fahrbahnbreite unter 5 m . Zahl der "PKW-Stellplätze insges." pro 1.000 PKW . Prozentzahl der PKW-Stellplätze auf "ausschließlich zum Parken verwendete Flächen" . Prozentsatz der PKW-Stellplätze in "Parkhäusern, Hoch- und Tiefgaragen" Gemeindliches Feuerwehrwesen . Zahl des Einsatzpersonals der Berufsfeuerwehr pro 10.000 Einwohner . Zahl der ständig besetzten Feuerwachen pro 100.000 Einwohner . Zahl der Löschfahrzeuge (ohne Schlauchwagen, Gerätewagen u.ä.) pro 100.000 Einwohner Müllabfuhr und Stadtentwässerung . Prozentsatz der Bevölkerung mit Anschluß an die Müllabfuhr . Gesamtfassungsvermögen aller Fahrzeuge der Müllabfuhr in cbm pro 10.000 Einwohner . Prozentsatz der Bevölkerung mit Anschluß an die Stadtentwässerung	

Sozialpolitisches Entscheidungs- und Indikatorensystem (SPES) - Indikatorentableau[1] - Auszug -			Anlage 2

Idealer Indikator	Zielbereich; Zieldimension	Lfd.Nr.	SPES-Indikator
	I. BEVÖLKERUNG		
	1. Bevölkerungswachstum		
	1.1 Bevölkerungsveränderung	1	Veränderung der Bevölkerungsgröße
		2	Natürliches Bevölkerungswachstum
		3	Ausländerquote
	1.2 Stabilität im Altersaufbau	4	Abweichung einer gegebenen Altersstruktur von der stationären Bevölkerung
	1.3 Stabilität im generativen Verhalten	5	Nettoreproduktionsziffer
	2. Haushaltsstruktur		
	2.1 Kontraktionstendenz	6	Anteil der 3- und 4-Generationshaushalte
		7	Bevölkerungsanteil in Großhaushalten
Anteil alleinstehender Menschen	2.2 Solitarisierung	8	Bevölkerungsanteil in Einpersonenhaushalten
		9	Anstaltsquote
	3. Familienstruktur		
	3.1 Eheneigung	10	Verheiratetenquote der 35- bis 45jährigen
		11	Durchschnittl. Heiratsalter lediger Personen
	3.2 Stabilität von Ehe und Familie	12	Nicht-ehelich Geborenenquote
		13	Scheidungsquote
		14	Wiederverheiratungsquote
		15	Unvollständige Familien

1) ZAPF, Wolfgang, Lebensbedingungen in der Bundesrepublik, Frankfurt/New York 1977, S. 78

Idealer Indikator	Zielbereich; Zieldimension	Lfd.Nr.	SPES-Indikator
	3.3 Familientypen	16	Kinderlose Ehen
		17	Familien mit einem Kind
		18	Familien mit 4 und mehr Kindern
	3.4 Eheliche Fruchtbarkeit	19	Familienzuwachsziffern
		20	Gewünschte Kinderzahl
	3.5 Disparität der Verwitwung	21	Sexualproportion über 65jähriger verwitweter Personen
	4. Belastung der aktiven Bevölkerung		
Belastungen der "aktiven", d.h. der erwerbstätigen Bevölkerung, die zur Entstehung des Sozialprodukts beiträgt, durch die nichterwerbstätige Bevölkerung	4.1 Gesamtbelastung	22	Nichterwerbspersonenquote
Belastung der "aktiven" Bevölkerung durch Kinder, die noch nicht am Bildungsprozeß teilnehmen	4.2 Kinderlast	23	Kinderquote
Belastung der "aktiven" Bevölkerung durch alle diejenigen Personen, die sich in der Ausbildung befinden	4.3 Bildungslast	24	Bildungsquote
Belastung der "aktiven" Bevölkerung durch alle diejenigen, die aus Alters- oder Invaliditätsgründen bereits aus dem Produktionsprozeß ausgeschieden sind	4.4 Altenlast	25	Altenquote
	5. Migration, Agglomeration		
	5.1 Bevölkerungsverdichtung	26	Bevölkerungsdichte in Kernstädten
		27	Anteil der Bevölkerung in Kernstädten

Idealer Indikator	Zielbereich; Zieldimension	Lfd.Nr.	SPES-Indikator
Anteil der Personen, die aus ländlichen Gebieten in Stadtgebiete ziehen	5.2 Stadt-Land-Wanderung	28	Veränderung der Bevölkerung in Kernstädten
Anteil der Personen, die aus Stadtgebieten in ausländische Gebiete ziehen			
		29	Veränderung der Bevölkerung in verstädterten Zonen
		30	Veränderung der Bevölkerung in Randzonen
Anzahl der Fälle, in denen Personen ihren lokalen Lebensraum verändern	5.3 Regionale Mobilität	31	Binnenwanderquote
	II. SOZIALER STATUS UND MOBILITÄT		
	1. Sozio-ökonomischer Status	32	Agrarbevölkerung
		33	Alter Mittelstand
		34	Neuer Mittelstand -Angestellte-
		35	Neuer Mittelstand - Beamte-
		36	Arbeiterklasse
		37	Rentner
	2. Häufigkeit sozialer Mobilität		
Beruflicher Status, Vater-Sohn-Korrelation mit Duncan-Skala oder Äquivalent	2.1 Häufigkeit beruflicher Intergenerationenmobilität	38	Mobilitätsquote
	3. Aufstiegschancen		
Abstromquote in nichtbenachbarte höhere Berufskategorien, intergenerational	3.1 Chancen intergenerationaler beruflicher Aufstiege	39	Aufstiegsquote (intergenerational)
Abstromquote in nichtbenachbarte höhere Berufskategorien, intragenerational	3.2 Chancen intragenerationaler beruflicher Aufstiege	40	Aufstiegsquote (intragenerational)

Idealer Indikator	Zielbereich; Zieldimension	Lfd.Nr.	SPES-Indikator
	4. Abstiegschancen		
Abstromquote in nicht-benachbarte niedrigere Berufskategorien, intergenerational	4.1 Chancen intergenerationaler beruflicher Abstiege	41	Abstiegsquote (intergenerational)
Abstromquote in nicht-benachbarte niedrigere Berufskategorien, intragenerational	4.2 Chancen intragenerationaler beruflicher Abstiege	42	Abstiegsquote (intragenerational)
	5. Strukturelle Mobilität		
Dissimilaritätsindices	5.1 Erzwungene intergenerationale berufliche Mobilität	43	Strukturmobilitätsquote
	6. Soziale Stabilität		
Immobilitätsquote intergenerational	6.1 Soziale Vererbung	44	Vererbungsquote
	7. Soziale Heterogenität		
Fremdrekrutierungsquote intergenerational	7.1 Fremdrekrutierung	45	Fremdrekrutierungsquote
	8. Chancengleichheit		
Vererbungsquote (Abweichungen von den Erwartungswerten)	8.1 Intergenerationale berufliche Chancengleichheit in den Zielchancen	46	Grad der repräsentativen Chancenungleichheit
Vererbungsquote (Abweichungen von den Erwartungswerten bei konstanten Bildungsabschlüssen)	8.2 Intergenerationale berufliche Chancengleichheit in den Startchancen	47	Grad der bedingten Chancenungleichheit

KATALOG GESELLSCHAFTLICHER BEWERTUNGSPAKETE [1]

Anlage 3

Nr.	Ref.	Bezeichnung	kurzfristig (1)	mittelfristig (2)	langfristig (3)	subjektiv (4)	objektiv (5)	Zustandsgröße (6)	Stromgröße (7)
I		**Gesundheit**							
1	1, 3, 4a, 8, 10, 12, 13	Durchschnittliche Lebenserwartung (nach A.G.S)			•		•	•	
2	3, 8	Lebenserwartung in Gesundheit (nach A.G.S)		•			•	•	
3	1, 3, 8, 11, 12	Säuglingssterblichkeit (nach Todesursachen, Zeitpunkt (Stunden, Tage), G, S)	•				•	•	
4	3, 11	Muttersterblichkeit (nach A. S. Todesursachen)	•				•	•	
5	1, 11, 12	Sterberaten (nach A, G, S)	•				•		•
6	1, 4a, 10, 11, 12	Sterbeursachen (nach A, G, S, davon ausgenommen: Unfälle und Kleinkinder bis zu einem Jahr)			•		•	•	
7	3, 11, 12	Sterbefälle durch Unfall (nach A, G, S und Unfallort (z. B. im Haushalt, auf der Straße, am Arbeitsplatz etc.)	•				•	•	
8	4b, 8, 11	Somatische Krankheiten (nach A. G. S), ferner unterteilt nach Dauer der Krankheit, kurzfristig (kürzer als 6 Wochen), langfristig (länger als 6 Wochen)		•			•	•	
9		Psychische Krankheiten (nach A. G. S)		•			•	•	
10	10, 12	Prozentualer Anteil der Invaliden und Teilinvaliden (Frühinvaliden) an der Erwerbsbevölkerung aufgrund von Krankheit (nach A. G. S)		•			•	•	
11		Prozentualer Anteil der Bevölkerung, die sich im Krankenhaus befindet (nach Gründen, A. G. S und Dauer)	•				•	•	
12	10	Unfallverletztenrate (nach A. G. S sowie nach Schweregrad des Unfalls und Unfallort (Arbeitsplatz, Urlaub, Straße, Haushalt))	•				•	•	
13	4b, 11	Prozentualer Anteil der Behinderten an der Wohnbevölkerung (nach Art der Behinderung sowie A. G. S)		•			•	•	
14	10	Inanspruchnahme von gesetzlichen Vorsorgeuntersuchungen (nach A. G. S sowie nach Anlässen, z. B. Krebs, Schwangerschaft, Zahnmedizin)	•				•	•	
15	12, 11	Mangelhafte Ernährung (nach A. G. S, Art des Mangels, z. B. Vitaminmangel)		•			•	•	
16	11	Kalorien- und Nährwertgehalt des Nahrungsverbrauchs je Kopf und Tag (nach A. G. S)	•				•		•

[1] Die Erläuterungen finden sich im Anschluß an die Liste

Nr.	Ref.	Bezeichnung	(1)	(2)	(3)	(4)	(5)	(6)	(7)
17	12	Prozentualer Anteil der Bevölkerung mit Übergewicht (nach G und A sowie Ausmaß)		•			•	•	
18	12	Anteil der Raucher (nach A und G)		•			•	•	
19	12	Pro-Kopf-Verbrauch an alkoholischen Getränken (nach A, G, S sowie Art des Alkohols, z. B. Bier, Wein, Schnaps)	•				•		
20		Verbrauch an Arzneimitteln (nach A, G, S)					•		
21	10	Anteil der Abtreibungen bezogen auf Geburten (nach A, S)		•			•	•	
22		Bewertung der medizinischen Versorgung der Bevölkerung (nach A, G, S hinsichtlich z. B. Kosten, Qualität der Dienstleistung, Zugänglichkeit)				•	•		
23	6, 8	Inanspruchnahme von medizinischen Einrichtungen (nach A, G, S sowie nach Gründen und Art der Einrichtungen)		•			•		
24		Einschätzung des eigenen Gesundheitszustandes und der psychischen Belastung (nach A. G. S)				•		•	
II		**Bevölkerung**							
25	1, 10, 11, 12	Jährliche Wachstumsrate (G)	•				•		
26	11	Bevölkerungsstruktur (nach A. G. sowie Beruf und Nationalität)			•		•	•	
27	12	Regionale Bevölkerungsverteilung (z. B. Stadt- und Landbevölkerung sowie nach A und S)					•	•	
28	12	Anteil der Erwerbstätigen an der Gesamtbevölkerung (nach A, G)	•				•	•	
III		**Lernen und Bildung**							
29	3, 11	Prozentualer Anteil der 3-5jährigen a) in der Vorschule, b) im Kindergarten (nach G, S)		•			•		
30	3, 11	Prozentuale Aufteilung der Schüler nach Schularten (nach A, G, S)		•			•		
31	3, 12	Gewünschte Ausbildung zu tatsächlich in Anspruch genommener Ausbildung (einschl. Studienplatz nach A, G, S)				•		•	
32	1, 12	Schulabschlüsse der Bevölkerung im Verhältnis zur Gesamtbevölkerung (Ausbildungspyramide nach A, G)			•		•		

[1] Vgl. DIERKES, M., u.a.: Leistungsanalysen sozialer Systeme und Lebensqualität, in: Michalsky, W. (Hrsg.), Industriegesellschaft im Wandel - Probleme, Lösungsmöglichkeiten, Perspektiven, Hmbg. 1977

Anlagen

Nr.			Strukturierungskriterien							
				(1)	(2)	(3)	(4)	(5)	(6)	(7)
33	4a, 6, 12		Verhältnis: Lehrer – Schüler (nach G sowie nach Art der Bildungseinrichtung) – quantitativ	●				●	●	
34	4a, 6, 12		Verhältnis: Lehrer – Schüler (nach G sowie nach Art der Bildungseinrichtung) – qualitativ	●			●		●	
35	4a		Verteilung der Lehrinhalte (obj. Verteilung und subj. Bewertung)	●			●	●	●	
36	8		Durchschnittliche Verweildauer in Bildungseinrichtungen (nach A, G, S und Art der Bildungseinrichtung)	●			●		●	●
37	4b		Ausbildungsplatzangebot (nach Ausbildungseinrichtung)	●			●	●	●	
38	12		Geschätzte Anzahl und Art der Schulabschlüsse (nach G)			●		●	●	
39	12		Eingeschriebene Studenten (nach A, G, S und Studienrichtung)	●				●	●	
40	1, 2, 4a, 12		Anmeldungen in Fortbildungseinrichtungen (Art der Fortbildungseinrichtungen, Gründe der Anmeldungen, Anzahl der Abschlüsse sowie nach A, G, S)	●				●	●	
41	8		Kulturelle Einrichtungen, z. B. Theater, Kino, Museen, Bibliotheken (nach regionaler Verteilung, Anzahl der Besuche, Eintrittspreise etc.)				●	●		
42	1		Prozentsatz der abgeschlossenen Ausbildungen bezogen auf angefangene Ausbildungen (nach Schulen, Berufen, A, G, S)				●	●		
43	2		Bewertung von Bildungsangeboten (nach A, G, S sowie z. B. nach Inhalt, Zugänglichkeit etc.)				●	●	●	
44	4a		Bewertung der innerbetrieblichen und außerbetrieblichen Ausbildung (bezüglich z. B. beruflichen Weiterkommens, Qualität der Ausbildung, Einschätzung des subjektiven Nutzens)				●	●		
IV	**Soziale Mobilität**									
45			Berufsabschluß bezogen auf Berufsabschluß des Vaters (nach A, G)					●	●	
46	8		Stellung im Beruf bezogen auf Stellung im Beruf des Vaters (Intergenerations-Mobilität) (nach A, G)					●	●	
47	8		Verteilung der Schüler nach Schularten bezogen auf Beruf des Vaters (nach G)	●				●	●	
48	6, 11		Studenten an den Universitäten bezogen auf Stellung des Vaters im Beruf (nach A, G, S)	●				●	●	

			Strukturierungskriterien							
				(1)	(2)	(3)	(4)	(5)	(6)	(7)
49			Stellung im Beruf bezogen auf Schulabschluß (Intergenerations-Mobilität) (nach A, G)	●				●	●	
V	**Freizeit**									
50	1		Freizeitstruktur (Zeitbudget, z. B. täglich, Wochenende, Urlaub, differenziert nach A, G, S)	●				●	●	
51	1, 2, 4a		Freizeitaktivitäten (außerhalb des Hauses, innerhalb des Hauses sowie nach Einkommen, Wohnort, A, G)	●				●	●	
52	4a		Prozentualer Anteil der Unfälle, die sich in der Freizeit ereignen, bezogen auf die Menge aller erfaßten Unfälle (nach A, G, S)	●				●	●	
53	4a, 12		Bewertung der Freizeitaktivitäten (hinsichtlich der Möglichkeiten, Einrichtungen, einschließlich Parks etc., Kosten etc. sowie nach A, G und Wohnlage)	●			●	●	●	
54			Bedeutung von Freizeit für den einzelnen (einschließlich Wünsche; nach A, G, S sowie Wohnlage)	●				●	●	
VI	**Wohnen**									
55	1, 3, 12		Wohnungsqualität (Zimmer pro Person, Quadratmeter pro Person, Ausstattung z. B. Bad, Dusche, Heizung, WC, Alter der Wohnung; Bewohnung nach Schicht und Nationalität)	●				●	●	
56	12		Mietausgaben pro Quadratmeter bezogen auf Haushaltseinkommen (nach Haushaltstypen)	●				●	●	
57	4b, 6, 12		Wohnungsstruktur (a) zur Miete wohnen: (nach A, S) ● sozialer Wohnungsbau ● freier Wohnungsbau ● Untermiete ● Betriebswohnungen (b) Eigentum (nach A, S) ● Eigentumswohnungen ● Häuser					●		
58			Bestehende Wohnungen (nach Ausstattung, Größe, Umgebung und Mieten)	●			●	●		
59			Wohnumgebung (nach Lage, Entfernung zum Arbeitsplatz, Infrastruktur, Freizeitwert, Kinderspielplatz etc.)	●				●	●	

Anlagen

Nr.		Beschreibung	(1)	(2)	(3)	(4)	(5)	(6)	(7)
60		Wohndichte (nach Wohnungen und Bewohner pro Quadratmeter)		●					
61		Bewertung der Wohnqualität (nach A, G, S, hinsichtlich Wohnumgebung, soziale Kontakte, Belästigungen, z. B. Lärm, Schmutz)		●	●	●	●		
62	4b	Wohnwünsche (unterteilt nach Wohnqualität und Umgebung) (nach A, G, S)			●	●	●		
VII	**Arbeit**								
63	12	Erwerbsquote und bereinigte Erwerbsquote (nach A, G, Familienstatus)	●				●	●	
64	3	Weibliche Erwerbsquote (nach Sektoren, Zweigen und Branchen sowie A, S)	●				●	●	
65	1, 6	Arbeitslosenquote (nach Gründen und Länge der Arbeitslosigkeit sowie nach Sektoren, Zweigen und Branchen sowie A, G, S)	●				●	●	
66	12	Anteil der Angestellten, Selbständigen, Beamten und Arbeiter an der Altersgruppe der 15-65jährigen Wohnbevölkerung (nach A, G)	●				●	●	
67	12	Prozentualer Anteil der Frauen in den Hauptberufsgruppen (unterteilt nach A und Familienstatus)	●				●	●	
68	1	Krankheitsrate (unterteilt nach Krankheiten aufgrund von Arbeitsunfällen, Berufskrankheiten, sonstigen Krankheiten sowie A, G, S)			●		●	●	
69	11	Stellung der Erwerbstätigen (15-65jährigen) im Beruf (nach Schulabschluß sowie A, G, S)			●		●	●	
70	11	Ausländische Arbeitnehmer (nach Stellung im Beruf sowie A und Beruf)	●				●	●	
71	11	Umschulung (prozentualer Anteil der Umschuler an den Erwerbspersonen unter Angabe der Umschulungsgründe und früherer/neuer Beruf sowie A, G, S)			●		●	●	
72	6	Arbeitsplatzwechsel (nach Gründen, A, G, S)	●				●	●	
73	1, 6, 12	Objektive Arbeitsbedingungen (nach Berufsabschlüssen, Stellung im Beruf und A, G, z. B. hinsichtlich Nettoeinkommen, Arbeitszeit, bezahlte und unbezahlte Überstunden, Schichtarbeit, Entfernung zur Arbeit, durchschnittlicher bezahlter Urlaub, Lärmbelastung etc.)			●		●	●	
74	12	Streikquote und Aussperrungen (nach Branchen)	●				●	●	
75		Anzahl der Streikenden (nach A, G und Branchen)	●				●	●	
76		Organisationsgrad der Arbeitnehmer (nach A, G und Branchen)	●				●	●	
77	6	Möglichkeiten der Mitbestimmung (nach Branchen)	●				●	●	
78	11, 12	Einschätzung der Arbeitsplatzsicherheit (nach A, G, Stellung in Beruf und Branche)		●		●	●		
79	11, 12	Bewertung des Arbeitsinhaltes (nach beruflicher Stellung, A, G)			●	●	●		
80		Materielle Bewertung des Arbeitsplatzes (nach A, G und beruflicher Stellung)			●	●	●		
81		Soziale Bewertung des Arbeitsplatzes (nach A, G und beruflicher Stellung)			●	●	●		
VIII	**Sicherheit und Kriminalität**								
82	1, 6, 12	Anzahl der Delikte (nach Schwere und Art, z. B. Eigentumsdelikte, Gewaltverbrechen, Wirtschaftsverbrechen), aufgeteilt nach Tätern (Betrunkene und Nicht-Betrunkene; zurechnungsfähig und nicht-zurechnungsfähig; strafmündig und nicht-strafmündig sowie A, G, S)			●		●	●	
83	11	Aufklärungsquote (nach Art der Delikte sowie A, G, S)			●		●	●	
84	10	Rückfallquote (nach Delinquenten und Delikten sowie A, G, S der Delinquenten)	●				●	●	
85	10	Mehrfachopfer (nach Delikten und A, G, S der Opfer)			●		●	●	
86	12	Untersuchungshäftlinge (aufgeteilt nach Delikten, Dauer der Untersuchungshaft und A, G, S der Untersuchungshäftlinge)	●				●	●	
87	1, 10	Beziehungen zwischen Täter und Opfer (verwandt, persönlich bekannt, unbekannt, differenziert nach Delikten)			●		●	●	
88	2	Bewertung der individuellen Sicherheit (nach A, G, S)			●		●	●	
89	2	Bewertung der Gleichbehandlung (z. B. im privaten, administrativen und gerichtlichen Bereich nach A, G, S)			●	●	●		
IX	**Physische Umwelt**								
90	12	Struktur des Landes (hinsichtlich Städten, Ackerland, Wald sowie nach Regionen)	●				●	●	
91	1, 8	Bewertung der natürlichen Umweltbedingungen (z. B. Wasser, Luft, Lärm, Entwicklungsräume, Erholungsräume, Bodennutzung etc.)			●	●	●		
92	1, 8	Bewertung der geschaffenen Umweltbedingungen (Städte, Wohnviertel, Verkehrswege etc.)			●	●	●		

Strukturierungskriterien

Anlagen

			Strukturierungskriterien						
			(1)	(2)	(3)	(4)	(5)	(6)	(7)
X		**Einkommen**							
93	14, 4b, 6, 10, 11	Einkommenswachstum je Einwohner (differenziert nach A, G, S)	●				●		
94	14, 4b, 6, 10, 11	Private Einkommensquote (differenziert nach A, G, S)	●				●	●	
95	1, 13, 11, 12, 14	Durchschnittliches Brutto- und Nettoeinkommen (unterteilt nach A, G, S sowie nach Art des Einkommens und Haushaltstypen)					●	●	
96	12	Einkommensverteilung, z. B. Lorenzkurve, Gini-Koeffizient (nach A, G, S)		●			●	●	
97	1, 3, 11, 12, 14	Verteilung der durchschnittlichen Einkommen (obere 5 v. H. der Haushalte, untere 20 v. H. der Haushalte, unterteilt nach Einkommenstypen)	●				●	●	
98	1, 3, 14	Armutsrate (nach A, G)					●	●	
99	14	Nebeneinkommensquote (bei Arbeiterhaushalten)		●			●	●	
100	14	Einkommen-Vielfaches (bei Frauen, Gastarbeitern, Arbeitern und Selbständigen)					●	●	
101	10	Lebenshaltungskostenindex (nach Haushaltstypen)	●				●	●	
102	1, 6	Wohlstandsstruktur (aufgeteilt nach durchschnittlichem Einkommen, Vermögen, Schulden: nach A, G, S)		●			●	●	
103	1, 4b, 6, 10	Ausgabenarten (notwendiger Bedarf, Luxus, Reisen, Wohnung, nach A, G, S)		●			●		●
XI		**Familie**							
104	12	Anzahl der Eheschließungen und Scheidungen (nach zeitlicher Dauer der Ehe sowie nach A, S)	●				●	●	
105	12	Familiengründung (durchschnittliches Heiratsalter, durchschnittliches Alter der Ehepartner bei Geburt des ersten Kindes nach G, S)					●	●	
106	12	Durchschnittsgröße der Familien (nach Schicht)		●			●	●	
107	12	Anzahl der Kinder über 18 Jahre, die noch zu Hause leben (nach A, G, S)		●			●	●	
108	9	Anzahl der unvollständigen Familien, bei denen a) eine Frau Haushaltsvorstand, b) ein Mann Haushaltsvorstand ist (nach A, S)		●			●	●	

			Strukturierungskriterien						
			(1)	(2)	(3)	(4)	(5)	(6)	(7)
XII		**Kommunikation und Information**							
109	11	Anteil der Telefonanschlüsse im privaten Bereich im Verhältnis zur Gesamtzahl der installierten Anschlüsse (nach A, G, S und staatlich bezuschußten Telefonanschlüssen)	●				●	●	
110	11	Zahl der Rundfunk- bzw. Fernsehlizenzen bezogen auf alle Haushalte	●				●	●	
111	11	Verkaufte Tageszeitungen bzw. Wochenzeitungen bezogen auf alle Haushalte	●				●		●
112	11	Bewertung der Information von (a) Tageszeitungen, (b) Rundfunk, (c) Fernsehen (nach A, G, S)		●			●		
113	11	Bewertung der Informationen über geplante öffentliche Maßnahmenprogramme (nach A, G, S)		●			●	●	
XIII		**Teilnahme am öffentlichen Leben und sonstige Aktivitäten**							
114	10	Teilnahme an Wahlen (nach A, G, S)	●				●	●	
115	10	Ehrenamtliche Tätigkeiten bei der öffentlichen Verwaltung und bei Gerichten (z. B. Schöffen, Wahlhelfer; nach A, G, S)		●			●	●	
116	10	Mitgliedschaft in Vereinen und Organisationen (nach A, G, S und Art der Vereine)		●			●	●	
117	10	Kandidatur bei Wahlen (bei politischen Parteien bzw. bei sonstigen Vereinigungen, im betrieblichen, privaten und politischen Bereich, z. B. als Mitglied von politischen Parteien resp. Vereinigungen; nach A, G, S)				●		●	●
118		Organisation in Bürgerinitiativen (nach A, G, S sowie deren Anlässe)		●			●	●	
119		Wahrnehmung von Einspruchsrechten und deren Anlässe (unterteilt nach Institutionen sowie nach Bürgern und A, G, S)		●			●	●	

Anlage 4

AUFLISTUNG DER SOZIALINDIKATOREN DES POLIS-MODELLS

(7) Naherholungs- und Grünanlagen — Öffentliche Grünflächen [1]

(8) Sportanlagen — Sport- und Spielplätze in ha, Sporthallen in ha bebauter Flächen, Freibäder in ha Grundstücksflächen, Hallenbäder in ha bebauter Flächen, Personal für Freizeit- und Sporteinrichtungen

(9) Sozialeinrichtungen — Kindertagesstättenplätze für o-5jährige, Kindertagesstättenplätze für 6-14jährige, Plätze in Altenwohnungen, Plätze in Altenheimen, Plätze in Altenpflegeheimen

(1o) Bildungs- u. Kultureinrichtungen — Grundschulklassen, Hauptschulklassen, Klassen in Gymnasien, Studienplätze in Hochschuleinrichtungen, Lehr- und Dienstpersonal für Bildungseinrichtungen

(11) Kommunikationsmöglichkeiten und -einrichtungen — Plätze in Jugendfreizeitheimen, Plätze in Altenclubs, Personal in Kommunikationseinrichtungen

(12) Gesundheitliche Versorgung — Bettenzahl der Krankenhäuser, Platzzahl der Heilstätten

(14) Einkaufsstätten — Einzelhandelseinrichtungen Nahversorgungsbereich, Einzelhandelseinrichtungen generelle Versorgung, Einstellplätze für Einzelhandelseinrichtungen, Parkhäuser für Einzelhandelseinrichtungen, Tiefgaragen für Einzelhandelseinrichtungen Parkpaletten für Einzelhandelseinrichtungen

---

[1] Bei den nachfolgenden Wiedergaben der Indikatoren wird auf die Angabe der Relationsgrößen (hier etwa: pro tausend Einwohner) verzichtet.

(15)	Wohnungs-situation	Wohnfläche je Wohnraum Wohnräume je Wohneinheit Einwohner je Wohnraum Wohngebäude nach Baualter Wohngebäude nach Ausstattung Wohnungsbedarf
(16)	Wohnumgebung	Anzahl der Wohngebäude Anzahl der Einfamilienhäuser Geschoßfläche der Wohngebäude Wohnfläche in ha

AUFLISTUNG DER SOZIALINDIKATOREN DES PLANUNGSMODELLS
SIARSSY

(7) Naherholungs- und Grünanlagen
 Flächen für Tageserholung,
 Parkanlagen,
 Flächen für Wochenend- und Ferienerholung,
 Landschaftsgebundene Einrichtungen,
 Flächen für Klein- und Dauergartengebiete,
 Flächen für Landwirtschaft,
 Flächen für Forstwirtschaft,
 Wasserschutz- und Vorratsgebiete,
 Erosionsschutzflächen,
 Flächen für Schutzpflanzungen,
 Flächen Naturschutz,
 sonstige Schutzflächen

(8) Sportanlagen
 Spiel- und Sportflächen
 Sportplätze und Wettkampfbahnen
 Turn-, Spiel- und Sporthallen
 Freibäder
 Landschaftsgebundene Badeplätze
 Hallenbäder und Schwimmhallen
 Sondersportanlagen

(9) Sozialeinrichtungen
 Kinderspielplätze
 Kindergärten
 Kindertagesstätten
 Kinderheime
 Einrichtungen für geistig behinderte Kinder,
 Altenwohnheime
 Altenheime
 Altenpflegeheime

Anlagen

(10)	Bildungs- u. Kultureinrichtungen	Grund- und Hauptschulen Sonderschulen Höhere Schulen Realschulen Gymnasien Gesamtschulen Berufsschulen Berufsfachschulen Fachschulen und Höhere Schulen Sonstige Schulen Volkshochschulen Theater Konzerthäuser Museen Öffentliche Büchereien
(11)	Kommunikationsmöglichkeiten u. -einrichtungen	Altentagesstätten Mehrzweckhallen
(12)	Gesundheitl. Versorgung	Krankenhäuser der allgemeinen Krankenversorgung, Plegekrankenhäuser und Sanatorien, Spezialkrankenhäuser, Kureinrichtungen
(13)	Private Versorgungs- und Dienstleistungseinrichtungen	Lichtspielhäuser
(14)	Einkaufsstätten	Einzelhandelseinrichtungen für Tagesbedarf, Einzelhandelseinrichtungen für den Wochenbedarf, Einzelhandelseinrichtungen für den langfristigen Bedarf, Gewerbe für Nahversorgung
(16)	Wohnumgebung	Anzahl der Wohnungen, Komfortklassen der Wohneinrichtungen, Wohnkapazität nach Sozialklassen

Anlage 6

AUFLISTUNG DER SOZIALINDIKATOREN DES BERLINER
SIMULATIONSMODELLS BESI

(7) Naherholungs-   Öffentliche Grünanlagen
     und Grünan-   Dauerkleingärten
     lagen   Friedhöfe

(8) Sportanlagen   Spiel- und Sportplätze
                            Bolzplätze
                            Sportplätze
                            Freibäder
                            Hallenbäder

(9) Sozialein-   Kinderspielplätze,
     richtungen   Anzahl der Kindergartenplätze,
                            Kindergartenplätze/Kinder-
                            gärtnerinnen,
                            Kindertagesheime,
                            Alters- und Pflegeheime,
                            Anzahl der Altersheimplätze,
                            Anteil der Bevölkerung in
                            Wohnheimen,
                            Anteil der Bevölkerung in
                            Anstalten,
                            Auslastung der staatl.Fürsorge-
                            stellen für Säuglinge und
                            Kleinkinder,
                            Durchschnittliche staatliche
                            Sozialhilfe

(1o) Bildungs-   Zahl der Schulen insgesamt,
      und Kultur-   Schüler/1.ooo Einwohner,
      einrich-   Anzahl der Schüler nach
      tungen   Schularten,
                            Anzahl der Lehrer nach Schul-
                            arten,
                            Volks- und Mittelschulen,
                            Gymnasien,
                            Sonderschulen,
                            Anteil der Schüler an der
                            Altersgruppe der 16-19jährigen,
                            Anteil der Studenten an der
                            Altergruppe der 16-19jährigen

Anlagen

Anteil der Lehrlinge an der Altersgruppe der 16-19jährigen,
Anzahl der Absolventen der Schularten zur Gesamtschülerzahl der Schulart,
Anzahl der Absolventen der Schulen nach Fachrichtungen zur Anzahl der entsprechenden Absolventen,
Nicht Versetzte/Versetzte insgesamt,
Nicht Versetzte/versetzte Prüflinge,
Nicht Versetzte/Versetzte nach Schularten,
Abiturientenquote je Jahrgang,
Staats- und Diplomprüfungen/ Zahl der Studenten,
Promotionen/Zahl der Studenten,
Westdeutsche und Ausländer/ Zahl der Studenten,
Schüler in neuen pädagogischen Modellen/Gesamtschülerzahl,
Anzahl der sich weiterfortbildenden Erwerbspersonen/ Erwerbspersonen,
Anzahl aller sich weiterfortbildenen Erwerbspersonen/Ausbilder,
Erwerbspersonen auf umschulenden Schulen/Arbeitslose,
Anzahl der vollendeten Schuljahre im Verhältnis zum persönlichen Einkommen,
Anzahl der VHS-Hörer/VHS-Kurse,
Teilnehmer an Fernkursen/Teilnehmer an sonstigen Abendschulen,
Anzahl der kulturellen Veranstaltungen/1.000 Einwohner,
Auslastung der kulturellen Veranstaltungen,
Struktur der Besucher kultureller Veranstaltungen,
Auslastung der Bibliotheken,
Anzahl der Bücher/Einwohner,
Anzahl der Buchausleihungen/ Bibliotheksbenutzer,
Buchausleihungen je 1.000 Einwohner,
Beschäftigte in Wissenschaft und Forschung,
Beschäftigte in Erziehung und Sport,
Patente/Einwohner

(11)	Kommunikationsmöglichkeiten und -einrichtungen	Jugendheime, Anzahl der Informationsquellen/ Haushaltungen, Anzahl der Radios je Haushalt, Anzahl der Fernsehgeräte, Anzahl der Programme, Programmstruktur, Anzahl der Zeitungen, Zeitschriften/Haushaltungen, Anzahl der Tages- und Wochenzeitung, Verkauf der Auflagen in Prozent der Gesamtauflage, Verkauf der Auflagen aller Regionalzeitungen, Konzentrationsgrad der Zeitungen, Fernschreiber/Firma, Telefone/1.000 Einwohner, Anzahl der Gewerkschaften und Berufsverbände
(12)	Gesundheitliche Versorgung	Krankenhäuser, Krankenhausbetten/1.000 Einwohner, Bettenausnutzung der Krankenhäuser, Krankenbestand/1.000 Einwohner, Stationär behandelte Kranke/ 1.000 Einwohner, Psychische Kranke/1.000 Einwohner, Beschäftigte im Gesundheitswesen/1.000 Einwohner, Ärzte/1.000 Einwohner, Kinderärzte/1.000 Einwohner, Psychotherapeuten/1.000 Einwohner, Selbstmordfälle/1.000 Einwohner, Durchschnittliche Krankentage/ Arbeiter, Zahnärztliche Behandlungen/Tag,
(13)	Private Versorgungs- und Dienstleistungseinrichtungen	Gewerbebetriebe für die Nahversorgung, Anzahl der Tankstellen, Privattiefgaragen als Kundenparkplätze von Kaufhäusern, Hotels u.dgl., Umsatz des privaten Versorgungs- und Dienstleistungsbereichs, Energieverbrauch des privaten Versorgungs- und Dienstleistungsbereichs, Wasserverbrauch des privaten Versorgungs- und Dienstleistungsbereichs,

Anlagen

(14) Einkaufs-
stätten
Verkaufsflächen im Einzelhandel,
Lager für Einzelhandel,
Garagen für Einzelhandel,
Abstellflächen für Einzelhandel,

(15) Wohnungs-
situation
Wohnfläche je Einwohner,
Wohnräume je Wohneinheit,
Wohnflächen nach Baujahr,
Wohnflächen nach Gebäudeart,
Wohnungen ohne Innentoilette,
Wohnungen mit Zentralheizung,
Wohnungen mit Zentral-Warmwasserversorgung,
Wohnungen mit Balkon,
Wohnungen mit Garten,
Anteil der Wohnheimbewohner

(16) Wohnumgebung
Anteil der Bevölkerung in Einpersonenhaushaltungen,
Anteil der Bevölkerung in Zweipersonenhaushaltungen,
Anteil der Bevölkerung in Drei- oder Mehrpersonenhaushaltungen,
Anteil der belegten Wohnungen,
Anteil der freien Wohnungen,
Anteil der Neubauwohnungen,
Anteil der Altbauwohnungen,
Eigentumswohnungen,
Ein- und Zweifamilienhäuser/Mehrfamilienhäuser,
Wohungseigentümer mit berliner Wohnsitz/Wohnungseigentümer,
Öffentlich geförderte Wohnungen/1.000 Wohnungen,
Altersstruktur der Familienhäuser,
Wohnungszuwachsrate,
Verkaufspreis je qm-Altbau,
Verkaufspreis je qm-Neubau,
Mietpreis je qm-Altbau,
Mietpreis je qm-Neubau,
Bevölkerungsdichte in der City,
Bevölkerungsdichte in den Bezirken

(17) Ernährungs-
und Konsum-
gewohnheiten
Privater Verbrauch/Gesamtkonsum,
Landwirtschaftliche Eigenproduktion/Gesamtverbrauch an landwirtschaftlichen Erzeugnissen,
Energieverbrauch/Einwohner,
Wasserverbrauch/Einwohner,
Sparquote,
Aktienindex,
Kreditvolumen/Einwohner

> Anlage 7

AUFLISTUNG DER SOZIALINDIKATOREN DES
ATTRAKTIVITÄTSMODELLS UMWELT

(7)	Naherholungs- und Grünanlagen	Waldflächen, Landschaftsschutzgebiete, Naturschutzgebiete, Wasserflächen, Längen der Uferflächen, Öffentliche Grünanlagen, Zahl der Gärten in Kleingartenanlagen, Landwirtschaftliche Nutzfläche, Brache
(8)	Sportanlagen	Sportfläche, Zahl der Badeanlagen, Zahl der Sportveranstaltungen,
(9)	Sozialeinrichtungen	Sozialausgaben, Zahl der Sozialhilfeempfänger, Zahl der Plätze in Kindergärten, Zahl der Kinder pro Erzieher in Kindertagesstätten, Zahl der Wohnungen mit Bad oder Dusche in Altenwohnheimen,
(1o)	Bildungs- und Kultureinrichtungen	Anteil der Schüler an der Altersgruppe der 16-19jährigen, Zahl der Schüler pro Lehrkraft in Grund- und Realschulen, Zahl der Übergänge auf Realschulen und Gymnasien, Zahl der Gymnasialschüler, Zahl der Abiturienten, Schüler in den Berufsschulklassen, Personen in Berufsausbildung, Zahl der fortbildenden Erwerbspersonen, Promotionen, Teilnehmer an Fernkursen, Anzahl kultureller Veranstaltungen, Zahl der Theaterplätze, Zahl der Theaterveranstaltungen, Zahl der Konzerte und Opern, Zahl der Gastspiele der Ensembles, Zahl der Premieren und Uraufführungen pro 1oo Aufführungen, Zahl der Kongresse, Zahl der durchgeführten Kurse in Volkshochschulen, Beschäftigte in Wissenschaft und Forschung, Ausstellungsfläche, Zahl der Ausstellungen, Zahl der Bücher in Gemeindebibliotheken, Anzahl der Buchausleihungen,

Anlagen

(11)	Kommunika-tionsmöglich-keiten und -einrich-tungen	Anzahl der Plätze in Versammlungsräumen, Anzahl der Informationsveranstaltungen, Anzahl der Gaststätten, Anzahl der Tages- und Wochenzeitungen, Anzahl der Informationsquellen pro Haushalt, Anzahl der Telefone
(12)	Gesundheitliche Versorgung	Anzahl der Krankenhausbetten, Ärzte in Krankenanstalten, Ärzte insgesamt, Anzahl der Untersuchungen, Anzahl der Krankentage der Arbeiter, Lebenserwartung der Männer
(13)	Private Versorgungs- und Dienstleistungseinrichtungen	Betriebe des tertiären Sektors, Beschäftigte im Dienstleistungssektor, Freiberufler
(14)	Einkaufsstätten	Zahl der Beschäftigten pro Arbeitsplatz im Einzelhandelsgeschäften, Zahl der Wochenmarktstände
(15)	Wohnungssituation	Durchschnittl.Höhe der Miete, Durchschnittl.Miete in Altbauwohnungen, Durchschnittl.Miete in Neubauwohnungen, Wohnfläche qm/Einwohner, Anzahl der Zimmer/Einwohner, Wohnungen mit Bad und Zentralheizung, Wohnungen mit Telefon, Altbauwohnungen/1oo Wohnungen
(16)	Wohnumgebung	Einwohnerzahl, Geschoßflächenzahl in Wohngebieten, Personen pro Wohngebäude, bebautes Gebiet/bebaubares Gebiet, Freifläche je Einwohner, Wohnungen mit Garten, Anteil der Ein- und Zweifamilienhäuser an den Wohngebäuden.
(17)	Ernährungs- und Konsumgewohnheiten	Lebenshaltungskosten, durchschnittl.Höhe der Sparguthaben, durchschnittl.Höhe des disponierbaren Einkommens

AUFLISTUNG DER SOZIALINDIKATOREN DES INDIKATORENSYSTEMS ZÜRICH

(7)	Naherholungs- und Grünanlagen	Parks und öffentliche Anlagen, Waldflächen innerhalb der 2o-Minuten-Zone,
(8)	Sportanlagen	Spiel-, Sport- und Badeanlagen,
(9)	Sozialeinrichtungen	Öffentliche Kindergartenplätze, Kinder/Kindergärtnerinnen
(1o)	Bildungs- und Kultureinrichtungen	Volksschüler je Klasse, Mittelschüler, Studenten/Dozenten Theater- und Orchesterfläche, Museen und Bibliotheken
(11)	Kommunikationsmöglichkeiten und -einrichtungen	Kino- und Spielsolonflächen, Gaststätten, Hotels und Pensionen, Anzahl der Telefone, Telexdichte Dienstleistungsquoten,
(12)	Gesundheitliche Versorgung	Krankenhausflächen Medizinische Beratungsflächen
(13)	Private Versorgungs- und Dienstleistungseinrichtungen	Dienstleistungsflächen Büroflächenanteile
(14)	Einkaufsstätten	Kurzfristige Verkaufsfläche, langfristige Verkaufsfläche, Konsumpreisindex, privatverkehrsfreie Einkaufsgebiete, überschneidungsfreie Zeit zwischen Einkaufen und Arbeiten
(15)	Wohnungssituation	Haushalte mit mehr Zimmern als Personen, Leerwohnungen/Gesamtheit der Wohnungen, Wohnungen mit Bad und Zentralheizung, durchschnittl. Mietniveau, Preisindexverhältnis für Eigentumswohnungen
(16)	Wohnumgebung	Wohnbruttogeschoßflächen Bruttogeschloßflächendichte

Anlage 9

AUFLISTUNG DER SOZIALINDIKATOREN DES
PLANUNGSMODELLS PRO-REGIO

(7) Naherholungs- und Grünanlagen
: Ackerfläche
Grünland
Sonderkulturen
Brachfläche
Nadelwald
Laubwald
Mischwald
sonstige Waldverbandsflächen,
Gewässerrand fließendes Gewässer,
Gewässerrand stehendes Gewässer,
Waldrand innerer,
Waldrand äußerer,
Landschaftsschutzgebiet,
Naturdenkmal,
Erholungswaldgebiet,
Waldschutzgebiet,
Naturschutzgebiet,
Wassergewinnungsanlagen,
Wald mit Bodenschutzfunktionen,
Naturkundliche Objekte,
Erholungsbereich

(8) Sportanlagen
: Sportflächen
Sportplätze
Freibäder
Hallenbäder

(10) Bildungs- und Kultureinrichtungen
: Schulen
Berufsschulen
Gymnasien
Gesamtschulen
Ausbildungsniveau Volksschule,
Ausbildungsniveau Mittlere Reife,
Ausbildungsniveau Abitur,
Ausbildungsniveau Berufs-, Fach- oder Ingenieurschule,
Ausbildungsniveau Hochschule,
Schüler-Volksschule
Schüler-Realschule
Schüler-Gymnasium

(13) Private Versorgungs- und Dienstleistungseinrichtungen
: Dienstleistungsbetriebe und freie Berufe insgesamt,
Beschäftigte in Dienstleistung und freien Berufen

(14) Einkaufs-   Betriebe des Handels insgesamt,
    stätten   Betriebe des Einzelhandels,
                    Betriebe des Großhandels,
                    Einzelhandelsbetriebe mit Waren
                    verschiedener Art,
                    Beschäftigte im Handel,
                    Beschäftigte im Einzelhandel,
                    Beschäftigte in Betrieben mit
                    Waren verschiedener Art

(16) Wohnumgebung   Bebautes Gebiet nach Flächen-
                    nutzungsplan,
                    Geplantes Wohn- und Mischge-
                    biet nach Flächennutzungsplan,
                    Gewerbegebiet nach Flächen-
                    nutzungsplan,
                    geplantes Gewerbegebiet nach
                    Flächennutzungsplan,
                    Freiflächen nach Flächennut-
                    zungsplan,
                    Gebäudehöhe bis 2,5 Stockwerke,
                    Gebäudehöhe 3 bis 5 Stockwerke,
                    Gebäudehöhe mehr als 5 Stock-
                    werke,
                    Gebäudealter - vor 1945,
                    Gebäudealter - nach 1945

Literaturverzeichnis

Achterberg, Norbert: *Antinomien* verfassunggestaltender Grundentscheidungen, in: Staat — Zeitschrift für Staatslehre, öffentliches Recht und Verfassungsgeschichte, Bd. 8, 1969, S. 167 ff.

Albrecht, Rainer: *Verkehrsbedingungen von benachteiligten Bevölkerungsgruppen* als Leitgröße für eine zielorientierte Stadt- und Verkehrsplanung, Forschungsbericht im Auftrag des Bundesministeriums für Verkehr, Institut für Zukunftsforschung GmbH, Berlin 1977

Andrews, Frank M. und Stephen B. *Withey*: Developing Measures of Perceived *Life Quality*, in: Social Indicators Research, 1/1974

Andritzky, Walter und Ulla *Terlinden*: Mitwirkung von Bürgerinitiativen an der *Umweltpolitik*, in: Berichte 6/78 (Hrsg.), Umweltbundesamt, Berlin 1978

Apel, Dieter: Stadträumliche *Verflechtungskonzepte*, Berlin 1977

Atteslander, Peter und Bernd *Hamm*: *Materialien zur Siedlungssoziologie*, Köln 1974

Bachfischer, Robert und David *Jürgen*: Die *ökologische Risikoanalyse* — ein Instrument ökologischer Raumplanung, in: Stadtbauwelt 1978, S. 234 ff.

Badura, Peter: *Auftrag und Grenzen* der Verwaltung im sozialen Rechtsstaat, in: DÖV 1968, S. 446 ff.

Bormann, Winfried: *Soziale Indikatoren*, Ein Bericht an die Programmleitung „Angewandte Systemanalyse in der AGF", Berichte der ASA, Köln 1975

— Der *Attraktivitätsfaktor* eines Siedlungsgebietes als Instrument zur Steuerung der Bevölkerungswanderung im Umweltplanspiel, Berlin 1975

— Der Attraktivitätsfaktor als Beitrag zur *Indikatorisierung der Lebensqualität*, in: Umweltindikatoren als Planungsinstrument, Berlin 1977

Brousse, Henri: *Le niveau* de vie en France, 2. Aufl., Paris 1962

Brösse, Ulrich: *Ziele in der Regionalpolitik* und in der Raumordnungspolitik — Zielforschung und Probleme der Realisierung von Zielen, Berlin 1972

Brück, Gerhard: *Sozialindikatoren* als Instrument zur Messung der Lebensqualität, in: Theorie und Praxis der Sozialarbeit, 1974, S. 42 ff.

Bückmann, Walter: *Verfassungsfragen* bei den Reformen im örtlichen Bereich, Schriftenreihe der Hochschule Speyer, Bd. 49, Berlin 1972

— *Entwicklungsplanung* — neues Instrument, in: Die demokratische Gemeinde, 1973, S. 112 ff.

— *Gebietsreform und Entwicklungsplanung* in Nordrhein-Westfalen, Köln 1973

Bückmann, Walter: *Politik, Planung und Indikatoren*, in: Die Neue Gesellschaft, 1976, S. 1002 ff.
– *Sozialindikatoren* als Rationalisierungsinstrument, in: Politische Vierteljahresschrift, 1976, S. 371 ff.
– *Problemanalyse* kommunaler Verwaltung, in: Die demokratische Gemeinde, 1978, S. 637 ff.
– *Fischer*, Erwin und Ulla *Terlinden*: Mitwirkung bei der Erstellung konkreter *Belastungsbeschreibungen* bzw. Modelle zur Umweltverträglichkeitsprüfung, Dortmund 1978
– und Ulla *Terlinden*: *Umweltindikatorenmodelle*, Berlin 1978

Cantrill, Handley: The *Pattern* of Human Concern, Rutgers: New Brunswick 1965

Dehler, Karl-Heinz: *Zielprognosen* der Stadtentwicklung, Boppard 1976

Dierkes, Meinholf: *Leistungsanalyse sozialer Systeme* und Lebensqualität, in: Wolfgang Michalski, Industriegesellschaft im Wandel – Probleme, Lösungsmöglichkeiten, Perspektiven, Hamburg 1977

Draub, Udo: *Möglichkeiten* des kommunalen Umweltschutzes – Forderungen der Bürger, in: Möglichkeiten und Grenzen des kommunalen Umweltschutzes, Institut für Umweltschutz der Universität Dortmund, Dortmund 1978

Dreitzel, Hans-Peter: Selbstbild und *Gesellschaftsbild*, in: Europäisches Archiv für Soziologie, Bd. 3, 1962

Dunham, Warren H.: *Community Psychiatry* – The Newest Therapeutic Bandwagon, in: The Sociology of Mental Disorders, Chicago 1967

Eckel, Henning: Von der *Lebensstandardmessung* zur Lebensqualität, in: Operationalisierte Planung mit Sozialindikatoren am Beispiel der kommunalen Entwicklungsplanung, Institut für Zukunftsforschung GmbH, Berlin 1975

Ellenberg, Heinrich: Die *Ökosysteme der Erde* – Versuch der Klassifikation der Ökosysteme nach funktionalen Gesichtspunkten, in: Ökosystemforschung, Berlin-Heidelberg-New York 1973

Ewringmann, Dieter und Klaus *Zimmermann*: *Umweltpolitische Interessenanalyse* der Unternehmen, Gewerkschaften und Gemeinden, in: Jänicke (Hrsg.), Umweltpolitik, Beiträge zur Politologie des Umweltschutzes, Opladen 1978

Fehl, Gerhard: Zwischen *Systemmüdigkeit* und Systemoptimismus – Skizze eines Gedankengangs zur Einleitung, in: Bonn, Ekkehard und Gerhard Fehl (Hrsg.), Systemtheorie und Systemtechnik in der Raumplanung, Basel und Stuttgart 1976

Firey, Walter: *Gefühl und Symbolik* als ökologische Variable, in: Atteslander (Hrsg.), Materialien zur Siedlungssoziologie, Gütersloh 1974

Forrester, Jay: *Urban Dynamics*, Cambridge Mass. 1969
– *Systemanalyse* als Instrument der Stadtplanung, in: Umschau in Wissenschaft und Technik 1970, S. 533 ff.
– Grundsätze einer *Systemtheorie*, Wiesbaden 1972

– *Planung* unter dem dynamischen Einfluß komplexer sozialer Systeme, in: Politische Planung in Theorie und Praxis, München 1971, S. 81 ff.

Franke, Joachim und Kristine *Hoffmann*: *Informationsinstrumente* zur Berücksichtigung der Bürgerurteile in der Planungsphase, in: Lebensqualität in neuen Städten, Göttingen 1978

Freeman, Howard E. und Wyatt C. *Jones*: *Social Problems* – Their Causes and Control, Chicago 1970

Friedrichs, Jürgen: Methoden empirischer *Sozialforschung*, Reinbek 1973

Fürst, Dietrich: *Kommunale Entscheidungsprozesse*, Ein Beitrag zur Selektivität politisch-administrativer Prozesse, Baden-Baden 1975

Gaus, Herbert J.: *People and Plans*, New York 1968, S. 72 ff.

Gehrmann, Friedhelm: *Sozialindikatoren* zur Erfassung des quantifizierbaren Versorgungsniveaus, dargestellt am Beispiel der Versorgung mit Alteneinrichtungen, in: Zapf (Hrsg.), Soziale Indikatoren, Konzepte und Forschungsansätze IV, Frankfurt 1975

Göb, Rüdiger, Jürgen *Salzwedel*, Roman *Schnur* u.a.: Stadtentwicklung – *von der Krise zur Reform*, Studien zur Kommunalpolitik, Schriftenreihe des Instituts für Kommunalwissenschaften, hrsg. von der Konrad-Adenauer-Stiftung, Bd. 1, Bonn 1973

Graumann, Karl Friedrich: *Social Perception*, in: Zeitschrift für experimentelle und angewandte Psychologie, 3/1956

– (Hrsg.): *Handbuch der Psychologie*, Bd. 12, Göttingen 1969

Haak, Friedhelm: *Computergestützte Informationssysteme* in Regierung und Verwaltung – Strukturen, Konzepte und ihre gesellschaftlichen Implikationen, ZBZ-Bericht Nr. 22/1974, Berlin 1974

Hartke, Stefan: *Methoden* zur Erfassung der physischen Umwelt und ihrer antropogenen Belastung, in: Ernst und Thoss (Hrsg.), Beiträge zum Siedlungs- und Wohnungswesen und zur Raumplanung, Bd. 23, Münster 1976

Hennerkes, Jörg: *Anforderungen an Umwelt-Indikatoren* aus der Sicht der Arbeit beim Umweltbundesamt, in: Umweltindikatoren als Planungsinstrumente, Institut für Umweltschutz der Universität Dortmund, Berlin 1977

Herlyn, Ulfert (Hrsg.): Stadt- und *Sozialstruktur*, München 1974

Hesse, Joachim-Jens: Stadtentwicklungsplanung – *Zielfindungsprozesse und Zielvorstellungen*, in: Schriftenreihe des Vereins für Kommunalwissenschaften e.V. Berlin, Bd. 38, Stuttgart-Berlin-Köln-Mainz 1973

Heuer, Hans: Sozio-ökonomische *Bestimmungsfaktoren* der Stadtentwicklung, Schriften des deutschen Instituts für Urbanistik, Bd. 50, Stuttgart-Berlin-Köln-Mainz 1975

Hofstätter, Peter (Hrsg.): *Psychologie*, Frankfurt/Main 1957

Huber, Reinhard: Die *Bedeutung von Prognosemodellen* in der Stadt- und Regionalplanung, in: Brunn, Ekkehard und Gerhard Fehl, Systemtheorie und Systemtechnik in der Raumplanung, Basel und Stuttgart 1976

Hübler, Karl-Heinz: *Grenzen des Landschaftsverbrauchs*, Umweltforum 1978, Manuskript zum Umweltforum, Bonn 1978

Iblher, Peter: Die Anwendung sozialer Indikatoren in der *Stadtplanung*, in: Zapf, Wolfgang (Hrsg.), Soziale Indikatoren, Konzepte und Forschungsansätze III, Frankfurt/Main 1975

— *Soziale Indikatoren* in der Stadtplanung von Zürich, in: Umweltindikatoren als Planungsinstrumente, Berlin 1977, S. 112 ff.

— und Georg-Dietrich *Jansen*: Die *Bewertung* städtischer Entwicklungsalternativen mit Hilfe sozialer Indikatoren – dargestellt am Beispiel der Stadt Zürich, Göttingen 1972

— und Georg-Dietrich *Jansen*: *Entwicklung der Stadt Zürich* – Analysen, Trends, Programme, hrsg. von der Entwicklungskoordination Stadt Zürich, Bd. 3, Zürich 1972

Jarre, Jan: *Umweltbelastungen* und ihre Verteilung auf soziale Schichten, Kommission für wirtschaftlichen und sozialen Wandel, Göttingen 1975

Jochimsen, Reimut: Ansatzpunkte der *Wohlstandsökonomik* – Versuch einer Neuorientierung im Bereich der normativen Lehre vom wirtschaftlichen Wohlstand, Basel-Tübingen 1961

Joerges, Bernward: *Gebaute Umwelt* und Verhalten, Baden-Baden 1977

Kaule, Günther: *Ökologische Aspekte*, in: Forschungskreis Stadtentwicklung, Sonderheft Landschaftsplanung, Dornstadt 1977

Kern, Horst und Michael *Schumann*: *Industriearbeit und Arbeiterbewußtsein*, Frankfurt/Main 1970

Kiemstedt, Heinrich W.: Zur *Bewertung der Landschaft* für die Erholung, Hannover 1967

Kirsch, Werner: *Entscheidungsprozesse*, Bd. 3: Entscheidungen in Organisationen, Wiesbaden 1971

Klages, Helmut: *Soziologie* zwischen Wirklichkeit und Möglichkeit, Köln und Opladen 1968

— Die unruhige *Gesellschaft*, München 1975

Klein, Reinhard und Ortwin *Peitmann*: Umweltindikatoren in der Regional- und Landesplanung am Beispiel der Freizeit- und Fremdenverkehrsplanung, in: Umweltindikatoren als Planungsinstrumente, Berlin 1977, S. 52 ff.

Kmieciak, Peter: Wertstrukturen und *Wertwandel* in der Bundesrepublik Deutschland, Göttingen 1976

Koelle, Heinz-Hermann und Albrecht *Nagel* u.a.: Entwurf eines kommunalen Management-Systems, in: Berliner *Simulationsmodell* BESI, Hrsg.: Zentrum Berlin für Zukunftsforschung e.V., ZBZ-Bericht Nr. 9/1970, Berlin 1970

Kritz, Jürgen: *Statistik* in den Sozialwissenschaften, Reinbek bei Hamburg 1973

Küpper, Utz Ingo und Ludger *Reiberg*: *Umweltschutz* in der räumlichen Entwicklungsplanung. Zur organisatorischen und planerischen Verankerung der Umweltpolitik auf der Gemeindeebene, Köln 1976

Lederer, Katrin: *Soziale Indikatoren* und Theoriedefizit — Der Beitrag der kritischen Bedürfnisforschung, Papers aus dem Internationalen Institut für Umwelt und Gesellschaft des Wissenschaftszentrums Berlin 1/76, Berlin 1977

— *Menschenfreundliche Umwelt*, in: Zeitschrift für Umweltpolitik, Berlin 1979

Luhmann, Niklas: *Funktionale Methode* und Systemtheorie, in: Soziale Welt 1964, S. 1 ff.

— *Theorie* der Verwaltungswissenschaft. Bestandsaufnahme und Entwurf, Köln und Berlin 1966

— *Soziologie* als Theorie sozialer Systeme, in: Kölner Zeitschrift für Soziologie und Sozialpsychologie 1967, S. 615 ff.

— *Zweckbegriff* und Systemrationalität, über die Funktion von Zwecken in sozialen Systemen, Tübingen 1968

— *Funktion und Kausalität*, in: Soziologische Aufklärung, Köln und Opladen 1970

— *Rechtssoziologie*, Reinbek bei Hamburg 1972

— *Moderne Systemtheorien* als Form gesamtgesellschaftlicher Analyse, in: Habermas u.a. (Hrsg.), Theorie der Gesellschaft oder Sozialtechnologie, Frankfurt/Main 1972

— Systemtheoretische *Argumentationen*. Eine Entgegnung auf Habermas, in: Habermas/Luhmann, Theorie der Gesellschaft oder Sozialtechnologie — Was leistet die Systemforschung?, Frankfurt/Main 1972

— Moderne *Systemtheorien* als Form gesamtgesellschaftlicher Analyse, in: Habermas/Luhmann, Theorie der Gesellschaft oder Sozialtechnologie — Was leistet die Systemforschung?, Frankfurt/Main 1972

Lynch, Kevin: The *Image of the City*, Cambridge 1960

Mackensen, Rainer: *Attraktivität* der Großstadt — Ein Sozialindikator, in: Analysen und Prognosen 1971, Heft 16, S. 17 ff.

— Zur *Notwendigkeit* eines neuen Konzepts für die Infrastrukturplanung, in: Analysen und Prognosen 1976, Heft 42, S. 25 ff.

— und Wolfram *Eckert*: Zur Messung der *Attraktivität von Großstädten*, in: Analysen und Prognosen 11/70, S. 10 ff.

— und Katrin *Lederer*: Eine *Gesellschaft* braucht Ziele, in: Was brauchen wir zum Überleben? Informationen des Gottlieb-Duttweiler-Instituts, 6/1975, S. 7 ff.

Maier, Helmut: *Computersimulation* mit dem Dialog-Verfahren SIMA. Konzeption und Dokumentation mit zwei Anwendungsbeispielen, Möglichkeiten und Grenzen des Einsatzes in der wirtschafts- und sozialwissenschaftlichen

Forschung, Planung und Planungspraxis, Band 1: Konzeption, Basel und Stuttgart 1976

Maiminas, Erich: *Planungsprozesse*, Informationsaspekt, Berlin 1972

Mayntz, Renate, Kurt *Holm* und Peter *Hübner*: *Einführung* in die Methoden der empirischen Soziologie, 2. Auflage, Opladen 1971

Menge, Hans: *Innovationsbarrieren* und wie man sie überwindet, in: Transfer, Planung in öffentlicher Hand, Opladen 1977

Menke-Glückert, Peter: *Anforderungen der Umweltpolitik* an die Wissenschaft, in: Planung für den Schutz der Umwelt, Münster 1973

— *Langfristplanung*: Versäumnisse der Forschungspolitik, in: Koschnitzke und Plieg (Hrsg.), Auch Demokratie ist Herrschaft, Bochum 1978

Michalski, Wolfgang: *Industriegesellschaft* im Wandel — Probleme, Lösungsmöglichkeiten, Perspektiven, Hamburg 1977

Mitscherlich, Alexander: Die *Unwirtlichkeit* unserer Städte, Frankfurt/Main 1965

Müller, Paul: Die *Belastbarkeit* von Ökosystemen, Mitteilungen des Schwerpunkts für Biogeographie der Universität Saarbrücken 1977

Nagel, Albrecht: Politische Entscheidungslehre, Bd. 1: *Ziellehre*. Eine programmierte Einführung mit Thesaurus und Wörterbuch, Heidelberg 1972

Naschold, Frieder: *Systemsteuerung*, in: Wolf Dieter Narr und Frieder Naschold (Hrsg.), Einführung in die moderne politische Theorie, Bd. 2, Stuttgart 1969

Nevelin, Ulrich, Rolf *Sülzer* und Gernot *Wersig*: Inhaltsanalytische Fassung politischer *Zielaussagen*, Eine Methodenstudie mit praktischen Anleitungen, Hrsg.: Zentrum Berlin für Zukunftsforschung e.V., ZBZ-Bericht Nr. 10/1970, Berlin 1970

Nowak, Jürgen: *Simulation* und Stadtentwicklungsplanung, Schriften des Deutschen Instituts für Urbanistik, Bd. 41, Stuttgart-Berlin-Köln-Mainz 1973

Ossenbühl, Fritz: Welche normativen Anforderungen stellt der Verfassungsgrundsatz des demokratischen Rechtsstaates an die *planende staatliche Tätigkeit*, dargestellt am Beispiel der Entwicklungsplanung? Gutachten B zum 50. deutschen Juristentag, München 1974

Otto, Konrad: *Umweltpolitik der Städte*, Materialien zur Umweltpolitik der Groß- und Mittelstädte auf der Basis von Befragungen, Karlsruhe 1976

Pagenkopf, Hans: *Kommunalrecht*, Bd. 1, Verfassungsrecht, 2. Auflage, Köln-Berlin-Bonn-München 1975

Pehnt, Wolfgang: Die *Stadt* in der Bundesrepublik, Stuttgart 1975

Popper, Karl: *Objektive Erkenntnis*, Ein evolutionärer Entwurf, Hamburg 1973

Rapoport, Anatol und R. *Kentler*: Komplexität und Ambivalenz in der *Umweltgestaltung*, in: Stadtbauwelt 26/1970

Rosow, Irvig: Die sozialen *Wirkungen* der physischen Umwelt, in: Atteslander (Hrsg.), Materialien zur Siedlungssoziologie, Gütersloh 1974

Röhrich, Wilfried: *Neuere politische Theorie*, Systemtheoretische Systemvorstellungen, Darmstadt 1975

Scheuringer, Brunhilde: Zum Einfluß städtischer Strukturen auf die *Lebensverhältnisse* älterer Menschen, in: Fürstenberg (Hrsg.), Stadtstrukturen und Sozialplanung, Linz 1978

Schmid, Günther: *Funktionsanalyse und politische Theorie*, Funktionalismustheorie, politisch-ökonomische Faktorenanalyse und Elemente einer genetisch-funktionalen Systemtheorie, Düsseldorf 1974

Schmidt-Assmann: Gesetzliche Maßnahmen zur Regelung einer praktikablen *Stadtentwicklungsplanung* – Gesetzgebungskompetenzen und Regelungsintensität, in: Raumplanung – Entwicklungsplanung, Forschungsberichte des Ausschusses für Recht und Verwaltung der Akademie für Raumforschung und Landesplanung, Hannover 1972

Schmidt-Rehlenberg, Norbert: Soziologie und *Städtebau*, Versuch einer systematischen Grundlegung, Stuttgart-Bern 1968

Self, Peter: *Hochtrabender Unsinn*: Die Kosten-Nutzen-Analyse und die Roskill-Kommission, in: Naschold/Väth, Politische Planungssysteme, Opladen 1973

Sellnow, Reinhard: *Kosten-Nutzen-Analyse* und Stadtentwicklungsplanung, Stuttgart-Berlin-Köln-Mainz 1973

Sheldon, Eleanor und Howard *Freemann*: *Sozialindikatoren*: Illusion oder Möglichkeit, in: Fehl, Fester und Kuhnert (Hrsg.), Planung und Information. Materialien zur Planungsforschung, Gütersloh 1972

Siebel, Walter: Der *Handlungsspielraum* kommunaler Entwicklungsplanung, in: Möglichkeiten und Grenzen kommunalen Umweltschutzes, Dortmund 1978

Stachowiak, Herbert: Allgemeine *Modelltheorie*, Wien und New York 1973

Swoboda, Helmut: Die *Qualität* des Lebens. Vom Wohlstand zum Wohlbefinden, Stuttgart 1973

Thoss, Rainer, Peter *Brasse* u.a.: *Umweltbilanzen* und ökologische Lastpläne für Regionen, Teilprojekt K. Forschungen aus Raumordnung und Raumwirtschaft, Wissenschaftlicher Arbeitsbericht 1974-75, Bd. 1 des Sonderforschungsbereichs 26: Raumordnung und Raumwirtschaft, Münster 1975

Treinen, Heiner: Symbolische *Ortsbezogenheit*, Eine Soziologische Untersuchung zum Heimatproblem, in: Kölner Zeitschrift für Soziologie und Sozialpsychologie, Nr. 17, Köln 1965

Vester, Frederic: Das *Überlebensprogramm*, München 1975

– *Phänomen Streß*, Stuttgart 1976

– Darstellung der Gesamtdynamik und *Entwicklung eines Sensitivitätsmodells* am Beispiel der Region Untermain, in: Deutsches Nationalkomitee MAB, MAB-Mitteilungen Nr. 2/1978

Uexküll, Jacob von: *Umwelt und Innenwelt* der Tiere, 2. Auflage, Berlin 1921

Wagener, Frido: *Ziele der Stadtentwicklung* nach Plänen der Länder, in: Schriften zur Städtebau- und Wohnungspolitik, Bd. 1, Göttingen 1971

— Für ein neues *Instrumentarium* der öffentlichen Planung, in: Raumplanung — Entwicklungsplanung, Veröffentlichungen der Akademie für Raumforschung und Landesplanung, Bd. 80, Hannover 1972, sowie Wibera-Sonderdruck, Düsseldorf 1973

Webber, Melwin M.: *Comprehensive Planning* and Social Responsibility, in: Urban Planning and Social Policy, New York 1968

Weeber, Rotraut: Eine neue *Wohnumwelt*, Stuttgart 1968

Wegener, Michael und Jörg *Meise: Stadtentwicklungssimulation*, in: Stadtbauwelt 1971, S. 26 ff.

Werner, Rudolf: *Methodische Ansätze* zur Konstruktion sozialer Indikatoren, in: Zapf (Hrsg.), Soziale Indikatoren, Frankfurt und New York 1974, S. 192 ff.

— *Soziale Indikatoren* und politische Planung. Einführung in Anwendungen der Makro-Soziologie, Reinbek bei Hamburg 1975

Wersig, Gernot: *Information* — Kommunikation — Dokumentation, München und Berlin 1971

Wille, Eberhard: *Planung und Information*, Berlin 1970

Zangemeister, Christof: *Nutzwertanalyse* in der Systemtechnik, Eine Methodik zur multidimensionalen Bewertung und Auswahl von Projektalternativen, München 1971

Zapf, Wolfgang (Hrsg.): *Soziale Indikatoren*, Konzepte und Forschungsansätze I-III, Frankfurt/Main und New York 1974 und 1975

— *Lebensbedingungen in der Bundesrepublik*, Frankfurt/Main und New York 1977

Abt. Associates GmbH: Ein Verfahren zur Abschätzung und Bewertung sozialer und sozialpsychologischer Auswirkungen von Infrastrukturprojekten unter besonderer Berücksichtigung von Umweltschutzerfordernissen, Bonn 1978

Battelle-Institut: Studie zur Erarbeitung eines Ziel- und Bewertungssystems für umweltrelevante Maßnahmen, Frankfurt 1977

Bundesminister des Innern: Das Informationsbankensystem, Bericht der interministeriellen Arbeitsgruppe beim Bundesministerium des Innern an die Bundesregierung, Bd. 1, Bonn 1971

— Verfahrensmuster für die Prüfung der Umweltverträglichkeit öffentlicher Maßnahmen, Umweltbrief 11, Bonn 1974

Bundesminister für Raumordnung, Bauwesen und Städtebau: Entwicklungstendenzen kommunaler Planung, in: Schriftenreihe Städtebauliche Forschung, Bd. 3.028, Bonn 1974

- Organisationsstrukturen planender Verwaltungen, dargestellt am Beispiel von Kommunalverwaltungen und Stadtplanungsämtern, Schriftenreihe Städtebauliche Forschung, Bd. 03.027, Bonn 1974
- Simulationsmodell POLIS, Schriftenreihe Städtebauliche Forschung, Bonn 1973
- Planungssystem PRO-REGIO, eine Methode zum Einsatz von EDV-Anlagen als Beitrag zur Regionalplanung unter besonderer Berücksichtigung von Standortfaktoren, Schriftenreihe Raumordnung, Bonn 1976

Coplan: Muster zur Aufstellung von Umweltschutz-Berichten in den Kommunen, Bergisch-Gladbach 1978

Der Rat von Sachverständigen für Umweltfragen: Umweltgutachten, Bonn 1974

- Umweltgutachten 1978, Bonn 1978

Deutsche Forschungsgemeinschaft: Beiträge zur Umweltforschung, Boppard 1976

Deutscher Städtetag: Umweltschutz – Eine Aufgabe der Stadtentwicklung, Umdruck E 128, Köln 1973

Dornier System-GmbH: Handbuch zur ökologischen Planung, Umweltforschungsplan des Bundesministers des Innern, Friedrichshafen 1978

ECE: The Benefit-Cost Analysis of Environmental Pollution, in: Economic Commission for Europe, ECE-Symposium on Problems Relating to Environment, New York 1971

Freie Hansestadt Bremen: Umweltschutzprogramm 1975, Bremen 1975

Institut für Orts-, Regional- und Landesplanung der ETH Zürich, Lang, J. und O. Stradal: Die Entwicklung des Planungsinstruments ORL-MOD-1

Kommunale Gemeinschaftsstelle für Verwaltungsvereinfachung: Verwaltungsorganisation der Gemeinden, Teil 1, Aufgabengliederungsplan, Teil 2, Verwaltungsgliederungsplan, Köln

- Organisation des Umweltschutzes, Bericht Nr. 26/1973, Köln 1973

Landesamt für Arbeitsschutz: Jahresbericht 1977, Berlin 1978

Rand Corporation, Lowry, I. S.: A Model of Metropolis, Memorandum RM-4035-RC, Santa Monica, Cal. 1964

Senat der Stadt Berlin: Bericht über das Rahmenprogramm für benachteiligte Bezirke zur Verbesserung der Wertgleichheit der Lebensverhältnisse in Berlin, Drucksache 7/1109 des Abgeordnetenhauses von Berlin 1978

SPD – Fraktion im Rat der Stadt Essen: Programmentwurf für Umweltschutz für Essen, 2. Fassung, Essen 1978

Stadtbauplan: Siedlungsstruktur im Ruhrgebiet, Systemanalytische Untersuchung zur künftigen räumlichen Verteilung von verdichteten Wohn-, Gewerbe- und Industrieansiedlungsbereichen, Essen 1975

United Nations: Studies in Methods-Department of Economic and Social Affairs, Statistical Office, United Nations Publication, New York 1975

United Nations Secretorial: Towards a System of Social and Demographic Statistics, New York 1973

WIBERA – Wirtschaftsberatungs-Aktiengesellschaft: Umweltvorhaben am Beispiel der Stadt Wuppertal, Zielkomplex, Bd. 1, Düsseldorf 1976

Zentrum Berlin für Zukunftsforschung: Entwurf eines kommunalen Management-Systems – Berliner Simulationsmodell BESI, ZBZ-Bericht Nr. 9, Berlin 1970

Sachwortverzeichnis

Aspirationsniveau 142
Attraktivität 40, 66, 116, 138, 140
Attraktivitätsmodell Umwelt 121 f.
Aufgaben 18 f.

Belastungsbeschreibungsmodell 46, 150 ff.
Belastungserscheinung 46, 69, 142
Belastungsmodell 150
Berliner Simulationsmodell 119 f.
Beurteilungsansatz 75 ff.
Bevölkerung 102, 152
Bewertung 95 ff.
Boden 37, 153, 161

Checkliste 43, 150

Datum 52
Dezernat 16 f., 23, 44
Dezision 65 f., 138, 150

Element 55
Entropie 17
Entscheidungsprozeß 56
Entwicklungsplanung 16, 20, 22 ff., 27

Fachplanung 22, 151, 161
Fachplanung, kommunale 25 ff.
Faktor 55 ff., 63, 153, 159
Faktor, sozialer 66, 158 ff.
Freizeit 80, 166
Funktionalismus 59
Funktional-Strukturalismus 59

Gesundheit 83, 88, 96, 154, 161
Gewässer und Badeeinrichtung 164 ff.
Generalisierung, koordinierende 62 f., 144
Globalmodell 140 f., 165

Homomorphie 64

Indikator, subjektiver 70 ff., 79 ff., 114, 144
Indikatorenmodell 50 f., 55 f., 80 ff.
Indikatorensystem ZÜRICH 121
Information 17 f., 52
Informationsbedarf 141 ff.
Informationsgewinnung 52 f.
Informationsprozeß 18, 52
Informationssystem 72 ff.
Informationsübertragung 17
Infrastruktur 40, 137
Interaktionsmöglichkeiten 161 ff.
Interaktionsstruktur 158, 161 ff.
Intervention 65, 144 ff., 153

Klima 153 ff.
Kommunalverfassung 44
Kommunalpolitik 14 ff., 24, 44, 120
Kommunikationseinrichtung 68, 164 ff.
Kommunikationsnetz 17 f.
Kommunikationszentrum 138, 165
Komplexität 23, 49, 59 ff., 137
Komplexitätsreduktion 59 ff., 144 ff.
Kosten-Nutzen-Analyse 46 ff.

Landschaft 37, 67
Lebensqualität 21, 27, 66 ff., 70 ff., 82, 106, 114, 159
Luft 37, 153 f., 158, 161
Luftqualität 142

Medien 158 ff.
Modell 21, 30, 54 ff., 62 ff., 137 ff., 150
Modellanforderung 62 f., 137
Modellbegriff 54
Modellkonstruktion 60 ff., 140
Modelltheorie 55, 64
Modul 54, 60, 147

Nachbarschaft 99 f.
Nutzwertanalyse 43

Ökologie 49, 69
Ökosystem 49, 69
Organisation, kommunale 17
Organisationsstruktur 14

Planung 17, 25
Planungshilfe 17, 50
Planungsmodell 138
Planungsmodell PRO-REGIO 120 f.
Planungsmodell SIARSSY 118 f.
Planungsprozeß 16 f.
Planungssystem 16 f.

Realität 52 ff., 117 ff., 152
Rückkopplung 53

Schädigungsgrenzbelastung 142
Segregationsprozeß 107
Selektion 63 f., 146
Simulation 22, 50, 115 ff.
Simulationsmodell 69, 115 ff., 150
Simulationsmodell POLIS 117 f.
Sozialindikator 18, 50 f., 53 f., 70 ff., 82
Sozialindikatorenansatz 50 f.
Sozialindikatorenkonzeption 50
Sozialindikatorenmodell 46, 50, 56 f., 69
Sozialindikatorensystem 57, 70 ff.
Sozialstruktur 100 ff., 109
Synopse 137
System 17, 21, 59 ff.
Systemmodell 143
Systemtheorie 59 ff., 69, 144
Systemstruktur 17, 146
Stadtentwicklungsmodell 20, 116 ff.
Stadtentwicklungsplanung 15, 20, 25, 44

Transparenz 65 f., 138, 150

Umwelt 18, 51, 137, 158 ff.
Umweltattraktivität 66
Umwelt, bebaute 104 ff., 162
Umweltbegriff 23, 66 ff., 70 f., 82
Umweltbelang 33, 45
Umweltbelastung 15, 47 f., 68, 72, 141
Umweltdezernat 30, 44
Umwelterheblichkeit 37, 150, 156 f.

Umweltindikatorenmodell 46, 74, 79
Umweltinformationssystem 61 f., 144
Umweltmedium 37, 56, 62, 68 ff., 109, 141 f., 152, 158, 161
Umweltmodell 61 f., 69, 141, 153
Umweltorganisation 30, 44
Umwelt, physische 39, 57, 70 f., 152 ff.
Umweltplanung 15 f., 23 f., 48, 51, 69, 153, 169
Umweltplanung, integrierte 44, 169
Umweltpolitik 28, 46, 57, 158
Umweltqualität 43, 46, 68, 70 ff., 105, 114, 141 f., 150
Umweltrelevanz 26, 68, 95, 169
Umweltschaden 27
Umweltschutz 15, 18, 26 f., 153, 158, 161
Umweltschutzplanung 19 f., 26 f., 44, 153
Umwelt, soziale 39 ff., 47, 57, 99, 152 ff., 158, 161 ff.
Umwelttheorie 54, 158
Umweltveränderung 18
Umweltverträglichkeit 42 ff., 150, 158
Umweltverträglichkeitsprüfung 28, 32 f., 34 ff., 73, 84, 170
Umweltwahrnehmung 76, 113 f.
Umweltzustand 43, 46, 69

Verkehr 85, 93
Verkehrsinfrastruktur 166 ff.
Vertretungsorgan 14 ff., 28
Verwaltungsorgan 14, 16 f.
Visualität 40, 152, 158, 162

Wasser 153, 158, 161
Welt 170
Wirkungsanalyse, ökologische 46, 49 ff.
Wochenend- und Tageserholungseinrichtung 163
Wohlbefinden 54 f., 67, 105
Wohnumfeld 86
Wohnumgebung 68, 73, 162
Wohnung 86 f.
Wohnungsumfeld 87, 100, 152, 158, 166

Zeichen 52
Ziel 19 f., 33, 39, 120, 151 f.
Zielaussage 37

Zielsystem 20, 25, 119 f., 138, 142, 151 ff.
Zielvorstellung 23, 27
Zufriedenheitsansatz 75

Printed by Libri Plureos GmbH
in Hamburg, Germany